Standards, Regulations
and Production
Techniques
of
Organic Food

张志恒 ◎ 主编

有机食品标准法规与生产技术

第二版

2

THE SECOND EDITION

化学工业出版社

·北京·

内容简介

本书分为五章，第一章介绍了有机食品和有机农业的概念，有机农业的发展和支持政策，有机农业的环境保护功能与效益分析，有机食品的消费理由和市场发展；第二章介绍了有机食品生产的基本要求，有机基地的选择和规划管理，水土保持、生物多样性保护、废弃物处理、土壤培肥、有害生物综合防治、连作障碍土壤改良等共性关键技术；第三章重点介绍了有机稻、有机茶、有机番茄、有机苹果、有机猕猴桃和有机花生的生产技术；第四章翻译整理了国际有机联盟、国际食品法典委员会、联合国粮农组织和联合国贸易与发展会议等国际组织编制的有机标准；第五章节选了我国最新的有机产品标准与认证管理规范。

本书可供有机食品的生产、加工、经营、监管和认证人员，相关研究和技术服务人员及有机食品消费者阅读，也可供大专院校相关专业的师生参考。

图书在版编目（CIP）数据

有机食品标准法规与生产技术 / 张志恒主编 .

2版 . -- 北京：化学工业出版社，2024. 12. -- ISBN 978-7-122-46386-9

Ⅰ. TS2

中国国家版本馆CIP数据核字第2024YS5318号

责任编辑：孙高洁　冉海滢　刘　军　　　　　　装帧设计：王晓宇
责任校对：田睿涵

出版发行：化学工业出版社（北京市东城区青年湖南街13号　邮政编码100011）
印　　装：河北延风印务有限公司
710mm×1000mm　1/16　印张19¼　字数375千字　　2025年1月北京第2版第1次印刷

购书咨询：010-64518888　　　　　　　　　　　售后服务：010-64518899
网　　址：http：//www.cip.com.cn

凡购买本书，如有缺损质量问题，本社销售中心负责调换。

定　　价：98.00元

本书编写人员

主　编　张志恒

副 主 编　李　辉　杨桂玲　孙彩霞　郑蔚然　胡文兰

编写人员（按姓氏汉语拼音排序）

胡文兰　李　辉　孙彩霞　汪　吉　杨桂玲　于国光

袁玉伟　张志恒　郑蔚然　周　婷　朱奇彪

前言

20 世纪中叶，欧美国家的一些环保人士带着保护环境、恢复生态、提高生物多样性的理念开启了有机农业的实践。国际有机联盟（IFOAM）成立后，为了更好地把握有机事业的发展方向，逐渐确立了有机农业的 4 个基本原则，即健康原则、生态原则、公平原则和关爱原则。健康原则要求将土壤、植物、动物、人类和整个地球的健康作为一个不可分割的整体加以维持和加强；生态原则要求以有生命的生态系统和生态循环为基础，与之合作和协调，并帮助其存续和优化；公平原则要求建立起能确保人类之间以及人类与其他生物之间公平享受公共环境和生存机遇的各种关系；关爱原则要求以一种有预见性的和负责任的态度来管理有机农业，以保护当前人类和子孙后代的健康和福祉，同时保护环境。

在有机农业得到一些初步的发展之后，为了让更多的人参与到这项事业中来，特别是让广大消费者有机会通过市场来支持有机事业，以获得更快的发展，才引入市场机制，就有了有机食品及其产业的发展。我国的有机农业起步较晚，在 20 世纪 90 年代的起步阶段主要是由国际有机食品市场来推动的，进入 21 世纪后，国内的有机食品市场快速发育，并逐渐成为推动我国有机农业和有机食品产业发展的主要力量。市场机制的主导作用促使当今的有机食品从业者大多从产业发展和经济回报角度来理解有机农业和有机食品，而有机食品消费者则更多是从有机食品更安全、更有营养的角度参与消费。

有机食品产业的健康发展也离不开有机食品生产加工技术的进步，以及生产加工、认证标识和管理体系等方面的标准化。国际有机联盟、国际食品法典委员会（CAC）、联合国粮食及农业组织（FAO）、联合国贸易与发展组织（UNCTAD）等相关国际组织致力于有机食品生产、加工、标识与销售，标准法规的等同性评估和认证管理体系等方面的标准化。包括中国在内的世界主要国家也都在相关国际标准的基础上，结合本国实际建立了自己的有机产品标准法规体系。

我国有机事业的健康发展需要有更多的有机产业从业人员、监管和认证人员、研究和技术服务人员以及有机食品的广大消费者熟悉有机标准和法规，体会有机的理念和内涵，了解有机食品生产的过程和技术，把握有机事业的正确方向。为此，编者与化学工业出版社于 2013 年合作出版了《有机食品标准法规与生产技术》。在该书出版后的十多年中，发生了两个方面的显著变化：一是国际和国内有机标准法规普遍更新改版，有机生产加工技术有了显著进步，标准法规体系更加完善；二是国际有机产品年销售额增长了 1 倍，国内有机产品年销售额增长了 5 倍，我国从有机产品净出口国变为主要进口国，进口的有机产品占到国内市场的 1/10，而国内按照欧盟等国外有机标准生产出口产品的比重则显著减少。为适应这些发展变化，编者对该书进行了修订，对国际和国内标准法规、生产技术和产业发展等方面的内容做了全面更新，内容更加丰富；同时，鉴于有机产品出口的显著下降，欧美日等国家（地区）有机标准在国内的实际用途明显弱化，修订时删除了欧美日的有机标准。

限于编者的学识水平，加上时间匆促，书中疏漏和不足之处在所难免，恳请广大专家和读者批评指正。

张志恒

2024 年 7 月于杭州

目录

第一章
有机农业与有机食品概论

第一节　有机农业和有机食品的概念

一、有机农业

有机农业是指在植物和动物的生产过程中不使用化学合成的农药、化肥、生长调节剂、饲料添加剂等物质，不使用离子辐射技术，也不使用基因工程技术及其产物，而是遵循自然规律和生态学原理，采取一系列可持续的农业生产技术，协调种植业和养殖业的平衡，维持农业生态系统持续稳定发展的一种农业生产方式。

有机农业是一种能维护土壤、生态系统和人类健康的生产体系，遵从当地的生态节律、生物多样性和自然循环，而不依赖会带来不利影响的投入物质。有机农业是传统农业、创新思维和科学技术的结合，有利于保护我们所共享的生存环境，促进包括人类在内的自然界的公平与和谐，共享良好的生活质量。

有机农业有4个基本原则：健康原则、生态原则、公平原则和关爱原则。这些原则从伦理上激励着相关的行动，应当作为一个整体来运用。

1. 健康原则

应维持和增进土壤、植物、动物、人类和地球的健康，使之成为一个不可分割的整体。个体与群体的健康是与生态系统的健康不可分割的，健康的土壤生产出健康的作物，而健康的作物是健康的动物和健康的人类的保障。健康是指一个生命系统的统一性和完整性，它不仅仅是指没有疾病，而是要保持生命系统的生理、精神、社会和生态的利益。免疫力、恢复性和再生力是健康的关键特征。有机农业无论在农作、加工、销售还是消费中都要起到维持和加强从土壤中的最小生物直到人类以及整个生态系统的健康。有机农业特别强调生产出高质量和富有营养的食品，为人类保健和福利事业做出贡献。为此，应避免使用那些会对健康产生不利影响的肥料、农药、兽药和食品添加剂。

2. 生态原则

应以有生命的生态系统和生态循环为基础，与之合作和协调，并帮助其存续和优化。这一原则将有机农业根植于有生命的生态系统中，强调应以生态过程和循环利用为基础，通过具有特定生产环境的生态来实现营养和福利方面的需求。对作物而言，这一生态就是有生命的土壤，对于动物而言，这一生态就是牧场生态系统，对于淡水和海洋生物而言，这一生态则是水生环境。有机种植和养殖及野生采集体系应适应于自然界的循环与生态平衡，这些循环虽然是通用的，但其情况却因地而异。有机管理必须与当地的条件、生态、文化和规模相适应。应通过再利用、循环利用和对物质和能源的有效管理来减少投入物质的使用，从而维持和改善环境质量，保护资源。有机农业应通过农业体系设计、栖息地建立以及遗传和农业多样性维持来实现生态平衡。所有从事有机产品生产、加工、销售及消费有机产品的人都应为保护景观、气候、生境、生物多样性、大气和水等公共环境做出贡献。

3. 公平原则

应建立起能确保公平享受公共环境和生活机遇的各种关系。这一公平既体现在人类之间，也体现在人类与其他生命体之间，其特征是对我们共有环境的平等分享、避免破坏、合理利用和有效管理。这一原则强调所有从事有机农业的人都应当以一种能确保对所有层面和所有参与者（包括参与到有机农业中的所有农民、工人、加工者、分销者、贸易者和消费者）都公平的方式来处理人际关系，以对社会和生态公正以及对子孙后代负责任的方式来利用生产与消费所需要的自然和环境资源，建立开放和公平的生产、分配和贸易制度，并考虑到实际的环境和社会成本。有机农业应该生产出足够的优质食品和其他产品，为参与其中的每个人提供良好的生活质量。同时，应根据动物的生理和自然习性以及它们的福利需求来提供其必要的生存条件和机会。

4. 关爱原则

要求以一种有预见性的和负责任的态度来管理有机农业，以保护当前人类和子孙后代的健康和福祉，同时保护环境。有机农业是一种能对内部和外部需求和条件做出反应的有生命力的动态系统。有机农业的实践者可以提高系统的效率和生产力，但不应该冒着对健康和福利产生危害的风险。为此，应对拟采用的新技术进行评估，对现有方法也应进行再审核。鉴于对生态系统和农业方面理解的局限性，实践中必须保持充分的谨慎。强化预防意识和责任心是有机农业管理、发展和技术选用的最关键之处；科学是确保有机农业健康、安全和生态的必要条件。然而，仅有科学知识是不够的，实践经验、聪明才智、传统知识和本土认知等可以提供经过时间验证的有效解决方案。有机农业应通过选择合适的技术和拒绝使用转基因技术等无法预知其作用的技术来防止发生重大风险。各项决策应通过透明和参与程序反映所有可能的受影响方的价值观和需求。

有机农业在哲学上强调"与自然秩序相和谐""天人合一，物土不二"，适应自然而不干预自然，主张依赖自然的生物循环，如豆科作物、有机肥、生物治虫等，追求生态的协调性、资源利用的有效性和营养供应的充分性。可见，有机农业是产生于一定社会、历史和文化背景之下，一种符合现代健康安全和优质理念要求，在动植物生产过程中完全不使用人工化学合成肥料、农兽药、生长调节剂、激素、饲料添加剂，以及基因工程生物及其产物等生产资料，遵循自然规律和生态农业原理，吸收了传统农业精华，运用生物学、生态学等农业科学原理和技术发展起来的实现农业可持续发展的农业技术，协调种植业和养殖业的平衡，维护农业生态系统持续稳定的一种农业生产方式。

二、有机食品

有机食品是指原料来自有机农业生产体系或环境未受到污染的野生生态系统，根据有机认证标准生产、加工，而且获得了有资质的认证机构认证的可食用农产品、野生产品及其加工产品。在不同的国家，有机食品的标准有所不同，但通常需要满足 6 个基本要求：

（1）原料必须来自已经或正在建立的有机农业生产体系，或是采用有机方式采集的未受污染的野生天然产品；

（2）在整个生产过程中必须严格遵循有机食品加工、包装、贮存、运输标准；

（3）必须有完善的全过程质量控制和跟踪审核体系，并有完整的记录档案；

（4）其生产过程不应污染环境和破坏生态，而应有利于环境与生态的持续发展；

（5）必须获得独立的有资质的认证机构的认证；

（6）符合当地的食品卫生标准法规要求。

第二节　有机农业和有机食品产业的发展

一、世界有机农业发展简况

根据瑞士国际有机农业研究所（FiBL）和国际有机农业联盟联合发布的《世界有机农业概况与趋势预测（2023）》（*The World of Organic Agriculture: Statistics and Emerging Trends 2023*），近 20 多年来，全球有机农业持续迅速发展，2021 年全球 191 个国家和地区的有机农地面积共 7640 万公顷，占全球农地面积的 1.57%，达到历史新高，是 1999 年 1100 万公顷的近 7 倍（图 1-1）。在 7640 万公顷的有机农业用地中，有 5080 万公顷是草地或牧场，1830 万公顷耕地（其中季节性作物1310 万公顷、多年生作物 520 万公顷），其他还有养蜂区和水产养殖区等。各大洲中有机农地面积最大的是大洋洲，其中大部分是牧场；其次是欧洲，以谷物和青饲料为主；然后依次是拉丁美洲和加勒比地区、亚洲、北美洲和非洲（表 1-1）。分国家看，面积最大的依次是澳大利亚、阿根廷、法国、中国和乌拉圭，分别为

3570 万公顷、410 万公顷、280 万公顷、280 万公顷和 270 万公顷。野生采集和其他非农业用地有机面积 2820 万公顷，面积最大的依次是芬兰、纳米比亚和墨西哥，分别为 550 万公顷、260 万公顷和 190 万公顷。

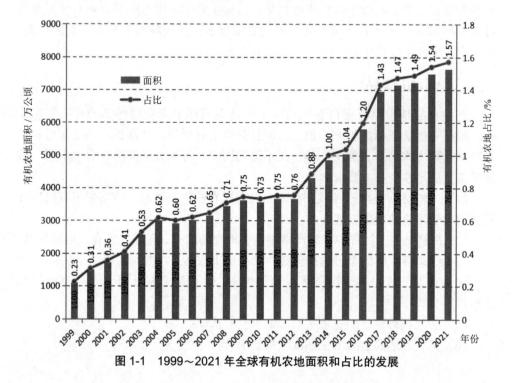

图 1-1　1999～2021 年全球有机农地面积和占比的发展

表 1-1　2021 年各大洲有机农业简况

地区	有机农地面积 / 万公顷	占比 /%	主要类型
亚洲	650	8.5	水稻、小麦、玉米、大豆、棉花等
欧洲	1780	23.3	谷物、青饲料等
非洲	270	3.5	坚果、橄榄、咖啡、可可、油料、棉花等
拉丁美洲和加勒比地区	990	13.0	温带水果、牧场、谷物、甘蔗、油料等
北美洲	350	4.6	谷物、青饲料、油料、葡萄、温带水果等
大洋洲	3600	47.1	牧场、谷物、葡萄等
全球	7640	100.0	

二、中国有机农业的技术基础和起步

中国有着数千年的传统农业基础，在 20 世纪 50 年代之前，我们的祖先祖祖辈辈从事农业生产几乎都不依靠合成的农用化学品，而且积累了丰富的传统农业经验，其中包括当今人们还在大量采用的病虫草害的农业、物理和生物防治措施。

从 20 世纪 80 年代开始，在众多研究机构、大学和地方政府的帮助和参与下，我国各地启动并组织了生态农业运动，在全国各地建立了数千个生态农业示范村和数十个生态县，还研究并推广了形式多样的生态农业建设技术，这些都为我国的有机食品产业发展奠定了十分坚实的基础。

1989 年，我国最早从事生态农业研究、实践和推广工作的国家环境保护局南京环境科学研究所农村生态研究室加入了国际有机农业运动联合会（IFOAM），成为中国第一个 IFOAM 成员，1993 年中国绿色食品发展中心也正式加入了 IFOAM。目前，中国的 IFOAM 成员已经发展到 30 多个。

1990 年农业部推出了"中国绿色食品工程"，1992 年成立了组织、支持与协调全国绿色食品工程实施的"中国绿色食品发展中心"，这标志着绿色食品事业的发展进入了系统、有序的发展时期。到 2010 年，全国绿色食品企业总数已达到 6418 家，产品总数超过 1.68 万个，包括农林及加工产品、畜禽类产品、水产类产品、饮料类产品等 4 大类 57 个小类，年生产总量已超过 1 亿吨。另外，还创建绿色食品原料标准化生产基地 433 家，基地面积达到 1.03 亿亩（1 亩≈667m^2）。绿色食品，特别是 AA 级绿色食品基地的建立，为我国有机农业生产基地的建立和发展打下了良好的基础。

1990 年，根据浙江省茶叶进出口公司和荷兰阿姆斯特丹茶叶贸易公司的申请，加拿大的国际有机认证检查员受荷兰有机认证机构 SKAL 的委托，在国家环境保护局南京环境科学研究所农村生态室科研人员的配合下，对位于浙江省和安徽省的 2 个茶园和 2 个茶叶加工厂实施了有机认证检查。此后，浙江省临安县的裴后茶园和临安茶厂获得了荷兰 SKAL 的有机颁证。这是在中国大陆开展的第一次有中国专业人员参加的有机认证检查活动，也是中国大陆的农场和加工厂第一次获得有机认证。

1994 年，经国家环境保护局批准，国家环境保护局南京环境科学研究所的农村生态研究室改组成为"国家环境保护局有机食品发展中心"（Organic Food Development Center of SEPA, OFDC），后改称为"环境保护部有机食品发展中心"，这是中国成立的第一个有机认证机构。

1995 年，OFDC 开始进行有机检查和认证工作。OFDC 积极参加 IFOAM 各项重要活动，与世界各地从事有机食品的同行们建立了广泛的合作关系。在中德合作项目的支持下，经过 4 年多的不懈努力，OFDC 在 2002 年底获得 IFOAM 认可，并于 2003 年 2 月 14 日在德国纽伦堡与 IFOAM 签署了国际认可协议，OFDC 由此成为全球 24 家获得国际认可的有机认证机构之一，也是亚洲数十家有机认证机构中继泰国的 ACT 及日本的 JONA 后，第三家获得 IFOAM 认可的机构。OFDC 获得 IFOAM 认可大大有助于中国有机认证与国际的接轨，有利于打破发达国家在国际贸易上设置的"绿色壁垒"，打通了中国认证的有机产品走向国际市场之路。至今，已有多家国际有机认证机构与OFDC建立了合作互认关系。

1999年3月，位于杭州的中国农业科学院茶叶研究所在原OFDC茶叶分中心的基础上成立了有机茶研究与发展中心（Organic Tea Research and Development Center, OTRDC），专门从事有机茶园、有机茶叶加工以及有机茶专用肥的检查和认证，这是中国建立的第二家有机认证机构。2002年底，中国绿色食品发展中心成立了"中绿华夏有机食品认证中心（China Organic Food Certification Center, COFCC）"，其开创阶段的工作基础是已经获得AA级绿色食品认证的几十家企业。

三、中国有机食品产业的发展

进入21世纪后，我国的有机食品产业迎来了一个快速发展时期。2003年底，我国有机生产土地面积为25.7万公顷。到2010年，完成有机转换的有机农业土地达140万公顷，占亚洲的约1/2。最初，我国有机食品产业发展的动力主要来源于国际市场对中国有机产品的强劲需求带来的相对较高的出口利润，同时也得益于政府的政策支持和国内市场的起步。在对食品安全的担忧情绪持续发酵的背景下，有机食品获得了越来越多国内消费者的追捧，我国有机食品的市场容量也快速增加。中国的有机稻米、蔬菜、茶叶、杂粮等农副产品和山茶油、核桃油、蜂蜜等加工产品在国际市场上供不应求。2006年，中国有机食品出口额达到3.50亿美元，但仍只占国际有机食品市场份额的0.7%。2009年末有机产品出口额达到4.64亿美元，占农业总出口额的1.2%；而2009年国内有机食品销售额达到了106亿元，占食品总消费额的约0.2%，国内市场已经替代国际市场成为我国有机食品产业发展的主要动力。

为了发展中国有机产业，培育健康、有序的有机消费市场，促进我国有机产品走向世界，提升我国有机农产品在国际市场的竞争力，由中国农业大学有机农业技术研究中心发起，联合国内外多家有机产品生产和销售企业，充分利用政府机构、高校学院、有机生产企业、流通企业等多项资源，于2007年在香港注册成立了一个有机农业产业发展联合组织——中国有机农业产业发展联盟（CFOAM），搭建企业与消费者之间的有机专供生产、技术和贸易平台，集中宣传、展示、推广、销售原产地优质有机大米、有机豆类、有机蔬菜、有机肉类、有机水果、有机茶、有机竹荪、有机保健品等有机产品。

2017年以来，我国有机食品产业的发展总体趋缓，产业规模出现了波动，但销售额还是保持上升趋势。根据《中国有机产品认证与有机产业发展报告（2022）》，截至2021年底，按照中国有机产品标准在境内生产的有机作物种植面积为275.6万公顷，有机作物总产量为1798.9万吨；野生采集总生产面积为200.4万公顷，野生采集总产量为92.8万吨；有机畜禽产品239.3万吨，有机水产品55.6万吨（表1-2）。

表 1-2　2017～2021 年中国有机产品生产概况

项目	认证标准	年份				
		2017	2018	2019	2020	2021
种植面积/万公顷	境内	302.3	313.5	220.2	243.5	275.6
	境外	15.2	75.7	80.6	67.9	59.2
种植产量/万吨	境内	1329.7	1298.6	1213.0	1502.2	1798.9
	境外	380.5	834.6	745.3	658.7	672.8
野生采集面积/万公顷	境内	126.0	445.8	155.0	165.2	200.4
野生采集产量/万吨	境内	50.1	37.0	32.1	53.1	92.8
畜禽产量/万吨	境内	400.7	518.2	294.8	520.9	239.3
	境外	39.6	60.6	39.8	2.4	2.9
水产品产量/万吨	境内	52.7	60.1	56.1	55.3	55.6
加工品产量/万吨	境内	668.0	484.4	550.6	574.1	538.7
	境外	1231.4	1184.3	528.5	811.0	832.7

中国的有机种植在全球已经占有突出地位。根据 2020 年的统计数据，茶叶的有机种植面积占全球的 40.4%，占中国全部茶叶面积的 5.1%；谷物、豆类与其他油料的有机种植面积也占到全球的 22.4% 和 22.7%，蔬菜、水果与坚果的有机种植面积也占到全球的 10.0% 和 11.3%（表 1-3）。

表 1-3　2020 年中国主要有机种植产品的生产面积及其占比

产品类型	中国有机面积/万公顷	全球有机面积/万公顷	中国有机面积的全球占比/%	中国有机面积占作物总面积的比例/%
谷物	115.4	508.8	22.7	1.1
蔬菜	4.2	42.1	10.0	0.2
水果与坚果	36.3	320.8	11.3	2.1
豆类与其他油料	56.9	254.3	22.4	2.6
茶	7.2	17.8	40.4	5.1
总有机种植面积	243.5	7492.6	3.2	2.3
野生采集面积	165.2	2820.0	5.9	—

我国主要的有机产品有谷物、豆类、水果、蔬菜、茶叶、坚果、牛乳、牛肉、羊肉、鸡肉、猪肉、淡水鱼、藻类等，2021 年中国主要有机产品产量和主产区见表 1-4。

四、我国有机产品认证机构

有机食品认证机构的认可工作最初由设在国家环保总局的"国家有机食品认

表1-4　2021年中国主要有机产品产量和主产区

产品类型	主要种类	产量/万吨	主产区
谷物	玉米、稻谷、小麦、高粱	855.8	黑龙江、内蒙古、贵州、辽宁
豆类	大豆、杂豆	97.8	辽宁、黑龙江、内蒙古
水果	苹果、柑橘、葡萄、枣、梨	66.6	新疆、四川、云南、陕西
蔬菜	薯芋类、绿叶类、水生类、白菜类、茄果类、瓜类、根茎类	57.8	云南、辽宁、江苏、内蒙古、四川、江西
茶叶	绿茶、红茶	15.9	云南、湖北
坚果	核桃、板栗、澳洲坚果	13.2	云南、新疆
畜禽	牛乳、牛肉、羊肉、鸡肉、猪肉	73.9	青海、新疆、甘肃、内蒙古、黑龙江、安徽
水产	淡水鱼、藻类、无脊椎动物	55.6	福建、辽宁、江西、浙江
粮食加工品	大米、其他谷物加工品	165.8	黑龙江、内蒙古、辽宁、吉林、贵州
乳制品	灭菌乳	104.7	内蒙古、黑龙江、新疆、辽宁、吉林
油制品	食用油、油脂及其制品	70.2	黑龙江、内蒙古、辽宁、吉林

证认可委员会"负责。根据2003年11月1日开始实施的《中华人民共和国认证认可条例》的精神，国家环保总局将有机认证机构的认可工作转交国家认证认可监督管理委员会（简称国家认监委）。2022年12月底，经国家认监委认可并在有效期内的专职或兼职有机认证机构总共有108家（表1-5）。

五、有机农业的发展模式

1. 公司加农户模式

公司加农户是目前国内普遍采用的一种有机农业生产管理模式。在这种模式中，公司主要是通过与农户签订订单，承诺按照一定的价格收购农户按照有机产品生产标准生产出来的产品，农户还是自己对产量和质量负责，公司不能直接控制农业生产，这样在保证产品的有机完整性方面还是有一定难度的，需要花费较多的精力和严密的组织形式来强化管理。

2. 公司加农场模式

在这种模式下，公司和农场也是通过订单结合在一起的。但公司毕竟主要是与农场的负责人沟通，因此要比在"公司加农户"的情况下需要与那么多农户单独打交道容易得多。

3. 公司自行经营农场模式

由拥有农场全部管理权的公司自行经营有机农业，或由从事有机贸易的公司租用一定面积的农地，组成公司自己的农场，选派合适的管理和技术人员实施管理，雇佣当地农民从事生产；同时，公司聘请有机农业和加工方面的专家对生产

表 1-5　我国有机产品认证机构名录

序号	认证机构名称	机构批准号	统一社会信用代码	机构地址
1	中国质量认证中心	CNCA-R-2002-001	12100000717802032	北京市丰台区南四环西路 188 号 9 区
2	方圆标志认证集团有限公司	CNCA-R-2002-002	9111010871870122 8R	北京市海淀区增光路 33 号
3	中鉴认证有限责任公司	CNCA-R-2002-007	91440000190379487G	广东省广州市越秀区广州大道中路 227 号 4 楼
4	浙江公信认证有限公司	CNCA-R-2002-013	91330000142918087T	浙江省杭州市拱墅区密竞桥路 15 号
5	杭州万泰认证有限公司	CNCA-R-2002-015	91330108721067969W	浙江省杭州市滨江区江虹路 1750 号信雅达国际创意中心 1 幢
6	新世纪检验认证有限责任公司	CNCA-R-2002-016	91110210151470 5T	北京市西城区国英园 1 号楼 11 层 1101 室
7	北京中大华远认证中心有限公司	CNCA-R-2002-020	91110102741571142Q	北京市西城区阜成门外大街乙 22 号 1 号楼 6 层
8	北京中安质环认证中心有限公司	CNCA-R-2002-028	91110580210 7782E	北京市朝阳区东三环南路 58 号富顿中心 1 号楼 22 层
9	北京世标认证中心有限公司	CNCA-R-2002-038	91110863372301 4Q	北京市顺义区竺园路 12 号院 23 号楼 2 层（天竺综合保税区）
10	北京联合智业认证有限公司	CNCA-R-2002-043	91110105637986577	北京市朝阳区北苑路 170 号 3 号楼 17 层
11	北京大陆航星质量认证中心股份有限公司	CNCA-R-2002-045	91110872396026 7A	北京市海淀区玉泉路甲 12 号七层
12	挪亚检测认证集团有限公司	CNCA-R-2002-051	91310000316291129	上海市闵行区联川路 169 号 5 幢二层
13	北京恩格威认证中心有限公司	CNCA-R-2002-053	91110102077755E	北京市朝阳区东四环中路 82 号 2-1 座 10 层 2 单元 1101
14	凯新认证（北京）有限公司	CNCA-R-2002-069	91110174159271XK	北京市东城区新中西街 2 号楼 3 座 309 室
15	福建东南标准认证中心有限公司	CNCA-R-2002-083	91350000741692251H	福建省福州市鼓楼区西门外山头角 121 号
16	黑龙江省龙技检验检验认证中心	CNCA-R-2002-089	91230110731369346W	黑龙江省哈尔滨市香坊区香顺街 49 号
17	北京中绿华夏有机产品认证中心有限责任公司	CNCA-R-2002-100	91110108744740589 9	北京市海淀区学院南路 59 号办公楼 409 室
18	中环联合（北京）认证中心有限公司	CNCA-R-2002-105	91110105739396429N	北京市朝阳区育慧南路 1 号 A 座 10 层
19	杭州中农质量认证中心有限公司	CNCA-R-2003-096	91330100751704885D	浙江省杭州市西湖区梅灵南路 9 号

续表

序号	认证机构名称	机构批准号	统一社会信用代码	机构地址
20	山东世通国际认证有限公司	CNCA-R-2003-104	91370000747822520Q	山东省青岛市城阳区高新区竹园路 2 号
21	北京东方纵横认证中心有限公司	CNCA-R-2003-114	91110112700318634A	北京市通州区景盛南四街 17 号 121 号楼
22	北京五洲恒通认证有限公司	CNCA-R-2003-115	91110106721497504F	北京市丰台区角门 18 号枫竹苑二区 1 号楼 3 层 303 室
23	上海英格尔认证有限公司	CNCA-R-2003-117	91310104631651663XT	上海市徐汇区中山西路 2368 号 801 室
24	辽宁方园有机食品认证有限公司	CNCA-R-2004-122	91210105742791665D	辽宁省沈阳市皇姑区黄河北大街 56-39 号
25	北京华夏沃土技术有限公司	CNCA-R-2004-129	91110102747543345R	北京市通州区榆景东路 5 号院 4 层 402
26	新疆生产建设兵团环境保护科学研究所	CNCA-R-2004-131	12990000751654769T	新疆维吾尔自治区乌鲁木齐市红山路 159 号
27	西北农林科技大学认证中心有限责任公司	CNCA-R-2004-133	91610403770013565	陕西省杨凌农业高新技术产业示范区西农路 22 号
28	南京国环有机产品认证中心有限公司	CNCA-R-2004-134	91320102738877458B	江苏省南京市玄武区蒋王庙 8 号
29	中食联盟（北京）认证中心	CNCA-R-2004-136	91110101765047641	北京市西城区平原里 21 号楼 4 层 B507
30	北京华测食农认证服务有限公司	CNCA-R-2007-150	91110105783966230X	北京经济技术开发区科创十四街 99 号 22 幢 2 层 203
31	北京中合金诺认证中心有限公司	CNCA-R-2007-151	91110106663734769D	北京市丰台区南四环西路 188 号十六区 3 号楼
32	吉林长春农产品认证中心	CNCA-R-2013-142	12220000412755733B	吉林省长春市朝阳区宜居路 2699 号
33	重庆金质质量认证有限公司	CNCA-R-2013-162	91500000077295804P	重庆两江新区汇星路 1 号汽车检测大楼
34	华中国际认证检验集团有限公司	CNCA-R-2014-164	91360100091086697Q	江西省南昌市西湖区站前路 96 号天集大厦 2206 室
35	山东中鉴认证中心有限公司	CNCA-R-2014-174	91370103306932298	山东省济南市中区纬耕路 217 号九城尚都办公楼 801 室
36	杨凌食品农产品质量安全认证中心有限公司	CNCA-R-2015-185	91610403MAB2P6B60E	陕西省咸阳市杨凌示范区杨凌大道种业国际大厦 B 座 10-11 层
37	深圳市深大国际认证有限公司	CNCA-R-2015-187	91440300326310025T	广东省深圳市光明区公明街道红花北路宏发雍景城 F 栋商铺 F05
38	华信创（北京）认证中心有限公司	CNCA-R-2015-189	91110114330410117K	北京市昌平区鼓楼南街 6 号 8 层二单元 802
39	北京新纪源认证有限公司	CNCA-R-2015-198	91110105306708450	北京市朝阳区南湖东园 122 楼 7 层北区 805

续表

序号	认证机构名称	机构批准号	统一社会信用代码	机构地址
40	华余国际标准检验验证（北京）有限公司	CNCA-R-2016-229	9111010SMA00128F15	北京市朝阳区北苑东路 19 号院 2 号楼 11 层 1102
41	潍坊海润华宸检测技术有限公司	CNCA-R-2016-233	91370700077994840X	山东省潍坊高新技术产业开发区惠贤路 4939 号景泰铭城 11 号楼 2-501
42	谱尼测试集团股份有限公司	CNCA-R-2016-236	91110108740053589U	北京市海淀区锦带路 66 号院 1 号楼 5 层 101
43	山东海峡质量技术服务有限公司	CNCA-R-2016-241	9137070OMA3C7H9M5N	山东省潍坊市峡山区农产品综合交易物流中心 3 号楼 6 号商铺
44	中标合信（北京）认证有限公司	CNCA-R-2016-242	9111010S5114456457R	北京市西城区鹰牌门东滨河道 11 号 4 号楼 5 层 502 至 512 室
45	亿盛认证有限公司	CNCA-R-2016-243	9135012IMA344EPR62	福建省福州市仓山区城门镇潘墩路 190 - 018（自贸试验区内）
46	深圳华凯检验认证有限公司	CNCA-R-2016-246	9144030034286295 4B	广东省深圳市罗湖区笋岗东路 3019 号百汇大厦北座 25B
47	山东诚标认证技术有限公司	CNCA-R-2016-247	91370102MA3C1NXP61	山东省济南市历城区花园路 154 号嘉馨商务大厦 407 室
48	欧希蒂认证有限责任公司	CNCA-R-2016-249	9121010SMA0P48PH11	辽宁省沈阳市大东区东北大马路 382 号 1305
49	杭州格律认证有限公司	CNCA-R-2016-254	9133010 6MA27W24P7W	浙江省杭州市西湖区西溪路 525 号 A 楼西区 406 室
50	中正国际认证（深圳）有限公司	CNCA-R-2016-258	9144030034986430 3T	广东省深圳市南山区科技南路 16 号深圳湾科技生态园 11A 座 24 层 07 号
51	新疆中信中联认证有限公司	CNCA-R-2016-260	9165010OMA77610Q41	新疆维吾尔自治区乌鲁木齐市新市区天津南路 682 号创业大厦 1207 室
52	普研（上海）标准技术服务有限公司	CNCA-R-2016-261	913100005886576 6XH	上海市浦东新区芙蓉花路 500 弄 12 号
53	深圳汇鑫达国际认证有限公司	CNCA-R-2016-270	9144030OMA5D9R0N9Y	广东省深圳市龙华区环观南路 72-6 号创客大厦 1511 室
54	贵州奥博特认证有限公司	CNCA-R-2016-281	9152011SMA6DLF5B7Q	贵州省贵阳高新技术产业开发区兴义路 7 号润鑫广场 A 栋 23 楼 2305 号
55	中欧联合检验认证有限公司	CNCA-R-2016-283	91510100395917509U	四川省成都经济技术开发区成龙大道二段 1666 号 D2 栋 6 层 1 号附 2 号

续表

序号	认证机构名称	机构批准号	统一社会信用代码	机构地址
56	华鉴国际认证有限公司	CNCA-R-2016-284	91510100MA61WAUE6L	四川省成都市武侯区天府大道南段1399号3栋1单元5层501号
57	奥鹏认证有限公司	CNCA-R-2017-293	9150010SMA5U83400L	重庆市江汇区红原路169号
58	杭州锐德认证技术有限公司	CNCA-R-2017-301	91330202534056193M	浙江省杭州市富阳区银湖街道创意路1-14号5号楼
59	华纳时代检测认证有限公司	CNCA-R-2017-308	91410102MA3XA82D8X	河南省郑州高新技术产业开发区西三环路289号国家大学科技园东园5号楼
60	安徽国科检测科技有限公司	CNCA-R-2017-311	91340100336840002XA	安徽省合肥市包河区延安路7号
61	亿信标准认证集团有限公司	CNCA-R-2017-318	91510100327495869K	四川省成都市成华区双店路66号1幢10层5号
62	上海恒信认证有限公司	CNCA-R-2017-329	91310114MA1GTMX79M	上海市松江区九亭镇沪亭北路199弄5号701室
63	西南商检国际认证有限公司	CNCA-R-2017-330	91510100MA61TT5R9G	四川省成都市锦江区永兴巷15号四川省政府综合楼1幢508号
64	北京绿林认证有限公司	CNCA-R-2017-334	91110105MA006Y6M0X	北京市东城区建国门内大街18号办三912室
65	浙江中航认证有限公司	CNCA-R-2017-351	91330108MA28L7LK9F	浙江省杭州市滨江区秋溢路288号1幢10层1008室
66	黑龙江斯坦得认证有限公司	CNCA-R-2017-352	91230103MA198A0R9A	黑龙江省哈尔滨市南岗区哈西大街948号
67	广东中之鉴认证有限公司	CNCA-R-2017-354	91440101MA59J9CX96	广东省广州市天河区黄埔大道路163号
68	南京农大认证服务有限公司	CNCA-R-2017-359	91320102MA1NQKUD37	江苏省南京市玄武区童卫路20号
69	北京中农绿安有机农业科技有限公司	CNCA-R-2017-361	91110108746112877	北京市海淀区天秀路10号中国农大国际创业园3号楼
70	中绿国证（北京）认证中心有限公司	CNCA-R-2017-375	91110111791614243N	北京市海淀区马甸东路17号8层916
71	安徽中青检验认证服务有限公司	CNCA-R-2018-380	91340100MA2NNRLT14	安徽省合肥市蜀山区高新区合欢路30号6层
72	黑龙江省信和认证有限责任公司	CNCA-R-2018-389	91230104MA19AAUE4N	黑龙江省哈尔滨市道外区先锋路218号13栋
73	浙江清华长三角研究院	CNCA-R-2018-399	12330000760196026D	浙江省嘉兴市南湖区亚太路705号创新大厦
74	皇冠认证检验股份有限公司	CNCA-R-2018-403	91310000MA1FL2950D	广东省广州市天河区体育东路114号1908

续表

序号	认证机构名称	机构批准号	统一社会信用代码	机构地址
75	上海市迎义认证服务有限公司	CNCA-R-2018-420	91310110MA1G8LER47	上海市杨浦区控江路1023号505室、1027号503室
76	华兴检验认证有限公司	CNCA-R-2018-436	91510100MA6CAFNW2F	四川省成都市天府新区天府大道南段2039号18栋1层103号
77	食药环检验研究院（山东）集团有限公司	CNCA-R-2018-438	91370100MA3C7WEB8J	山东省济南高新技术产业开发区港兴三路北段1号、2号楼
78	河北晟标质检技术服务有限公司	CNCA-R-2018-439	91130108MA09RBKN86	河北省石家庄市裕华区建设南大街235号金如意商务大厦1909室
79	青岛格夫认证有限公司	CNCA-R-2018-452	91370203MA3DP1G055	山东省青岛市市北区龙城路31号卓越世纪中心3号楼2112室、2113室
80	黑龙江省国泰产品质量安全认证中心有限公司	CNCA-R-2019-480	91230103MA1B9DHF4K	黑龙江省哈尔滨市南岗区哈尔滨大街640号1栋1单元23层8号
81	博物风土（北京）认证服务有限公司	CNCA-R-2019-495	91110112MA003QDU2K	北京市通州区江米店街1号5号楼18层1802室
82	江苏天丰认证有限公司	CNCA-R-2019-512	91320114MA1WDG379C	江苏省南京市雨花台区软件大道172号408室
83	北京卓冠盈国际检验认证服务有限公司	CNCA-R-2019-515	91110105MA01CY540P	北京市东城区北京站东街8号C座2层203室
84	世纪科环检验认证（北京）有限公司	CNCA-R-2019-523	91110106MA005M0W6B	北京市北经济技术开发区（通州）景盛南四街17号院7号楼101
85	青岛海誉食安技术有限公司	CNCA-R-2019-557	91370212MA3MBNKX2B	山东省青岛市崂山区株洲路177号2号楼4楼407
86	中农慧眼（苏州）有机产品认证有限公司	CNCA-R-2020-654	91320506MA1YL1TB1B	江苏省苏州市吴中区长蠹路366号
87	国中欣认证检测有限公司	CNCA-R-2020-671	91420103MA4K4C1CY	湖北省武汉市江汉区唐家墩路197号顶琇国际城C区10栋1单元36层商23号
88	北京安恒认证有限公司	CNCA-R-2020-680	90000106MA01Q5NK3P	北京市丰台区航丰路1号1号楼5层527室
89	北京联食认证服务有限公司	CNCA-R-2020-681	91110108MA01P4F001	北京市海淀区阜外亮甲店1号恩济西园10号楼二层东一门223号
90	上海黎国屏认证有限公司	CNCA-R-2020-706	91310115MA1K4F9745	上海市浦东新区中国（上海）自由贸易试验区富特西一路135号1幢309室

续表

序号	认证机构名称	机构批准号	统一社会信用代码	机构地址
91	北京标联众恒认证有限公司	CNCA-R-2021-744	9111011MA01UHMD44	北京市房山区卓秀北街18号院11号楼15层1510
92	绿康华泰（北京）认证有限公司	CNCA-R-2021-752	9111016MA01NY4M1J	北京市大兴区经济开发区金苑路2号1幢六层603
93	国际检验认证有限公司	CNCA-R-2021-774	91321203MA1WB2U630	江苏省南京市浦口区江北新区大桥北路1号华侨广场2801~2803室
94	上海鸿越认证服务有限公司	CNCA-R-2021-791	9131014MA1FRJK5X9	上海市松江区九亭镇沪亭北路199弄5号401室-12
95	辽宁通正认证有限公司	CNCA-R-2021-830	9121016MA10L8UE0N	辽宁省沈阳市铁西区北一西路52甲4号一层
96	中穗国际认证（广州）有限公司	CNCA-R-2021-845	914401017499059001K	广东省广州市番禺区南村镇捷顺路9号1栋1821房
97	瑞科认证（南京）有限公司	CNCA-R-2021-882	9132011MA269XBR64	江苏省南京市浦口区万寿路15号南京工大科技产业园东区E1幢西1201~1219室
98	盛世海认证有限公司	CNCA-R-2021-947	9113043MA0FGGFM7G	河北省邯郸经济技术开发区文明路9号4-802室
99	赛旺检验检测认证有限公司	CNCA-R-2021-952	91500000MA60GRXM94	重庆两江新区花朝工业园C3栋1层
100	江西科佑质量认证有限公司	CNCA-R-2022-961	9136011MA3ADWWL55	江西省南昌市青山湖区北京东路兆丰大厦B幢9层
101	中绿嘉泰（北京）认证有限责任公司	CNCA-R-2022-973	9111015MA04D6JH8R	北京市海淀区中关村南大街12号综合科研楼六层6017室
102	百欧兴认证服务（成都）有限公司	CNCA-R-2022-1016	9151010MA6BK83U36	四川省成都市天府新区天府大道南段2028号石化大厦10层
103	上海微谱检测认证有限公司	CNCA-R-2022-1158	9131013MA1GP1QH77	上海市宝山区长江路43号3幢3A110
104	上海天祥质量技术服务有限公司	CNCA-RF-2002-07	913100006072776X1	上海市浦东新区自由贸易试验区张杨路707号二层西区
105	上海禾邦认证有限公司	CNCA-RF-2005-40	9131000071785627X	上海市长宁区遵义路100号B楼1908-14
106	北京爱科赛尔认证中心有限公司	CNCA-RF-2006-45	91110108717127509	北京市海淀区天秀路10号中国农大国际创业园3号楼2051室
107	湖南欧标有机认证有限公司	CNCA-RF-2013-47	914300007923871XQ	湖南省长沙市芙蓉区隆平高科技园园平路869号东科园第13栋1701
108	美安康质量检测技术（上海）有限公司	CNCA-RF-2017-77	9131015324607294	上海市浦东新区自由贸易试验区川桥路1295号2幢302室

注：2023年1月4日根据全国认证认可信息公共服务平台信息列表整理。

和加工实施指导，公司负责实行生产、加工、仓贮、运输和贸易的一条龙式综合管理。这种模式最能保证产品的有机完整性和质量。

4. 小农户集体模式

我国和很多发展中国家大量存在的另一种有机农业生产组织形式是"小农户集体有机生产组织"，即在同一地区从事农业生产的几个至几百个农户都愿意以有机方式开展生产，并且建立了相应的组织管理体系，包括内部质量跟踪体系，这些农户拥有的所有按照有机方式生产的土地就被作为一个整体的农场来运作，并接受有机检查和认证。

5. 有机农民协会模式

我国目前已经有一些地方由农民自发建立了各类地方性的有机农民协会，如安徽岳西的两个村级有机猕猴桃协会和有机茶叶协会、安徽舒城的一个村级有机板栗协会等，都在组织有机生产方面发挥了十分积极的作用，但由于协会身经济实力和管理水平的不足，很难解决市场问题。

总结我国多年来开展有机农业的经验，市场是决定有机产业能否持续发展的关键因素。任何有机农业和有机食品产业的发展模式都必须将市场因素放在最重要的位置来考虑。

六、有机农业和有机食品的研究及咨询

有机农业在中国的发展阶段，大多以标志性事件为划分依据。如 1990 年中国获得第一个有机食品认证；1994 年国家环境保护局南京环境科学研究所农村生态研究室改组为"国家环境保护局有机食品发展中心"（OFDC），并进行有机食品认证工作；2003 年 OFDC 获得国际有机联盟（IFOAM）的认可，成为中国第一家获得国际认可的有机认证机构；2003 年国家认证认可监督委员会组织"有机食品国家标准"的起草工作；2005 年有机食品国家标准（GB/T 19630—2005）正式发布实施。因此，中国有机农业的发展分期基本上是以有机食品认证实施过程为中心。虽然具体分期时间有所不同，但阶段性事件基本相同。而早在 1990 年以前，与有机农业相关的实践、探索和研究，便已在中国社会产生和发展。

中国传统的可持续农业模式已有 4000 余年的历史。20 世纪 50 年代中后期开始农业现代化和工业化建设。20 世纪 70 年代后期，生态学家马世骏院士率先提出要以生态平衡、生态系统的观点与视角来指导和看待中国农业的研究与实践。1980 年在银川召开的"农业生态经济学术讨论会"上，叶谦吉教授正式提出"生态农业"这一概念。在当代有机农业的实践过程中，有机农业与生态农业既相互关联、相互指代，又互有区别。其共同点在于二者都要求实现可持续发展；而其差异在于生态农业要求在一个个具体的种植养殖基地内部形成物质循环链条，而有机农业则可采用商品有机肥等外部投入物，并不特别要求形成内部循环，但要遵循有机认证的标准要求。虽然中国有机食品认证始于 1990 年，但关于有机农

业的探索、实践和研究却贯穿整个 20 世纪 80 年代。20 世纪 80 年代关于有机农业的研究主要集中于以下三个方面：一是持续地关注和讨论生态农业和有机农业的经济效益、生态效益、社会效益；二是探索和呈现有机农业和生态农业种植的科学原理；三是介绍和借鉴海外有机农业、自然农业和生态农业。

中国有机农业的研究，既与有机产业的发展紧密相连，也受国家发展规划与社会关注问题的深刻影响。2007 年国家明确提出建设生态文明的目标，环境保护成为全社会具有高度共识的理念。几乎与此同时，在 2005～2008 年之间，北东部发达地区相继进入人均 GDP 5000 美元的门槛。在经济快速发展和人均可支配收入持续提升的同时，食品安全的社会焦虑也在持续增加，人们开始关注并购买安全、健康的有机食物，以此规避食品安全风险。在国家生态文明建设、公众安全健康食物需要和社会环保关注的三重影响下，2009 年之后关于有机农业研究的数量和质量迅速提升。回顾中国有机农业研究的历史，大致可分为以下三个时期：

（1）探索时期（1980～1989） 这一时期主要是译介国外有机农业研究与实践，提出本土生态农业概念，并对农业及农田生态系统开始进行科学探索研究。

（2）启动时期（1990～2006） 基于中国第一个有机食品认证所开启的现代有机农业实践，以及有机食品国家标准的颁布实施，在继续译介国外有机农业研究成果的同时，相关学科陆续跟进基于本土实践的研究，新观察、新观点、新发现层出不穷，本土化的实践经验总结与知识体系构建开始同步推进。

（3）发展时期（2007 年至今） 随着如自然农法、生物动力农法、酵素农法等多元有机农业实践的展开，有机农业研究的点、面与文献数量及研究队伍都在快速提升。在研究数量之外，研究质量也开始受到关注，陆续出版了多部深度结合具体案例与理论探讨的著作。

我国的有机农业研究还需更多地深入中国的农业生态和社会纹理，提出基于中国文化意识和农业生态特征的有机农业问题，逐步形成具有本土特色的有机农业研究风格，为全球有机农业的知识生产和进步贡献更多的中国智慧。

根据咨询与认证应当各自独立的原则，1999 年初，OFDC 的部分成员从OFDC 分离出来，成立了南京环球有机食品研究咨询中心，这是我国最早成立的独立咨询机构。接着在北京、南京、广州等地的大专院校和研究机构也相继成立了有机农业与有机食品的研究咨询机构。它们在研究适合于中国不同地区的有机农业实用技术方面开展了不少工作，并为从事有机生产的单位和农民提供了全方位的咨询服务，是指导和促进各地有机事业发展的骨干力量。2001 年，中国有机咨询专家网络正式组成并运作。在我国自己的传统农业和生态农业的基础上，在世界上有机农业发展和有机食品市场最成熟的一些国家，如德国、英国、美国等国家的专家的帮助下，我国的有机农业与有机食品研究和咨询事业不断发展和趋向成熟。现在，我国从事有机产品咨询的专家们已经开始涉足目前为止还是十分薄弱的有机食品市场信息的咨询服务。由于我国多数地区的农民和农村基层技术人员还无法掌握比较先进的现代有机农业知识和技术，因此在遇到突发的病虫害或其他事故时往往显得束手无策，严重的甚至会前功尽弃。事实证明，凡是在咨询机构或咨询专家指导下发展起来的有机农业基地，一般都比较顺利，考虑问题都比较全面，对病虫草害防治、土壤培肥、作物轮作等关键问题都有很明确和可行的计划。

随着有机农业和有机食品咨询业务的发展，我国也建立了相关服务平台，如中国有机产品认证与有机产业发展技术服务平台、中国有机产业网等。同时，在一些农业和食品院校中，有机农业和有机食品已经成为一门课程，这对有机知识的普及和提高将起到十分积极的作用。各地的教育和其他相关部门也应在科普教育中有意识地增加有机农业与有机食品方面的内容，在广大的消费者中普及有机食品知识。

第三节　有机农业的环境保护功能

一、有机农业对环境质量的影响

丹麦有机农业研究中心利用"驱动力 - 状态 - 反映"结构模型（model of driving force-state-response framework，DSR），并结合一套有机农业环境影响指标体系，包括土壤有机质、土壤生物、硝酸盐淋溶、磷淋溶、养分和能量的利用与平衡、温室气体排放、农场的设计与管理、产品质量等，评估了丹麦发展有机农业对环境产生的影响，结果发现有机农业比常规农业能更好地保持土壤肥力和利用土壤养分，减少土壤淋溶、矿物资源消耗和化学物投入等对水土气等环境介质质量的不利影响。

1. 土壤氮淋溶损失

氮是所有养分中最容易淋溶的成分，因为硝酸盐在水中移动性强。研究表明有机生产的硝酸盐淋溶很低，在丹麦每年仅为每公顷 27～40kg（以纯氮计，下同）；有机农场的氮剩余水平也更低，Halberg 等调查比较了丹麦 16 个常规和 14 个有机种养结合的农场，发现常规农场每年每公顷氮剩余为 242kg，而有机农场只有 142kg。Hansen 等通过模型方法评估有机与常规生产的氮淋溶，结果表明，在砂性土壤条件下，有机作物生产和奶牛养殖系统的氮淋溶均低于常规生产。有机生产氮淋溶更低的原因可归结为氮投入少、养殖密度低和绿肥等养分保持作物种植多等。但是，如果有机农场管理不善也会导致地下和地表水的污染。

2. 土壤磷淋溶损失

研究表明，有机农业生产中磷的供给更均匀，剩余更少，因而可使土壤中磷的积累与淋溶的风险最小化。Halberg 报道磷的剩余随单位面积的载畜量增加而增加，常规奶牛场的磷剩余显著高于有机奶牛场。Simmelsgaard 计算了不同模式的有机农场的磷平衡，对于有机奶牛场随饲料自我供给程度的不同，每年每公顷的磷剩余在 2～15kg（以纯磷计，下同）；有机作物生产地块的磷剩余随投入的粪肥有机肥的增加而增加，一般每年每公顷的磷剩余 0～8kg。通过模型计算，如果丹麦所有的农业土地转换为有机管理方式，则每年的磷剩余会比转换前的常规农业低 43%～90%。

3. 土壤钾淋溶损失

有机农业生产中，钾是通过钾矿粉和作物秸秆等来提供的。Simmelsgaard 计算了不同类型有机农场的钾平衡，发现有机作物生产、猪和奶牛养殖场都可能耗竭或积累土壤中的钾。对于砂性土壤，有机农场如果不通过饲料、粪肥或矿物性钾肥来补充钾的话，则不能满足作物对钾的需求。通过模型计算，如果丹麦所有的农业土地转换为有机管理方式，则每年的钾剩余比常规生产低 77%～88%。

4. 土壤有机质

土壤有机质是保持土壤肥力的核心因素，但是采用新的耕作实践所产生的土壤有机质的变化可能要在许多年之后才能体现出来。有机农业生产系统由于使用养分保持作物、循环使用作物秸秆、使用有机肥料而非化学肥料、种植多年生作物等，可促进土壤有机质的提高。

5. 土壤生物活性

有机耕作的一个主要目标是促进土壤中更高水平的生物活性以保持土壤质量和提高土壤与植物之间的代谢作用。土壤生物的数量受土壤类型、肥料种类、作物轮作、耕种、气候、一年中所处的时间等因素的影响，因此难以分清有机耕作和其他因素所产生的效果。统计结果表明，有机生产系统的微生物和小型节肢动物的数量更多，施用粪肥或有机转换可明显提高蚯蚓的数量。Axelsen 和 Elmholt 的研究表明，如果丹麦所有农业土地转换为有机管理方式，则土壤的微生物含量将增加 77%，跳虫的丰度增加 37%，蚯蚓的密度增加 154%。因此，有机农业转换可明显地增加土壤的生物活性。有机生产系统的高水平生物活性可导致良好的土壤结构，这是保持作物高产和控制土壤侵蚀的关键，但是如果使用大型的农业机械会破坏表层和深层土壤的结构。

6. 矿物能源消耗和温室气体排放

农业生产（如肥料和农药的生产）直接或间接地消耗矿物能源，能源的使用影响自然矿物资源，并可能影响气候变化。Refsgaard 等研究证明有机奶牛养殖场每公顷饲草料投入的能量比常规生产低，具体为禾谷类低 29%～35%，牧草、青贮饲料低 51%～72%，饲用甜菜低 22%～26%；销售单位重量牛奶的能量消耗低 19%～35%。Mder 等通过 21 年的长期试验，证明有机生产系统生产单位重量干物质的能耗比常规系统低 20%～56%，单位面积的能耗低 36%～53%。存在这种差异主要是由于常规农场使用化肥、农药而间接消耗矿物能源。Dalgaard 等估算，如果丹麦所有农业土地转换为有机管理方式，则可减少 9%～51% 的净矿物能源消耗，具体取决于购买饲料的情况和动物养殖状况。而且如果全部实现有机生产，则农业的能量消耗降低、氮投入减少、动物养殖数量减少，可以相应地降低 13%～38% 的温室气体（CO_2，CH_4 和 N_2O）排放量。Stolze 等推断，有机农业生产中不使用化学氮肥（生产和运输都要消耗大量的能量）、减少使用高能耗的饲料产品（如浓缩饲料）、减少矿物性磷钾肥的投入和禁止使用农药等重要措施能确保有机生产更好地利用能量资源。

二、有机农业的生物多样性保护功能

世界自然保护联盟（World Conservation Union, IUCN）在 2000 年发布的《IUCN 物种红色名录与标准》（IUCN RED LIST Categories and Criteria）中指出，生境丧失是威胁生物多样性的主要因素，农业活动影响到了 70% 的濒危鸟类和 49% 的植物物种。而有机农业由于更多样的作物轮作，以及有效地综合了养殖与多品种作物种植，因而具有更高的农业生物多样性。长期研究证明，有机体系对于非农业物种的多样性同样是有益的。

1. 植物多样性

农业生产中大量使用除草剂对耕种植物产生了不可避免的影响，这正是为什么在禁止使用化学除草剂的系统中，植物的多样性要相对较高的原因。调查发现，希腊的有机葡萄园和橄榄林植物的多样性和密度都比常规果园高出很多。同样，英国一个历时 2 年的研究试验结果表明，相对于常规农田，有机农田周围的稀有和濒危植物种类有了显著的提高，除了 21 种"目标"种类以外，有 11 种只在有机田里出现；8 种在有机田里随处可见的种类在常规田里却寥寥无几；在有机田中及其周围，稀有种类的数量是常规田块的 2 倍。Stopes 等发现在有机耕作 11 年后，田篱植被的种类增加了 10%。据调查，在英国和丹麦，有机谷物地块里杂草的生物量是常规地块的 5 倍，杂草密度为 2.4～5.3 倍，物种多样性明显更高。试验证明有机农业允许相对多样化的杂草生长，以有机方式生产的小麦田中有 9～11 种杂草，而常规地块中只发现一种。同时，调查显示有机生产系统也具有更高的土壤微生物多样性。

2. 无脊椎动物多样性

土壤动物对土壤的物理、化学和生物特性会产生巨大的影响。耕作系统中的有益节肢动物对害虫的控制具有重要的作用，特定的节肢动物（如步甲等）甚至被作为生境质量的指示物。有机农业和常规农业对一些重要的土壤动物的多样性和丰富度会产生影响，其中两类无脊椎动物（节肢动物和蚯蚓），由于分布极为广泛，而且对农业生态系统具有重要的作用，成为研究的重点。通过对农业基地及小块试验田的调查，发现有机系统中动物的多样性和丰富度都明显比常规系统高，常规田中只有极少数的种类会比有机田中的丰富度高；有机田中的节肢动物不仅有较高的多样性和丰富度，而且分布更均匀。蚯蚓是土壤肥力的重要指示物，蚯蚓的数量反映了土壤的结构、微气候、营养和毒性状况，翻耕、使用农药、施肥和作物轮作等耕作行为，都会对蚯蚓的数量产生明显的影响。诸多研究均表明，有机管理的土壤中，蚯蚓的密度、数量以及种类数都要比常规田中的高。

3. 鸟类多样性

国际鸟类联盟（BirdLife International）通过对欧洲鸟类保存状况的调查，确定了 195 种鸟（相当于欧洲鸟类总数的 38%）作为欧洲保护鸟类（SPECs）。大部分鸟类数量的下降与土地利用引起的变化有关，农业的大力开发是最主要的威胁，受此影响的鸟类占到了 SPECs 总数的 42%。有机农田中无脊椎动物的丰富度和频度、植物性食物资源、生境以及耕作实践对鸟类的多样性和数量都有直接的影响。云雀是一种陆地繁殖的鸟，它的繁殖成功与豆科作物的管理有很大关系，农业系统的改变会对它产生严重的负面影响，导致数量急剧下降。英国鸟类监管委员会（the British Trust for Ornithology, BTO）对 22 对有机农场和常规农场的鸟类繁殖和越冬方式进行研究，结果有机农场中由于无脊椎动物和食物资源丰富，云雀的繁殖密度明显要高。德国的研究人员也发现，在勃兰登堡州的 Schorfheide-Chorin 生物保护区，豆科作物田里云雀及其他陆地繁殖鸟类的比例较高。在保护区内生物动力农场所做的进一步研究显示，一般农田的边缘带对陆地繁殖鸟类会产生很大的影响。它们在为一些鸟类如欧洲石鸡、鹡鸰等提供鸟巢、食物以及鸣叫和休息地点的同时，也为陆地繁殖的鸟类提供了躲过农事操作和天敌的良好庇护所，还成为无脊椎动物在庄稼收割后得天独厚的藏身之处。一个历时 3 年，以非作物环境如常规和有机地块的灌木篱墙及其对鸟类的影响为重点的研究在丹麦展开，研究结果表明有机田的鸟类丰富度要比常规田高出 2～2.7 倍。

三、有机农业对农村景观的影响

有机农场由于促进更多样化的作物轮作和放牧更多种类的动物而改变了整个景观的美学价值。Braae 等发现有机农场鸟的数量是常规农场的 2～3 倍，这可能主要不是因为禁止使用农药、化肥，而是由于景观结构的多样性。Stolze 等推断有机农业对景观质量可产生正面影响，为重新提高农村景观质量提供了机会，并建议景观质量可以作为不同农业生产实践对环境影响的评估指标之一。

为了研究有机农业对景观美学与生态环境的影响，荷兰的 Kuiper、Mansvelt、Stobbelaar 等开展了大量的研究。Mansvelt 选择德国、瑞典的 4 对有机农场（生物动力农场）与常规农场以及荷兰的 3 个有机农场和 4 个常规农场，通过比较水分、土地利用和土地特征图、农场及周边环境以及采访农户，分析了土地利用类型多样性、植被组成和视觉要素（垂直与水平关联度、色彩与形状），结果表明有机农场的景观和耕作系统的多样性更大，具体表现为土地利用类型、作物、畜禽、植被、动物种群、视觉信息（更多形状、色彩、气味、声音、空间构造）和劳力（在农场完成更多的加工和更多的人参与生产）的多样性，而且有机农场各组分间的关联度更大。因此，有机农业对可持续的农业景观管理具有潜在的积极作用。

Kuiper 在研究中设立了生物、非生物、经济、社会和耕作环境 5 个方面的指标，利用考核清单的方法评估有机农场对景观质量的贡献。耕作环境指标又包括内部和外观特征两方面，由于景观对人的福利和健康以及他们在社会上的生存能力具有重要的影响，它既是一种具有可测量特征的物理环境，也具有影响人们感受的内在主观质量。随着时间的变迁，观察者的文化和美学价值会逐渐改变，景观的形象和价值也会随之变化。非专家价值采用心理学原则，包含指标使用者和当地居民对目前当地农场景观的欣赏指标；而专家价值采用外观特征或景观构造的原则，包含景观评估、耕作历史和未来设想等指标。非专家价值指标的评价是通过提问的方式来回答是否有机农场比旁边的常规农场更具可欣赏性，专家价值指标评价是通过提问来回答是否有机农场比临近的常规农场更好地表达了自然和耕作的传统及目前的用途与意义。

非专家价值指标的评估结果表明，有机农场比临近的常规农场更能唤起"自然"的感觉，有更多花香、鸟语等感观质量。有机农场的季节性也更明显，如可以通过植树和栽种水果来体现。在某些有机农场，评估者可感觉到农场对极端气候影响的抗性，而有的农场由于恢复一些旧农舍而体现一种历史感。

专家价值指标的评估结果表明，有机农场在一块地里具有更大的作物多样性和物种多样性，这种增加的多样性经常出自农民的创造性，有时也是对非生物特征适应的结果。有机农场的生物多样性也比常规农场更丰富，因其栽种树木更多或留有更多的自然植被。在农场水平上，有机农场能成功地改善生态质量。然而，有些农民似乎对美学质量不太关注，栽种的树木中能够协调空间取向和景观单元同一性的很少，大多数农场种植的树木与重要的景观成分间缺乏相关性，水系不清晰。在矮茎橄榄树底长满高的杂草比那些长矮草或无草的果园的对比性差，难以给艺术家和摄影师带来灵感。

由于小面积有机农场很难与周边环境相区别，因此这两套评价指标和问题不适合小农场，同时小面积的有机农场是否有利于可持续的景观质量建设也值得讨论。如果临近的小有机农场之间建立合作关系则有可能改良景观质量。

Stobbelaar 等应用以上方法对希腊克里特岛的有机橄榄生产农场的景观质量进行了评估，证实有机农场面积越大对景观质量的贡献越大，尤其是对非生物环境。而且同常规生产相比，有机农业生产中土壤侵蚀更少，有更高的生物多样性，需要更多的劳力，产品的附加值更高以及有更高的景观多样性，这些都来自于有机农场的生态和社会的良性管理。

第四节　各国发展有机农业的支持政策

为促使常规农业生产方式向有机生产方式转化，世界大多数国家都针对各自农业发展的特点和状况，采取了一系列有效的支持政策，其中欧盟国家对有机农业的支持政策最为有力。特别是从 1994 年起，欧盟的农业与环境项目为发展有机农业提供了最重要的支持。农业与环境项目的目标是取得农业发展与环境发展政策的一致，并有助于提高农民的收入。在此项目支持下，各国纷纷对有机农业生产者给予补贴。这在很大程度上促进了有机农业在欧盟的快速发展，大大促进了农业环境的改善。从各国收到的农业环境项目的最后评价报告均证实了有机农业对土壤、水质和生物多样性的保护。

由于有机生产方式需要掌握较多的作物、病虫害防治和生态等方面的知识，在一定程度上制约了农场的有机转换。实践证明，仅仅实行对有机农场的补贴，还不足以刺激农场的有机转化，而且也不能保证有机生产方法的长期应用，需要制定一系列配套的行动计划来促进有机农业生产和有机食品市场的发展。

为此，欧盟委员会率先制定了有机农业发展的总体行动计划，以尽可能地支持有机农业的发展。2001 年 5 月，"欧盟有机食品合作与促进"会议在丹麦的哥本哈根召开，以制定进一步促进欧盟有机食品发展的规划。丹麦食品与农业部主办了此次会议，各国农业部、IFOAM、欧洲农场主联盟的代表、欧洲消费者联盟代表以及欧洲环境署共同签署了哥本哈根会议声明，并制定了有机农业发展行动计划。该计划覆盖有机农业发展的方方面面。概括起来，有以下几方面：

（1）分析了有机生产的障碍与潜力，制定进一步的行动计划。

（2）分析了有机产品加工与市场的推广，提出以市场为导向的发展策略。

（3）建立健全有机生产的资料存档。

（4）强化有机生产的研究与学习。

（5）加强对有机农业的宣传。

农业杂志增加对有机农业信息宣传的文章，使有机产品的销售量不断上升，越来越多的有机产品走入了超市，有机生产和销售呈现不断上升的趋势。欧盟委员会还邀请与有机农业相关的生产者、经营者和消费者在网上提交反馈。在反馈的基础上，提出了促进进一步发展的措施。

2021 年，欧盟颁布欧洲地平线计划（Horizon Europe），预计将投入至少约 30% 的研究以及创新预算用于农业、林业、农村领域中针对有机行业与相关议题，由该计划支持的欧盟有机目标（Organic Targets 4 EU）项目于 2022 年 9 月 1 日开始实施，以推动有机农业、有机水产养殖业从农场到餐桌目标的转型，在该项目中发布了欧盟共同农业政策（CAP）2023—2027 战略计划，其中详细描述了各成员国如何助力有机农业发展。

在国家层面，至 2021 年共有 76 个国家全面实施了各自的有机农业法规，绝大多数国家都制定并实施了具有各自特色的促进有机农业发展的行动计划，采取了一系列补贴与援助措施。主要国家的有机农业支持政策概述如下：

一、中国

中国对有机农业的具体支持政策主要由地方政府根据当地情况制定，不同地区不尽相同。主要有以下几个方面：

1. 有机基地建设补助

如对有机种植基地的绿化隔离带，有机畜禽养殖基地的"三通一平"（水通、电通、路通和场地平整）及圈舍，有机水产养殖基地的防洪、防逃设施及防护隔离带建设由当地管理部门统一规划和建设；或对新建有机基地给予一次性资金补贴。

2. 设备、物资补助

对达到一定条件的有机基地的大棚（含智能化、连体、单体）、滴灌、提灌、农机具、太阳能杀虫灯、黄板、诱捕器、在线监控设备、质量追溯网络平台及绿肥种植或冬季深耕作业等给予补助。

3. 有机认证费用补助

转换期内的有机认证费用一般可全额补助；转换期满获得有机产品认证，有的按照证书奖补，有的按照认证主体奖补，获证后持续实行有机生产方式的一般也有年度补助，但各地有所不同。

4. 其他

鼓励有机企业创建有机产品品牌，积极开展市场拓展，鼓励品牌营销；鼓励有机产品集成销售。

二、德国

德国是目前世界有机农业最发达国家之一，这与德国政府对发展有机农业的支持政策是密不可分的。德国的有机农业始于 20 世纪 70 年代，从 1989 年开始，有机农场就得到政府的财政支助；1994 年后，遵照欧盟有机生产法规进行有机生产的，均可得到财政支助。不仅对处于有机农业转换期的农场实施补贴，对转换期后现存的有机农场也给予补贴。对转换期的耕地及草坪的补贴额为每年每公顷 125 欧元，已转换的有机农场为每年每公顷 100 欧元；对果园等多年生作物，转换期的补贴额为每年每公顷 600 欧元，转换后为 500 欧元。此外，由于德国各个州政府都有自己的专门机构支持有机农业的发展，按照各地情况的不同，各个州可根据以上补贴标准最多降低补贴额 20% 或提高补贴额 40%。这些补贴政策使德国有机农场的数目在 20 世纪 80 年代末 90 年代初快速上升，有机食品的供应量也显著上升。

除了直接对农场主给予补贴外，在 2002 年修订的《有机食品市场推广手册》中规定，有机食品可以以较高的市场价格出售，确保了有机食品的生产者、加工者、市场推广者都可以得到较高的市场回报。为促进有机农场的发展，德国联邦政府还制定了有机农业发展的中长期行动计划。政府将采取一系列措施，发展与有机生产链相关的各个部分，有机生产和加工、贸易、市场、消费者、技术的开发与转化、研究与推广等各个环节均得到快速发展。为了完成此联邦计划，2003年的预算大约为 3500 万欧元。所采取的措施包括：建立有机发展中心的国际互联网入口；提供有机农业教育材料；制定有机农业培训计划及其预算；召开有机畜牧兽医等的研讨会；召开有机生产农场主的研讨会；进行有机示范农场的网络建设；准备有机农场的宣传材料；准备农产品有机加工的培训材料；召开有机产品的信息研讨会等。

三、奥地利

奥地利于 1991～1992 年首度实行全国性的有机农业转换期的补贴措施，1993～1994 年，农业部调整补贴政策，实行转换期和转换后的持续补贴，并增加补贴额度。有机农业的补贴政策带来了 1991～1995 年有机农业的快速发展。1995 年奥地利加入欧盟后，农业部依据欧盟 2078/92 号法规的规定，制定农业环境计划，将有机农业补贴措施整合归并到该计划中，并增加补贴的有机生产类型和提高补贴金额。无论是转换期或转换后，有机蔬菜生产每年每公顷给予 454 欧元的补贴，果树及其他密集型园艺生产给予 758 欧元的补贴，其他耕地给予 340欧元的补贴，草原给予 227 欧元的补贴。2000 年，为了配合欧盟农村发展法规（1257/99 号法规）的实施，农业部制定新的农业环境计划，持续对有机农业提供补贴。2001 年，为全面推动有机农业的发展，改变 1996～2000 年国内有机农业增长的停滞趋势，农业部制定了第一个奥地利"有机农业行动计划"，2003 年又进行了完善，制定了第二个"有机农业行动计划"。高额的有机农业补贴搭配有机行动计划的执行，使得 2001 年后的有机农业再度呈现出稳定的增长，至 2005年，有机农业面积占总农业土地面积的比例已高达 14%。

四、丹麦

1995 年，丹麦有机食品和农产品发展委员会向农副渔业部提出了 65 条有机农业推广行动计划，以推动有机农业在丹麦的发展，其中最重要的部分是加强政策引导工作。另外，也包括市场推广、研究工作和有机农场的发展。

在早期有机农业推广行动计划中，约 2/3 的资金用于有机农场补贴、有机农业的教育和展览、有机示范农场的建立、有机农产品推广等活动，促进了更多农场的有机转换。1999 年提出的发展有机农业第二个行动计划主要支持有机产品消费与销售的研究、初级产品的加工、质量与健康宣传、有机标准的调整、有机产品的出口、有机农业与环境保护、畜禽的健康与福利等方面，以促进有机农业的健康和持续发展。

五、西班牙

西班牙对有机农业的支持开始于 1995 年，在欧盟国家中是较迟的。这也影响了有机农业在其国内的发展。1995 年，西班牙将国内的有机农业立法与欧盟有机农业法规（EC, 2078/92）结合，促进了保护环境的有机农业生产方法的发展。

最初实行补贴的几年，西班牙有机农场的农场主获得补贴的限制较多。补贴额随地区和生产作物的不同而不同。一般来说，处于转换期的第一年，有机农场主可以收到全额的补贴，第二年只能收到全额补贴的 80%，在随后的 3 年中，收到全额补贴的 60%。当前，有机农场主每年收到固定的补贴额，在大多数情况下比欧盟的其他国家低，每公顷大约为 350 欧元。从 2001 年起，西班牙农场主从欧盟有机农业指导委员会的保证金中获得大部分的有机生产补贴，加速了有机农业的发展。

六、法国

法国规定只有处于有机农业转换期的农场才能享受财政补贴，转换后的有机农场得不到任何补贴。转换期的有机农场转换补贴上限为每个农场 50 万法郎（约合 75770 欧元）。此项政策被认为力度不够而未能达到促进有机农业的快速发展。

七、意大利

在意大利，新转换的和现存的有机农场都能得到补贴。但许多农场转换成有机农场的最大动力不是获得补贴，而是有机产品能够获得较高的价格。同时，欧盟法规的实施也为有机农业的发展提供了很大的促进作用，确保了生产者、加工者、销售者在市场中均能获得较大的利益。除此之外，在国家、地区水平上政府还在财政预算上对有机农业的研究、实验、培训、市场促进等提供了多方面的支持。

八、美国

为了减轻申请者的成本负担，美国农业部还实行了国家有机认证成本分担计划（NOCCSP），最多可以向获得认证的申请人返还 75% 的认证费用。

环境质量激励计划（EQIP）是由美国农业部国家资源保护局（NRCS）管理并实施的项目，要求申请者用于水和空气质量、土壤状况、野生动植物栖息地等环境改善。申请者自愿申请，一旦通过审核，国家资源保护局（NRCS）会采用分担投资额的方式进行支持。在转换期的有机农产品生产者可以申请这个项目进行一些基础设施的投资。2015 年，参与环境质量激励计划（EQIP）项目的农场共有 1783 个，土地面积 259436 英亩，参与数量最多的三个州分别是加利福尼亚州 326 个、威斯康星州 141 个、缅因州 117 个。

美国在农业法案中还对有机农业的发展列了专项资金用于有机农产品的长期支持，包括研发推广、种植和技术改良、保险、促销等。2022 年，美国农业部（USDA）宣布将在未来 5 年投入约 3 亿美元，用于支持有机转型计划中的农场经营，以打造新一代美国有机生产者，并巩固有机供应链。

各国对有机农业的支持政策有效地促进了世界有机农业的发展，到 2021 年，全球按照有机方式管理的农业土地有 7640 多万公顷，是 1999 年的近 7 倍；参与有机农业的生产者有 370 多万，是 1999 年的 10 倍多；有机产品零售额达 1250 亿欧元。

第五节　消费者选择有机食品的主要理由

一、推动有机农业和生态环境保护事业的发展

这是欧美发达国家的消费者选择有机食品的最主要理由。有机农业是可持续农业的重要组成形式，禁止使用人工合成化学品和转基因技术，强调建立系统内的养分循环。与常规农业生产相比，有机农业生产能够培肥土壤，减少养分淋溶，提高养分、能量的利用率以及农业生产系统的生物多样，改良农业景观，具有良好的环境保护功能。这对节约不可再生能源、保护自然资源与生物多样性，改善整个农区生态环境都起到非常积极的作用。有机农业对生态环境的保护主要体现在以下几个方面：

（1）有机农业禁止人工合成的化肥和农药等化学物质的投入，尽量减少作物生产对外部物质的依赖，强调系统内部营养物质的循环；通过建立和恢复农业生态系统的良性循环，维持农业的可持续发展。将农业生产从常规方式转向有机方式，解决了化肥和农药由农田流入水体，对地表及地下水体造成污染的问题。

（2）现代农业土壤中的生物活性只及传统农业土壤的 1/10。土壤有机物的耗竭，使其保水、保肥能力大大下降，这就加剧了水土流失和旱涝灾害。保护土壤是有机农业的核心，有机农业的所有生产方法都立足于土壤健康和肥力的保持与提高。在有机农业生产体系中，作物秸秆、畜禽粪肥、豆科作物、绿肥和有机废弃物是土壤肥力的主要来源。

（3）现代农业主要依靠化肥、农药的大量投入，这就使得生态系统原有的平衡被打破，而有机农业原则是充分发挥农业生态系统内的自然调节机制，采用适当的农艺措施，如作物轮作以及各种物理、生物和生态措施来控制杂草和病虫

害，建立合理的作物生长体系和健康的生态环境，提高系统内的自然调节能力，这样有利于保护农村生态环境及生物多样性。

（4）从已通过认证的有机食品生产基地来看，农田生态环境普遍好转，各种有益生物种群明显增加，农业废弃物得到了充分的利用。

所以，有机农业的发展将对农村环境污染控制、特殊生态区的生态保护与恢复、资源的合理利用起到示范和促进作用。

二、食用有机食品安全性高

大多数消费者相信有机食品相对于常规食品有更高的食用安全性。因为有机食品的生产和加工有严格完整的质量管理和追溯体系，必须严格遵循有机食品生产、采集、加工、包装、贮藏、运输标准，禁止使用化学合成的农兽药、化肥、激素、抗生素、食品添加剂等，禁止使用基因工程技术和基因工程产物及其衍生物。因此，有机食品通常不会有人工合成化学物和转基因成分的污染，从这方面看，有机食品确实应该是非常安全的。但是，关于有机食品安全性更高的结论也不是绝对的。对有机食品安全性的质疑主要来自两个方面：一是有机食品认证监管方面的漏洞导致部分有机食品事实上没有达到标准要求；二是除合成化学物和转基因成分外，重金属、微生物和生物毒素等其他污染物并不一定会得到更好的控制。

三、有机食品营养和味道更好

部分有机食品消费者相信有机食品的营养和味道比常规食品好。有研究发现有机蔬菜、水果和牛奶中抗氧化物质的含量比常规产品高出40%～80%，而科学家称抗氧化物质可以降低患癌症和心脏病的风险。同时有机蔬菜和水果中铁和锌等有益矿物质的含量更高。然而，关于有机食品更有营养的说法也遭到很多专家和研究结果的质疑。如英国食品标准局（FSA）委托伦敦卫生与热带医药学院（LSHTM）对这个问题的研究进行系统的整理和评价，结果发表在2009年9月的《美国临床营养杂志》上。即通过广泛地搜索国际学术界常用的学术文献数据库，并与主要研究人员联系，请他们提供补充的研究论文，最后获得了过去50年间发表的162篇比较有机产品和常规产品营养成分差异的论文。但其中有许多论文因存在着研究缺陷，不能说明问题而被剔除，只剩下了55篇高质量的研究论文。他们把这些研究中检测过的几百种营养成分分为11类，对所有的结果进行统计分析。结果发现，有8类营养成分的含量在有机产品和常规产品间没有差异，而其他的3类营养成分中，常规产品的氮元素含量高一些，而磷和可滴定酸的含量低一些，差异都在几个百分点的范围内。但是，这3种成分上的差异并不带来营养意义——比如说，并不能说含氮量高或者含磷量低表示营养好还是不好。所以，他们的结论是"有机产品和常规产品在营养方面没有差异"。

关于有机食品味道更好的说法虽然得到了许多消费者的认同，但由于味道本身只是一个感官指标，很难有严格的科学实验支持。

四、对自然的信仰

实际上，对于一些有机食品的忠实支持者，有机食品已经不仅仅是一种食品，还被当成了自己的信仰。他们中的很多人对于非自然的东西有天然的排斥性，认为所有自然之物，比如一朵花、一棵草都有自己独特的不可被改变的属性。有机食品正好符合这种信仰。

第六节 世界有机食品市场的发展

一、世界有机食品市场概况

为促进有机产品的国际贸易，德国纽伦堡展览公司自1990年以来，于每年的2月在德国纽伦堡举办有机产品国际贸易展览会（BioFach）。参会的机构一年比一年多，参展的有机产品有上千种，其中绝大多数是有机食品。纽伦堡有机产品国际贸易展览会的持续成功举办，既有力地促进了世界有机食品产业的发展，也有效地提升了自身的国际影响力。近年，除每年仍在纽伦堡举办有机产品国际贸易展览会，纽伦堡展览公司还和美国、日本、中国、印度等国合作，在这些国家也举办有机产品国际贸易展览会，其中与中国从2007年开始合作，每年在上海等中国城市举办国际有机食品博览会（BioFach China）。

近20多年来，世界有机食品市场以年均10%以上的增长率增长，到2017年世界有机食品销售额突破1000亿美元，2020年后超过了1400亿美元（图1-2）。有机食品已经涵盖了多种多样的食品种类，其中果蔬、乳品、谷物和肉类占有80%左右的份额。

二、欧洲有机食品市场的发展概况

2018年，欧洲有机食品零售额为401亿欧元（欧盟为374亿欧元）。德国的零售额为109亿欧元，是欧洲最大、世界第二大市场。欧洲人均在有机食品上的花费达到了50欧元（欧盟为76欧元），在过去十年中翻了一番。丹麦和瑞士消费者在人均有机食品上的花费最多（312欧元）。欧洲也是国际上有机食品销售额在其全部食品销售额中占比最高的地区，丹麦是第一个超过10%大关的国家（11.5%）。2020年英国有机食品市场总值高达27.9亿英镑，年增长率为12.6%，达到了近15年来的最高增长水平，且超过了非有机领域的增长。

欧洲国家的有机食品奶制品、蔬菜、水果和肉类市场主要由区域内供给，法

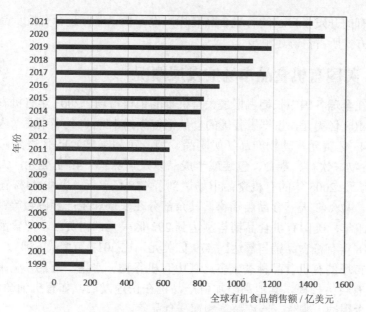

图 1-2 1999～2021 年全球有机食品销售额的变化

国、西班牙、意大利、葡萄牙和荷兰都是有机食品的净出口国，而德国、英国和丹麦都有较大的贸易逆差，进口需求很大。2018 年欧盟共进口了 330 万吨有机产品，最大的供应国是中国。

有机食品的流通渠道因国家而有不同，比利时、德国、希腊、法国、意大利、荷兰、西班牙等利用直销和自然食品的专门店销售，而丹麦、芬兰、瑞典、英国、匈牙利等 60% 的有机食品在超市和量贩店等流通销售。

在德国，由于有机食品产量较常规产品低，因而市场价格显著高于常规农产品。当地的有机食品生产已具有相当规模，因而有机食品市场的销售渠道日趋多元化。目前有机食品的销售渠道主要有 4 类：

（1）农户直销 这种营销方式占有机食品市场份额的 1/4 左右，这种营销模式中没有中间商，减少了流通环节，效益比较好。农户直销有三种方式：一是农场设立直销店；二是到专业市场承租柜台进行专柜直销；三是配送，根据订单送货上门。有一些地区还实行了网上订购和邮购。

（2）有机食品专卖店销售 这种方式占有机食品市场份额的近 1/2。目前德国鲜销有机食品专卖店有 5000 多家。这种营销形式专业化程度高，主要依托大中型有机食品批发配送中心进行调剂，因而完全实现了全国有机食品的货畅其流。

（3）传统商店设专柜或专区销售 这种方式占有机食品市场份额的近 1/4。

（4）连锁店销售 近几年，一些大型连锁食品店对投资有机食品营销抱有很大兴趣。有的开发了自己的有机食品商标，设专柜、专区进行有机食品销售。但这种营销方式所占份额还很少。

三、美国有机食品市场的发展概况

美国在全球各国中长期占据最大有机食品销售市场，2003 年有机农产品的销售额达到 108 亿美元，占据了美国的食品销售额的 1.9%，其中果蔬（未经加工和冷冻的）43 亿美元，动物产品（奶制品、肉、鱼和家禽）15 亿美元，加工产品（面包、谷物、饮料、零食、包装或半成品以及调味料）46 亿美元，人均消费额超过 35 美元；2005 年的有机食品市场达到了 138 亿美元，其中 44% 在超市和量贩店销售，47% 在天然食品店销售，其余部分在农场和生产者协会等销售或直接出口；2011 年，美国有机食品销售额达到 292 亿美元，占美国全部食品销售额的 4.2%；2018 年有机食品销售额达到 479 亿美元，比 2017 年增长 5.9%。

美国市场的有机食品种类繁多，其中有机谷物、水果、蔬菜、坚果和香料市场已经具有较大规模，其他高附加值产品也在快速发展，如有机葡萄酒、糖浆、番茄酱、食用油、麦片、冷冻蔬菜和速冻食品等。

有机食品的销售途径也多种多样，但随着有机食品市场规模的扩大，原先占主流的天然食品店交易比例降低，主要销售渠道向食品超市转移。随着有机产品的自有品牌和售卖场的发展，消费者在选择产品和决定从哪里购买时有了更多的选择。全食食品超市（Whole Foods Market, WFM）是美国也是全世界最大的有机食品连锁超市，创立于 1980 年得克萨斯州，现在全美、英国和加拿大已经拥有 270 多家连锁店。随着沃尔玛超级购物中心等折扣连锁店的崛起，市场竞争空前激烈，但全食食品超市仍能保持两位数的销售增长率。

美国生产的有机产品多数在国内销售，仅约 5%～7% 销往国外。美国同时也是有机产品的主要进口国，约 25%～40% 的有机蔬菜和水果来源于进口，其中有半数以上来自墨西哥，主要是美国不能生产的热带作物、反季节作物如新鲜水果和蔬菜，以及一些特色产品如少数民族产品等。

四、日本有机食品市场的发展概况

2018 年日本的有机食品市场销售额为 1850 亿日元。日本的有机食品市场上的初级有机食品主要是蔬菜、大米和水果，蔬菜和大米以本国生产为主，水果多为进口。有机加工食品中，主要有纳豆、日本茶、豆腐和日本黄酱，其次还有魔芋、调味品、咖啡、红茶、坚果和意大利通心粉等。近年日本发展最快的是有机茶生产，有机茶也成为日本出口的主要有机产品。

日本有机食品的销售，主要有三种渠道：第一种是生产者与消费者之间直接交易；第二种是有机食品的商家送货上门，采用该方式的主要是经营健康食品的自然食品店，送货上门的主要是有机蔬菜，但目前仅限于单独店经营，尚未出现连锁型企业；第三种销售渠道是在超市等设立有机食品专柜，并以"健康和安心、安全"进行宣传。从有机食品发展的历史来看，第二种方式是作为有机食品销售渠道最好的方式。

一个国家的有机食品市场的消费量并不一定等于其生产量，多数发达国家由于受国土面积和气候条件的限制，或由于生产成本，其所消费的有机食品中相当一部分是从发展中国家进口的，欧盟就从 60 多个发展中国家进口有机食品。而发展中国家则相反，其国内有机食品市场十分有限，产品主要供出口。发展中国家向发达国家出口的有机食品包括：咖啡、茶、蔬菜（速冻、保鲜、脱水）、大米、果汁、果酱、蜂蜜、香料、可可、巴西坚果、香蕉（鲜、干）、大蒜、腰果、木槿花、丁香、蔗糖、芝麻、姜黄、调味料、西番莲果、芒果（干、鲜）、菠萝汁、花生、苋属植物、小豆蔻、生姜、大豆、醋、葵花子和南瓜子等。当然，由于世界贸易的发展，一个国家生产的有机产品不一定只在本国消费。发达国家（地区）间的有机产品贸易也相当活跃，如美国就向欧盟和日本出口大量有机产品。

第七节　我国有机食品市场的发展

一、有机食品市场的孕育和发展

1999 年之前，我国的有机产品主要是根据日本、欧盟和美国等发达国家（地区）的需求生产，其中 95% 以上出口到国外，国内基本没有市场。在 2001 年之前，我国认证的产品出口还是比较顺利的，没有遇到明显的障碍。但 2001 年以后，日本规定凡是进入日本市场的有机产品，必须由获得日本农林水产省注册批准的有机认证机构认证后，才能作为有机产品在日本市场上销售。美国也通过并实施了国家有机大纲（NOP），未通过 NOP 认证的产品一律不得进入美国有机产品市场。再加上国际上对食品加工行业获得"危害分析与关键控制点"（HACCP）认证的要求越来越严，中国有机产品的出口遇到了明显的"绿色壁垒"。这一方面影响了中国有机产品的出口，但从另一方面讲，也促进了我国有机事业的规范化和国际化。

随着我国人民生活水平的不断提高，国内的有机食品市场在 2000 年前后开始启动，此后的几年中保持了显著增长的趋势。国内市场上销售的有机食品主要是新鲜蔬菜、茶叶、大米和水果等，基本上都是由国内有机认证机构认证的。在北京和上海的超市里人们可以比较方便地买到认证的有机蔬菜，在北京的马连道茶叶一条街上，有数十家商店都在销售经过认证的有机茶。

自 2007 年开始，中国绿色食品发展中心与德国纽伦堡展览集团合作，每年共同在上海等城市主办一次中国国际有机食品博览会（BioFach China），现该博览会已成为亚洲最具影响力的有机产品贸易盛会。

　　根据国际上公认的有机产品认证原则，所有有机农业基地都必须经历12～36个月的转换期。因此，通常情况下在申请认证后的1～3年内，农场生产的产品只能被称作"有机转换产品"。由于在有机农业发展的初期，许多农场刚开始有机转换，能向市场提供完成了有机转换过程的"有机"产品的数量很有限；消费者对安全食品又有着迫切的需求，他们愿意接受"有机转换产品"，因为尽管他们知道所购买的产品是在有机转换地块中生产出来的，但至少这些产品在其生产过程中是不允许施用化学合成农药和化肥的，因此愿意接受比常规产品高一些的价格。基于这一市场需求，"有机转换产品"通常也可经认证机构认证后标识为"有机转换产品"上市销售。但随着有机农业和有机食品市场的发展成熟，"有机转换产品"相继退出各国市场，发达国家大多在21世纪的前10年完成退市，我国随着2019年版《有机产品　生产、加工、标识与管理体系要求》（GB/T 19630）标准的实施，"有机转换产品"也退出了国内市场。

　　进入21世纪以来，我国的有机食品市场开始形成，并保持快速发展的态势。根据对全国获得有机认证的土地面积和平均产值的估计来推算，2003年我国获得有机认证的有机食品生产总额为19.3亿元人民币（其中，栽培作物17.5亿元，野生采集0.75亿元，淡水养殖0.15亿元，海水养殖0.50亿元，其他0.4亿元），估计其中有近70%进入市场，即作为有机或有机转换产品销售的有13.5亿元。在这13.5亿元的销售额中，出口额约为1.3亿美元，国内销售额近3亿元人民币。以全国13亿人口每人每年平均食品消费额为1200元计，则当年我国国内有机食品的销售额仅占常规食品销售额的约0.02%。与发达国家平均水平2%相比，相差很大。2005年中国有机食品产值约30亿元人民币，其中出口2.5亿美元，国内市场销售额8亿元人民币，产品主要集中在粮食、蔬菜、水果、奶制品、畜禽产品、蜂蜜、茶叶、水产品、调料、中草药等。到2009年，我国有机产品销售额达到100亿元人民币，超过日本成为全球仅次于美国和欧盟的第三大有机产品市场，但仍只有全球有机食品总销售额的约1/35。到2021年，国内的有机食品市场虽然仍位列美国和欧盟之后，但有机产品的销售额已占到全球的约1/10。近年我国有机食品市场的另一个显著变化是国外有机食品的大量进口，到2020年进口有机食品的销售额已经突破100亿元人民币，超过国内有机产品销售额的1/10（表1-6～表1-8）。

二、有机产品市场的规范化

　　进入21世纪以来，在国内消费者对食品安全担忧的情绪持续发酵的背景下，有机食品获得了越来越多消费者的追捧，我国有机食品的市场容量快速增加，市场价格显著提高，部分有机食品生产商开始获得了高额利润，有机食品市场似乎正走上繁荣之路。与此同时，很多有机食品生产企业开始琢磨通过一些非法途径从有机食品产业中获取不义之财，加上国内的有机食品市场尚处于起步阶段，监

表 1-6 2017～2021 年中国境内有机产品的核销数量

产品类别	核销数量 / 万吨				
	2017 年	2018 年	2019 年	2020 年	2021 年
植物类产品	4.25	6.24	8.79	8.50	10.51
畜禽类产品	0.63	0.59	0.57	0.55	0.44
水产品	0.45	0.51	0.67	0.31	0.17
加工产品	63.35	62.61	70.94	86.62	109.90
合计	68.68	69.95	80.97	95.98	121.02

表 1-7 2018～2021 年中国境内有机产品的销售额

产品类别	销售额 / 亿元			
	2018 年	2019 年	2020 年	2021 年
植物类产品	24.25	34.27	46.76	63.15
畜禽类产品	6.07	5.50	3.57	1.46
水产品	4.48	4.72	4.92	2.64
加工产品	596.31	633.73	646.15	796.21
合计	631.11	678.22	701.40	863.46

表 1-8 2020～2021 年中国境外有机产品的销售量和销售额

产品类别	销售量 / 吨		销售额 / 亿元	
	2020 年	2021 年	2020 年	2021 年
婴幼儿配方乳粉	14495	12399	76.7	65.6
灭菌乳	8840	17909	2.4	4.8
调剂乳粉	1574	556	8.3	2.9
乳清粉（液）	3478	5031	0.9	1.4
婴幼儿谷物辅助食品	1379	2745	7.3	1.1
葡萄酒	1065	1241	2.7	3.1
其他	8238	4619	5.0	9.7
合计	39069	44500	103.3	88.6

管体系不完善、媒体的夸张和不实宣传及消费者不成熟等原因，不合格或假冒的有机产品大量进入我国的有机食品市场。例如，几乎所有购买在中国境内认证的有机食品的外商都会根据国际惯例要求出售方提供由有机认证机构出具的销售证（Transaction Certificate），因此，在中国有机认证产品的出口方面，假冒和超额销售的问题能基本上得到控制。而许多销售有机食品的国内超市或商家却很少要求

供应方提供销售证；国内消费者也很少有人知道市场上销售有机食品除了应出示其认证证书外，还应具备相应的销售证。相当一部分有机食品贸易商虽然清楚地知道申请销售证的要求，但由于种种原因，他们会尽量采取各种办法来避免申办销售证。事实上，有机认证机构一般都会向获证者一再强调申请有机食品销售证和规范使用有机标志的重要性，但由于尚未建立起有效的监管体系，缺乏有效协调和管理，前几年国内某些地方的有机食品市场存在着程度不同的混乱情况。

2005 年前，我国的有机食品产业缺少有效规范。2004 年 11 月国家质量监督检验检疫总局令第 67 号发布了《有机产品认证管理办法》（2005 年 4 月 1 日起施行）；2005 年 1 月，国家质量监督检验检疫总局发布国家标准《有机产品》（GB/T 19630，共 4 个部分）；2005 年 6 月，中国国家认证认可监督管理委员会发布《有机产品认证实施规则》（CNCA-OG-001：2005），标志着我国有机食品市场开始进入规范化发展阶段。

有机食品市场的规范化管理需要经历一个长期的不断完善的过程。《有机产品认证管理办法》分别由 2013 年 11 月国家质量监督检验检疫总局令第 155 号、2015 年 8 月国家质量监督检验检疫总局令第 166 号和 2022 年 9 月国家市场监督管理总局令第 61 号进行了修订。国家标准《有机产品》分别在 2011 年和 2019 年进行了修订，2019 年版将 4 个部分合并为一个标准。国家认证认可监督管理委员会（以下简称"认监委"）也分别于 2011 年、2014 年和 2019 年对《有机产品认证实施规则》进行了修订，编号改为 CNCA-N-009。另外，认监委从 2012 年 1 月开始发布《有机产品认证目录》（认监委 2012 年第 2 号公告），对有机产品认证实行目录管理。后进行了 9 次增补和修订，现行版本为认监委 2022 年第 16 号公告发布，列入有机产品认证目录管理的共包括 46 个类别，共涉及 1257 种产品。2012 年还同时开通启用了"国家有机产品认证标志备案管理系统"，后整合为"中国食品农产品认证信息系统"。相关信息系统的建立，有利于有机产品认证、生产和流通信息公开透明和社会监督。

新的有机产品认证制度较以往有以下突出特点：

1. "严"字当头，生产、认证更加严格

一是有机产品的生产、加工和标识、销售标准更加严格。如同一生产单元内一年生植物不能进行平行生产，生产和加工过程中允许使用的投入物质增加了使用限定条件，使用标准附录之外的投入物质需由国家认监委组织专家进行评估；有机转换期的产品不再给予认证标识，只能作为普通产品销售；有机产品中不能检出任何禁用物质残留，销售产品需使用销售证并建立"一品一码"追溯体系；销售场所不能进行二次分装、加贴标识等。二是认证程序更加严格规范。如要求对产地环境必须进行监测（检测），现场检查需覆盖所有生产活动范围，对产品所有生产季（茬）均需现场检查，对所有认证产品都要进行产品检测；认证活动

需提前报告监督部门，认证证书由国家认监委信息系统统一赋号，同时增加了证书撤销、暂停、注销的条件等。三是建立了不良企业退出机制。对因不诚信、违规使用用机生产禁用物质、超范围使用国家有机产品认证标志等问题而被撤销认证证书的企业，任何认证机构在1～5年内不得再次受理其有机产品认证申请。同时，对于有机产品认证证书不能在规定时限内延续的，获证企业再次申请有机产品认证时，必须重新进行有机生产转换。

2. 可操作性增强，认证尺度统一

认证程序要求更加细化，《有机产品认证实施规则》从最初2005年版的7章3500字，增加到2019年版的10章1.3万字，增加了"再认证""证书撤销、暂停和注销"及"销售证"等内容，可操作性大大增强。对原先由认证机构自由裁量的内容进行统一要求，如统一认证产品目录、统一转换期判定、现场检查范围和频次、产品和环境检测要求，细化证书撤销、暂停、注销条件，明确证书暂停时间，规定撤销和注销的证书不得以任何理由恢复等。

3. 建立了有机产品追溯体系

严格规范产量衡算、收获、加工、包装、销售等环节的认证检查过程，要求在获证产品或者产品的最小销售包装上，加施中国有机产品认证标志及其唯一编号、认证机构名称或者其标志，配合使用销售证，充分利用现代化信息技术手段，确保发放的每枚有机产品认证标志能够从市场溯源到所对应的每张有机产品认证证书、获证产品和生产企业，做到信息可追溯、标志可防伪、数量可控制。消费者社会公众还可通过国家认监委"中国食品农产品认证信息系统"（food.cnca.cn）进行查询和验证。

4. 建立有机产品认证的目录管理

按照风险评估的原则，将不适宜开展有机产品认证的产品排除在《有机产品认证目录》之外，不得再开展有机产品认证。现行的《有机产品认证目录》已经比较细化和完善，包括了果蔬、牛奶等46个类别，1257种产品。同时，国家认监委将基于风险分析原则，根据发展变化情况，继续对《有机产品认证目录》进行动态调整。

5. 引入风险分析和风险管理概念

把风险评估和风险管理作为开展有机产品认证活动和监督管理、加强科学性和权威性的重要手段，在《有机产品认证实施规则》等文件中多处提及风险评估。认证机构在现场检查、产品抽样检测、证后监督中应依据产品生产、加工工艺和方法、企业管理体系稳定性、当地诚信水平等判定有机生产、加工风险并采取相应措施。监督管理部门建立风险监测和预警制度，依据风险评估对有机产品认证活动实施监管，并根据风险等级对相关产品、地域进行风险预警。

为了有效地落实有机认证规范，提高有机产品生产的标准化水平，推动有机产品市场的健康发展，各级市场监督管理部门也会组织不定期的监督检查，及时发现和纠正有机产品认证、生产和流通中出现的问题。如 2012 年 4 月，国家质检总局、工商总局和国家认监委联合就进一步加强有机产品监管工作发出通知，要求：

（1）各级质检部门应当依法加强对有机产品获证企业的监管。对监管中发现生产、加工过程或者认证标志、认证证书使用不符合有机产品认证要求的获证企业，应当及时通知发证机构暂停或者撤销认证证书。发证机构无正当理由，拒不暂停或者撤销认证证书的，应当严格按照《认证认可条例》的相关规定查处。

（2）各级质检部门应当进一步加强对流通领域有机产品认证证书、认证标志使用行为的监督。对于不符合相关规定的销售者，应当责令整改；对生产企业超期、超范围或者伪造、冒用认证标志、认证证书的行为，应当严格按照《产品质量法》《认证认可条例》等法律法规规定查处。

（3）各级质检部门应当依法严厉打击非法和违规认证、认证咨询活动，进一步净化认证市场。同时，加强对销售者宣贯《有机产品》国家标准，督促销售者严格按照《有机产品》国家标准的要求采购、贮运、销售有机产品，严禁在认证证书标明的生产、加工场所外对有机产品进行二次分装、分割或者自行加施有机产品认证标志等行为。

（4）各级工商部门对销售者伪造或者冒用有机产品认证标志，进行虚假宣传等违法行为，应当严格按照《产品质量法》《广告法》《反不正当竞争法》等法律法规规定查处。

（5）消费者发现违法违规行为的，可通过 12365 举报电话、12315 消费者申诉举报网络分别向质检、工商部门举报。各级质检、工商部门应当加强协调与配合，强化信息交流与合作，及时受理和依法处理消费者相关举报，切实维护消费者合法权益。

2023 年一季度，国家市场监管总局对有机产品认证领域（有机粮谷、食用菌、调味品、茶叶、葡萄酒 5 类产品）的 28 家认证机构涉及的 130 批次产品实施了认证有效性抽查，认证机构覆盖率为 25.2%。抽查发现 11 批次抽样产品不符合认证要求，总体不符合率为 8.46%。上述相关信息已通报有关认证机构整改，认证机构已依据有关规定对不符合认证要求的获证企业做出撤销 30 张有机产品认证证书的处理。对抽查发现严重不符合（存在违规使用禁用物质等情况）被撤销认证证书的相关产品，认证机构 5 年内不得受理该企业及其生产基地、加工场所的有机产品认证委托。国家市场监管总局已部署有关认证机构开展认证质量追溯和排查，要求其进一步强化质量管控、提高认证有效性，并将有关排查结果和改进措施报告市场监管总局。

市场问题对有机事业的发展来说是最为关键的问题之一，只有有机产品在市场上体现了其真正价值，才能从根本上调动起从事有机事业的生产者、加工者和贸易者的积极性，只有规范了有机产品的市场，才能防止假冒伪劣产品的出现和泛滥，也才能使消费者信任有机产品，离不开有机产品。如果有机产品长期不能体现其真正的价值，如果有机产品的市场得不到消费者的信任，则有机事业不但不会发展，反而会逐步萎缩，直至消失。

在有机产品产生的利益分配方面，目前需要十分关注的是如何充分落实有机产品的直接生产者——农民的利益，相当一部分贸易商在处理与有机农民的关系时有意或无意地忽视了这一点，从而极大地影响了农民从事有机生产的积极性。其实，真正精明的贸易者应该是有长远目光的，他们应当清楚，只有生产者与贸易者的"双赢"才能持久，才能稳定，才能有更美好的前景。

第八节 有机农业的效益分析

一、有机农业生产成本组成

有机农业投入的成本与常规农业相比，既有相似的部分，也有区别。有些方面的成本会增加，有些方面的成本则会降低。当然，由于不同的产品类别、不同的资源条件，不同国家或地区的有机农业成本会有变化。一般来讲，有机农业投入的成本主要可以分成如下几个方面：

1. 土地及基础设施成本

包括土地租金及道路、灌溉、防护等基础设施成本。

2. 投入品成本

包括肥料、农药、种子等投入。与常规农业相比，有机农业在种子等投入方面的成本基本不变，发生变化较大的是肥料和农药等成本。由于有机农业禁止使用化学肥料，只能使用有机肥料，会使肥料的成本增加。而农药的使用也被限制，所以农药的成本一般会降低。当然，农药成本的降低是以其他成本的升高为前提的，例如为了控制虫害，往往会加大劳动及其他要素的投入。

3. 劳动力成本

一般认为，有机农业比常规农业的劳动密集程度更高，单位耕地需要投入更多的劳动力。因此，一些发展中国家将有机农业的发展作为增加农村就业机会的一个途径。在皖、赣、苏、鲁、沪等省（市）的8个有机农业生产基地进行的调查表明，在选取的12个样本单位中，有4个样本单位表示有机种植用工比常规种植用工"多得多"，占调查样本单位数的33.3%；有7个样本单位表示有机种植用工比常规种植用工"稍多些"，占58.4%；只有1个样本单位表示有机种植用工与常规种植用工"差不多"，占8.3%。

4. 认证成本

由于有机农产品与常规农产品外观不易辨别，消费者与生产者存在着严重的信息不对称。为获取消费者的认可，需要由认证机构对有机农产品进行认证。因此而增加的支出，是常规农业所没有的成本。一般来讲，在认证初期，认证成本较高。

5. 转换期和缓冲带成本

包括有机农业需要的转换期以及为建立缓冲带所带来的成本分摊等。

6. 其他成本

包括可能有的税金、保险费、水电费及其他未预见到的费用等。

认证、转换期和缓冲带等有机生产增加的成本，部分国家或地区由政府补贴来冲抵或部分冲抵，我国主要由地方财政来提供这方面的补贴，补贴政策因不同地区有不同。

总体来说，有机生产与常规生产相比，成本会明显增加，单位面积的成本一般会增加到常规生产成本的 1.3～1.6 倍。

二、有机农业生产的收益

一般认为，从常规生产转向有机生产，尤其处在转换期间，产量会下降，但下降的程度并不相同。总体来说，现代化程度较高的农地在转向有机生产时（尤其是转换期）产量下降幅度较大。例如发达国家与发展中国家（尤其是没有经过大规模农业工业化的国家或地区）相比，从常规生产转向有机生产时产量下降的幅度会大一些，但发达国家往往可以采用较为先进的生产技术来弥补这一劣势。

有机产品的产量和价格是决定有机农业生产者能否获得更高利润的决定因素。先进的生产技术一方面可以使生产者获得更高的产量，另一方面可以提升产品的品质，从而提高产品的价格。有机生产者能否获得较高的价格溢价，生产技术先进与否或者说生产效率高低是一个决定性因素。

另外，由于有机转换会带来一定的生态效益，绝大多数国家都会对有机农业提供一定的补贴，以鼓励实施有机转换，这部分补贴会部分地抵消有机农业生产成本的提高。

三、有机与常规生产效益比较

现从西班牙巴伦西亚地区 25 个有机柑橘生产果园和 3500 个常规柑橘生产果园的生产经营情况的比较分析来进一步说明有机食品产业效益。巴伦西亚地区的有机栽培柑橘园，除增加了认证费用之外，生产的人工费和肥料费也显著增加，而农药费用则显著降低，灌溉水费用也有所下降，每公顷有机柑橘的总生产成本要高于常规柑橘 35% 左右（表 1-9）。在向有机生产方式转换的最初几年，柑橘产量会有明显的下降，一般为常规生产的 80% 左右，但三四年后产量会有一定恢复，一般可回升到常规产量的 90% 左右。在向有机生产方式转换的

表 1-9　柑橘常规和有机栽培方式的一般成本[①]

单位：欧元 /hm²

柑橘类型	栽培方式	植后年数	灌溉用水	肥料	农药	其他投入	人工费和机械租金	更植和设备维修	税金和保险费	认证费用	总付出
橙类	常规	1	95.2	191.1	115.1	33.1	735.6	36.1	240.4	—	1446.4
		2	201.1	221.6	115.1	36.1	786.3	48.1	240.4	—	1648.7
		3	380.6	280.9	504.5	39.1	846.2	60.1	240.4	—	2351.9
		4	666.2	368.2	664.6	42.1	912.6	60.1	240.4	—	2954.2
		5	857.0	421.1	664.6	45.1	975.7	60.1	240.4	—	3263.9
		6～25	961.5	449.8	813.9	48.1	1038.4	60.1	240.4	—	3612.2
	有机[②]	10	911.1	991.6	77.4	48.1	2604.6	60.1	240.4	96.2	5029.4
		11～25	911.1	991.6	77.4	48.1	2604.6	60.1	240.4	6.0	4939.3
宽皮柑橘	常规	1	95.2	191.1	137.3	37.3	845.9	36.1	256.0	—	1598.8
		2	201.1	221.6	145.0	39.1	934.3	49.3	256.0	—	1846.4
		3	380.6	280.9	635.7	43.3	973.2	62.5	256.0	—	2632.3
		4	666.2	368.2	837.4	44.5	1049.5	62.5	256.0	—	3284.3
		5	857.0	421.1	837.4	46.9	1122.0	62.5	256.0	—	3602.9
		6～25	961.5	449.8	1098.8	48.1	1225.3	62.5	256.0	—	4102.1
	有机[②]	10	911.1	991.6	104.5	48.1	3073.5	62.5	256.0	96.2	5543.4
		11～25	911.1	991.6	104.5	48.1	3073.5	62.5	256.0	6.0	5453.2

　　① 本表所列成本中未包括固定资产成本、利息、初始投资成本、额外收付等。额外收付主要包括灌溉设备更新投资（每 10 年 1 次，每公顷投资 3605.8 欧元）、灌溉设备报废残值（10%，360.6 欧元）、投资期结束时的设备残值、补助金收入。

　　② 有机转换前的第 1～9 年成本同常规方式。

最初两年，柑橘果实仍以常规柑橘销售，收益会较常规生产方式下降 20% 左右，第三、四年开始以有机柑橘销售，如售价以较常规高 29%～33% 计算，则收益较常规增加 4%～7%，以后年份由于产量恢复，收益的增加比例会进一步提高，达到 16%～19%（表 1-10）。有机柑橘的价格是变化较大的一个因素，一般较常规提高 2～5 成，在有机柑橘价格高于常规 20% 以下时，柑橘有机生产方式的收益低于常规，在有机柑橘价格高于常规 30% 以上时，柑橘有机生产方式的收益高于常规（表 1-11）。在上述分析中未考虑由欧盟共同基金和本国政府提供的补助金收入，在巴伦西亚地区，这项收入的最高限额为每年每公顷60000 比塞塔（约合 360 欧元），而欧盟规定的有机柑橘补助金的最高限额为1000 欧元 /hm²。

表 1-10　常规和有机栽培柑橘的一般收益

植后年数	橙类						宽皮柑橘					
	产量/（kg/hm²）		价格/（欧元/kg）		收益/（欧元/hm²）		产量/（kg/hm²）		价格/（欧元/kg）		收益/（欧元/hm²）	
	常规	有机	常规	有机	常规	有机	常规	有机	常规	有机	常规	有机
1～3	0	0			0	0	0	0			0	0
4	10000	10000	0.2103	0.2103	2103	2103	14000	14000	0.3786	0.3786	5300	5300
5	20000	20000	0.2103	0.2103	4207	4207	22000	22000	0.3768	0.3768	8329	8329
6～9	36000	36000	0.2103	0.2103	7572	7572	28000	28000	0.3786	0.3786	10601	10601
10～11	36000	29000	0.2103	0.2103	7572	6100	28000	22500	0.3786	0.3786	10601	8519
12～13	36000	29000	0.2103	0.2704	7572	7843	28000	22500	0.3786	0.5048	10601	11358
14～25	36000	32500	0.2103	0.2704	7572	8789	28000	25000	0.3786	0.5048	10601	12620

表 1-11　在各种市场假设下柑橘常规和有机栽培的收益率比较

市场假设		内部收益率/%			
市场对有机产品的偏爱程度	有机产品价格高于常规/%	橙类		宽皮柑橘	
		有机	常规	有机	常规
非常强偏爱	40	15.29	12.40	20.80	17.00
强偏爱	30	12.87	12.40	18.51	17.00
偏爱	20	10.14	12.40	15.94	17.00
稍微偏爱	10	6.70	12.40	13.04	17.00
无偏爱	0	负值	12.40	9.66	17.00

四、生产效率对有机生产收益的影响

　　现以中美洲哥斯达黎加、危地马拉、洪都拉斯、萨尔瓦多四国有机咖啡的生产与销售情况来说明生产效率对有机生产者收益的影响。哥斯达黎加的生产技术在该地区是比较先进的，因此，即使其总生产成本达到了 5000 美元/hm²，超过了中美洲其他三国，但是单位产品平均成本并不高。更重要的是，由于哥斯达黎加的产量水平远高于其他三国，并且咖啡的品质较高，咖啡能够以较高的价格售出，所以哥斯达黎加应对国际咖啡价格暴跌危机的能力要强一些。这种情形在有机生产中同样如此，在有机咖啡的生产中，哥斯达黎加和危地马拉因为生产技术比较先进，即使其在成本上（无论是总成本还是平均成本）与其他两国相比没有优势，但可以以较高的产量和品质获取相对丰厚的价格溢价，从而从有机生产中获利。洪都拉斯和萨尔瓦多的咖啡生产从常规农业转向有机农业生产之后，因其生产技术落后，生产效率低下，生产者的收入反而降低了（表 1-12）。

表 1-12　中美洲四国有机咖啡生产的经济影响

项目	哥斯达黎加		危地马拉		洪都拉斯		萨尔瓦多	
	常规	有机	常规	有机	常规	有机	常规	有机
产量 /（kg/hm²）	3500	2000	2000	2000	1430	1400	1440	1400
总成本 /（美元 /hm²）	2001	2687	1466	2157	879	1474	825	1443
平均成本 /（美元 /lb）	0.56	1.23	0.65	1.00	0.56	0.95	0.51	0.91
农场价格 /（美元 /lb）	0.50	1.23	0.48	0.91	0.42	0.62	0.26	0.56
盈亏 /（美元 /lb）	−0.06	0	−0.17	−0.09	−0.14	−0.33	−0.25	−0.35

注：1lb=0.45359kg。

第二章
有机食品生产的基本要求和共性关键技术

第一节　有机食品生产的基本要求

一、概述

在符合国家和当地食品（含食用农产品，下同）生产法规和管理规定的基础上，有机食品生产的其他基本要求主要有：

（1）与非有机生产系统有效隔离　有机生产单元要有清晰的边界和独立的生产线，存在污染风险时应设置有效的缓冲带或物理屏障，非有机生产系统向有机生产系统转换时，生产单元中的生物及土壤、水体等环境需根据不同类型设定一定的转换期，加工生产线、贮运场所及工具需进行有效的清洁消毒。

（2）建立全程质量管理体系　有机食品的生产、加工和经营者应建立符合标准要求的全程质量管理体系，主要包括生产单元或加工、经营等场所的位置图，全程质量管理手册，生产加工的操作规程和全过程的系统记录档案等，始终保持管理体系的有效性和适用性，并保障得到持续实施。

（3）强化污染控制和生态保护　有机食品生产经营系统不应受到外部环境的污染，并保持和优化可持续的生态系统，同时，有机生产经营系统也不应对周围环境造成不利影响。

（4）不使用风险或不确定性相对较大的技术及其产品　生产加工和流通过程中避免使用化学合成、基因工程和辐照等技术及其产品。

（5）加工原料应主要使用来自已经建立的有机生产体系或采用有机方式采集的未受污染的天然产品，加工过程应最大限度地保持产品的营养成分和原有属性，避免过度加工。

（6）必须获得独立的有资质的认证机构的认证。

二、转换期

根据《有机产品 生产、加工、标识与管理体系要求》（GB/T 19630—2019）的定义，有机生产中的转换期是指从"开始实施有机生产至生产单元和产品获得有机产品认证之间的时段"。由常规生产转换为有机生产需要转换期，在转换期内应按照有机的要求进行生产管理，经过转换期后的产品才可以作为有机产品销售。不同动植物生产的转换期有所不同，一年生植物至少为播种前 24 个月，草场和多年生饲料作物为收获前 24 个月，其他多年生植物为收获前 36 个月，芽苗菜生产可以免除转换期；肉用牛、马属动物和驼为 12 个月，肉用羊和猪及乳用畜为 6 个月，肉用家禽为 10 周，产蛋家禽为 6 周，其他种类动物的转换期应长于其养殖期的 3/4。

设定转换期主要是因为生产体系中的环境、生物体、技术和管理体系的转换往往需要时间，如原有常规生产体系中的土地，常常已经投入了大量的化肥和农药等人工合成物质，动植物体内也摄入了各种各样化学合成的农兽药和添加剂等，这些合成化学物的消解需要时间；有机作物生产不能使用化学肥料，营养素来源主要是土壤本身和投入的有机肥，有机生产体系的构建需要有土壤肥力的培养基础；有机作物和动物生产中的有害生物防治的一个重要途径是生态控制，生产区域的生态系统需要逐渐向有利于有害生物生态控制的方向调整；有机生产技术和管理体系与常规生产有显著区别，转换也需要有一个学习、探索、积累、适应和完善的过程。

三、投入品

有机生产体系中使用的外来投入品是影响有机符合性的主要风险来源。《有机产品 生产、加工、标识与管理体系要求》（GB/T 19630—2019）规定，有机食品的生产者应优先选择并实施栽培和／或养殖管理措施，以维持或改善土壤理化和生物性状，减少土壤侵蚀，保护栽培植物和养殖动物的健康。对外来投入品的使用实行允许清单管理，分别以附录形式列出了有机植物生产中允许使用的土壤培肥和改良物质、植物保护产品、清洁剂和消毒剂，有机动物养殖中允许使用的添加剂和动物营养物质，动物养殖场所允许使用的清洁剂和消毒剂，蜜蜂养殖允许使用的控制疾病和有害生物的物质，有机食品加工中允许使用的食品添加剂、助剂、清洁剂、消毒剂、调味品、微生物制品、酶制剂和其他配料，有机饲料加工中允许使用的添加剂。

在上述允许使用清单物质难以满足有机食品生产和加工需要时，可选择其他认为安全有效的物质，向有资质的独立认证机构申请评估，认证机构按照相应的评估指南进行评估，通过评估并批准使用后才可使用。

第二节　有机基地的选择和规划管理

一、有机基地的选择和环境质量要求

　　有机农业是一种农业生产模式，原则上未受到明显污染的符合当地常规农业生产要求的土地或渔业水域都可以进行有机农业转换，建立有机食品生产基地，只要能够对污染源进行有效的控制，避免继续受到污染。有机农业通过生产管理方式的转换来恢复农业生态系统的活力，而非强求首先要有非常清洁的生产环境。在我国，开始有机生产转换的基地环境质量要求就是国家对常规农业生产的相关标准要求，其中土壤质量应符合《土壤环境质量　农用地土壤污染风险管控标准（试行）》（GB 15618）（表2-1、表2-2）的要求，农田灌溉水应符合《农田灌

表2-1　农用地土壤污染风险筛选值[①]

序号	污染物项目[②]	土地类型[⑤]	不同pH值土壤风险筛选值/（mg/kg）			
			pH ≤ 5.5	5.5 < pH ≤ 6.5	6.5 < pH ≤ 7.5	pH > 7.5
1	镉	水田	0.3	0.4	0.6	0.8
		其他	0.3	0.3	0.3	0.6
2	汞	水田	0.5	0.5	0.6	1.0
		其他	1.3	1.8	2.4	3.4
3	砷	水田	30	30	25	20
		其他	40	40	30	25
4	铅	水田	80	100	140	240
		其他	70	90	120	170
5	铬	水田	250	250	300	350
		其他	150	150	200	250
6	铜	果园	150	150	200	200
		其他	50	50	100	100
7	镍	—	60	70	100	190
8	锌	—	200	200	250	300
9	六六六[③]	—	0.10			
10	滴滴涕[④]	—	0.10			
11	苯并[a]芘	—	0.55			

① 据GB 15618《土壤环境质量　农用地土壤污染风险管控标准（试行）》；
② 重金属和类金属砷均按元素总量计；
③ 为α-六六六、β-六六六、γ-六六六和δ-六六六的含量总和；
④ 为p,p'-滴滴涕、o,p'-滴滴涕、p,p'-滴滴伊和p,p'-滴滴滴的含量总和；
⑤ 对于水旱轮作地，采用其中较严格的风险筛选值。

溉水质标准》（GB 5084）中相应种植类型的水质标准（表2-3、表2-4），空气质量达到《环境空气质量标准》（GB 3095）中规定空气环境质量二级标准值（表2-5），渔业水域符合《渔业水质标准》（GB 11607）（表2-6）。此外，还需要适当考虑基地周围的环境问题，主要是：

（1）周围应没有明显的和潜在的污染源，尤其是没有化工企业、水泥厂、石灰厂、垃圾场、拆解场等；

（2）基地周围有较丰富的有机肥源；

（3）周围土壤的背景状况较好，没有严重的化肥、农药、重金属污染的历史；

（4）地块离交通要道要有一定的距离，要设立明显的缓冲隔离带。

表 2-2　农用地土壤污染风险管制值[①]

序号	污染物项目	不同 pH 值土壤风险管制值 / (mg/kg)			
		pH ≤ 5.5	5.5 < pH ≤ 6.5	6.5 < pH ≤ 7.5	pH > 7.5
1	镉	1.5	2.0	3.0	4.0
2	汞	2.0	2.5	4.0	6.0
3	砷	200	150	120	100
4	铅	400	500	700	1000
5	铬	800	850	1000	1300

① 据《土壤环境质量 农用地土壤污染风险管控标准（试行）》（GB 15618）。

表 2-3　农田灌溉水质基本控制项目限值

序号	项目	单位	不同作物类型灌溉水质基本控制项目限值[①]			
			水田作物	加工、烹调及去皮蔬菜	生食类蔬菜、瓜类和草本水果	其他旱地作物
1	pH 值		5.5 ～ 8.5			
2	水温	℃	35			
3	悬浮物	mg/L	80	60	15	100
4	五日生化需氧量	mg/L	60	40	15	100
5	化学需氧量	mg/L	150	100	60	200
6	阴离子表面活性剂	mg/L	5		5	8
7	氯化物（以 Cl⁻ 计）	mg/L	350			
8	硫化物（以 S^{2-} 计）	mg/L	1			
9	全盐量	mg/L	1000（非盐碱土地区），2000（盐碱土地区）			
10	总铅	mg/L	0.2			
11	总镉	mg/L	0.01			
12	铬（六价）	mg/L	0.1			

序号	项目	单位	不同作物类型灌溉水质基本控制项目限值[①]			
			水田作物	加工、烹调及去皮蔬菜	生食类蔬菜、瓜类和草本水果	其他旱地作物
13	总汞	mg/L	0.001			
14	总砷	mg/L	0.05	0.05	0.05	0.1
15	粪大肠菌群	MPN/L	40000	20000	10000	40000
16	蛔虫卵	个/10L	20	20	10	20

① 据《农田灌溉水质标准》（GB 5084—2021）；除 pH 为范围值外，其他项目均为最高限值。

表 2-4　农田灌溉水质选择控制项目限值[①]

序号	项目	最高限值/（mg/L）
1	氰化物（以 CN⁻ 计）	0.5
2	氟化物（以 F⁻ 计）	2（一般地区），3（高氟区）
3	石油类	5（水田作物），1（蔬菜），10（其他旱地作物）
4	挥发酚	1
5	总铜	0.5（水田作物），1（旱地作物）
6	总锌	2
7	总镍	0.2
8	硒	0.02
9	硼	1（对硼敏感作物，如黄瓜、豆类、马铃薯、笋瓜、韭菜、洋葱、柑橘等），2（对硼耐受性较强的作物，如小麦、玉米、青椒、小白菜、葱等），3（对硼耐受性强的作物，如水稻、萝卜、油菜、甘蓝等）
10	苯	2.5
11	甲苯	0.7
12	二甲苯	0.5
13	异丙苯	0.25
14	苯胺	0.5
15	三氯乙醛	1（水田作物），0.5（旱地作物）
16	丙烯醛	0.5
17	氯苯	0.3
18	1,2-二氯苯	1.0
19	1,4-二氯苯	0.4
20	硝基苯	2.0

① 据《农田灌溉水质标准》（GB 5084—2021）。

表 2-5 空气环境质量二级标准值[①]

污染物	浓度限值（标准状态下）/（μg/m³）				
	年平均	季平均	日平均	日最大 8h 平均	1h 平均
二氧化硫（SO_2）	60		150		500
二氧化氮（NO_2）	40		80		200
一氧化碳（CO）			4000		10000
臭氧（O_3）				160	200
颗粒物（粒径≤10μm）	70		150		
颗粒物（粒径≤2.5μm）	35		75		
总悬浮颗粒物	200		300		
氮氧化物	50		100		250
铅	0.5	1			
苯并 [a] 芘	0.001		0.0025		

① 据《环境空气质量标准》（GB 3095—2012）。

表 2-6 渔业水质标准[①]

序号	项目	标准值 /（mg/L）
1	色、臭、味	不得使鱼、虾、贝、藻类带有异色、异臭、异味
2	漂浮物质	水面不得出现明显油膜或浮沫
3	悬浮物质	≤10mg/L（人为增加的量），沉积于底部后不得对鱼、虾、贝类产生有害影响
4	pH 值	淡水 6.5～8.5，海水 7.0～8.5
5	溶解氧	连续 24h 中，16h 以上必须＞5mg/L，其余任何时候≥3mg/L，对于鲑科鱼类栖息水域冰封期其余任何时候≥4mg/L
6	生化需氧量（5d，20℃）	≤5mg/L，冰封期≤3mg/L
7	总大肠菌群	≤5000 个 /L，贝类养殖≤500 个 /L
8	汞	≤0.0005mg/L
9	镉	≤0.005mg/L
10	铅	≤0.05mg/L
11	铬	≤0.1mg/L
12	铜	≤0.01mg/L
13	锌	≤0.1mg/L
14	镍	≤0.05mg/L
15	砷	≤0.05mg/L
16	氰化物	≤0.005mg/L

序号	项目	标准值/（mg/L）
17	硫化物	≤0.2mg/L
18	氟化物（以F⁻计）	≤1mg/L
19	非离子氨	≤0.02mg/L
20	凯氏氮	≤0.05mg/L
21	挥发性酚	≤0.005mg/L
22	黄磷	≤0.001mg/L
23	石油类	≤0.05mg/L
24	丙烯腈	≤0.5mg/L
25	丙烯醛	≤0.02mg/L
26	六六六（丙体）	≤0.002mg/L
27	滴滴涕	≤0.001mg/L
28	马拉硫磷	≤0.005mg/L
29	五氯酚钠	≤0.01mg/L
30	乐果	≤0.1mg/L
31	甲胺磷	≤1mg/L
32	甲基对硫磷	≤0.0005mg/L
33	克百威	≤0.01mg/L

① 据《渔业水质标准》（GB 11607—1989）。

二、有机基地的规划管理

对拟进行有机转换的基地，要先对基地的基本情况进行调查，了解当地的农业生产、气候条件、资源状况以及社会经济条件，建立多层利用、种养结合、循环再生的模式，在具体细节上要按有机农业的原理和有机食品生产标准的要求制定相关生产技术和生产管理的计划，如种植、养殖和加工单元布置，作物轮作、土壤培肥、病虫草害防治措施，基地的运作形式等。通过制定规划明确有机生产的目标，发展的规模与速度，保障有机生产的成功进行。有机基地的规划管理首先应做好以下几方面的工作：

1. 制定有机生产总体规划

按照有机食品市场调研和需求趋势分析，结合可利用基地及其周围环境条件的实际情况，制定有机食品产业发展规划，对有机基地进行踏勘和监测评估，确认边界的隔离条件，必要时设置物理屏障或缓冲带，对基地布局进行规划设计。

2. 建立质量管理体系

按照有机生产质量管理体系（GB/T 19630—2019 中的第 7 章）的要求，结合该有机基地的具体情况建立有针对性的有机基地的质量控制体系，保证基地完全按照有机标准进行生产；设专人负责构建基地的质量管理体系，并对有机食品生产基地的全过程建立严格的文档记录；选拔技术骨干充当内部检查员，从而保证有机生产顺利进行。

3. 人员培训

对基地的管理人员和直接从事有机食品生产的人员进行培训，让其了解和掌握有机农业的管理、技术与方法及有机食品的生产标准，以便按照有机生产的要求进行操作。培训的内容主要有：有机农业、有机食品的概念；有机农业的起源与发展；有机农业的基本原理；有机农业的生产技术；有机食品的生产、加工标准；有机食品的国内外发展状况；有机食品的检查和认证；如何填写有机食品生产基地的文档记录等。

三、种养结合模式

1. 稻 - 鸭共育

稻 - 鸭共育系统是指在稻田中放入一定量鸭子，鸭子在稻田中活动，吃掉杂草、害虫等有害生物，并且活动过程中可以中耕除草、刺激水稻生长、减排甲烷，排泄的粪便还可作为水稻肥料的生态系统。稻鸭共育的水稻一般要求株型紧凑，抗倒伏，生长力强，但因各地方的环境、气候、土壤特质不同，具体种植品种也不同；鸭子品种主要是小型肉鸭或者役用鸭，对鸭子的要求是好动、抗病性强并且抗疲劳、捕食能力强、消化排泄系统强。虽然不同地区稻作制度不同，但大体的技术是一样的，即首先根据田块的生态环境选好要种养的水稻与鸭子品种，建筑鸭棚，接下来根据时节种植水稻，同时将出壳的雏鸭训水 10d 左右，一般在机插水稻移栽后 15d 左右将鸭子全天候放养于稻田，建造防护网，由于稻田资源不足以满足鸭子取食需要，还需人工投入饲料，其间注意水肥管理以及鸭病的防治与天敌的捕食，水稻抽穗后及时收回鸭子，共生期 70d 左右，注意收回鸭子后水稻后期的病虫害及水肥管理。

2. 稻 - 鱼共育

稻田养鱼是利用稻田的浅水环境养殖鱼类的种养模式。稻田养鱼的水稻品种选用也需因地制宜，水稻种植时宽行密株栽插，并可充分发挥边际优势，增加水稻的产量；对于鱼类的选择一般为鲶鱼、鲤鱼、罗非鱼、泥鳅等，一般选用体型较小、灵活好动、不会对水稻生长造成影响的鱼类。稻鱼养殖的一般流程为：选择合适的种养地块，不仅考虑水稻，也是要对鱼类生长有利的环境，要有充足的优良水源并且土壤保水能力强，对于水质较差的环境要适当进行肥水，在养殖的过程中要进行换水加水，保持水深和水质；为满足一些鱼类对环境的要求，需要在稻田四周适度开沟，为防止鱼类逃跑，还需设置防逃网；一般在水稻插秧后投放鱼苗，并且进行消毒处理，在这期间要注意病虫害，例如水霉病、烂鳍病、寄生虫病等，注意田间管理，保持水温范围，夏季高温适当加深水位，饲料的投放等；最后，一般根据前后茬口和市场需求进行捕捞。

3. 稻 - 虾共育

稻 - 虾共育的虾主要是克氏原螯虾，俗称小龙虾，原产于北美地区，后引入中国，体型较小，属于杂食性生物，对水质和饲养场地的要求不是很高，较易推广。稻田养虾的稻田选择与稻田养鱼的稻田类似，除保证常规的水质、水量、排灌、交通、电力等要求外，还要进行田间建设，要开沟、设置过滤网等基础设施，以防逃跑和其他杂鱼混入，并进行消毒；移栽水生植物，如轮叶黑藻、伊乐藻等，但要控制水草的面积，一般占沟渠的20%左右，关于虾种的投放时间根据共育方式和种养目的的不同而不同，可以采用分批投放幼虾，也可采用根据季节投放种虾等方式，但在水稻与虾共生期间，要注意饲料投放、田间多次短时露田轻搁、定期消毒等田间管理；最后也是根据市场需求进行捕捞。

4. 稻 - 蟹共育

稻田养蟹要求田块水源充足、水质良好无污染、进排水方便、保水性强；田埂牢固、较宽，也需在进排水口设置过滤网；由于河蟹活动能力较强，田块四周需要用塑料薄膜等光滑耐用的材料设置围栏，防止其逃跑；河蟹好斗，还需在坡间设人造蟹洞，两坡洞穴交错设置；也需要种植一些水葫芦作为饲料。将田块进行消毒后，种植水稻，一般在插秧两天后将蟹种放入田中，在养殖期间注意投喂饵料，以蚯蚓、螺蚬、低值贝类、小鱼、虾等饵料为主，搭配畜禽饲用的高质量混合饵料，或玉米、小麦、谷类等植物性饵料，按照河蟹的重量决定投喂饵料的多少；定期换水，做到每天巡塘；注意病虫的防治，尤其是河蟹对化学农药较敏感，尽量不要使用化学农药，使用后要及时更换水，避免农药污染造成河蟹死亡；在水稻收割后，通常仍保持沟内水位，以满足河蟹对其生活环境的要求，延长河蟹的养殖期，并且适量投放饵料，按市场需求进行捕捞。

5. 果园套种牧草 + 牛羊养殖

在果园中套种牧草，有利于果园的水土保持和生物多样性及果树害虫的生态控制，收割的牧草作为牛羊养殖的主要饲料，养殖牛羊所产生的牛羊粪经堆制发酵等无害化处理后作为果园的有机肥，建立起有机农业循环利用的种养结合模式。

6. 青贮玉米 + 畜牧养殖

种植的玉米全株青贮可直接作为牛羊的饲料，青贮玉米在经过打碎、发酵等工序后制成的青贮饲料可用于多种畜牧养殖；将畜牧养殖过程中产生的牲畜粪便经过堆制发酵等处理后加工成有机肥料，在青贮玉米的种植环节将有机肥料还田。

7. 粮油果蔬 + 养猪

粮油果蔬种植除了直接生产出有机食品之外，部分残次品和初加工副产品可用于加工猪饲料；猪粪经过堆制发酵等处理后加工成有机肥料，在粮油果蔬的种植环节将有机肥料还田。

8. 水稻＋食用菌＋畜禽养殖

将水稻秸秆粉碎，作为食用菌栽培基料的原料，栽培食用菌后剩下的废料，经食用菌的分解，其所含的粗纤维和木质素大大降低，粗蛋白和粗脂肪显著提高，有较为丰富的营养成分，经过发酵后便成为很好的动物饲料，用于家禽和猪等的养殖。

四、轮作模式

1. 玉米与豆类、薯类、油料、杂粮和饲草轮作

在东北冷凉区、北方农牧交错区等地，可采用以玉米为中心的轮作模式。实行玉米与大豆轮作，发挥大豆根瘤固氮养地作用，提高土壤肥力，增加优质食用大豆供给；实行玉米与马铃薯等薯类轮作，改变重迎茬，减轻土传病虫害，改善土壤物理和养分结构；实行籽粒玉米与青贮玉米、苜蓿、草木樨、黑麦草、饲用油菜等饲草作物轮作，以养带种、以种促养，满足草食畜牧业发展需要；实行玉米与谷子、高粱、燕麦、红小豆等耐旱耐瘠薄的杂粮杂豆轮作，减少灌溉用水，满足多元化消费需求；实行玉米与花生、向日葵、油用牡丹等油料作物轮作，增加食用植物油供给。

2. 稻田水旱轮作模式

在5～9月轮作一季中晚稻，9月～次年5月可种各种蔬菜，草莓等草本水果，油菜、麦类及紫云英和苜蓿等绿肥。南方地区也可采用2季水稻与油菜、麦类及紫云英和苜蓿等绿肥轮作。以水稻为核心的水旱轮作模式对于控制连作障碍和保障粮食供给都具有很大优势。

3. 超常规带状间套轮作

不同于常规的小面积和少数作物的分带间套轮作，它要求在大片农田内，所有可互惠互利的农作物，包括粮食作物、经济作物、饲料作物、蔬菜类、药用植物、果树、经济林木等，均以条带状相间种植，间套轮作的作物可以是十几种到几十种。超常规带状间套轮作的带幅较窄，其中乔木、灌木和多年生草本作物均以单行种植为主，一年生和二年生作物可适当多行种植，同类作物带的间距要大，其中作物是多年生，间距要大，植株愈高大，间距愈大。同科属作物或相克的作物不能直接相邻间套轮作，要尽可能保证农田内一年四季有开花作物，并适当增加豆科作物的间套轮作，以培养地力。

4. 苏北地区四年蔬菜精细轮作模式

第一年：春马铃薯或大蒜头→大豆、花生、玉米、豇豆；

第二年：耐寒白菜、菠菜、叶用甜菜、豌豆、荠菜→山芋、蕹菜、豆薯→洋葱；

第三年：南瓜、冬瓜→青蒜、秋马铃薯、秋冬莴笋→翻耕冻垡或豌豆、苜蓿等绿肥；

第四年：西瓜、辣椒→秋菜豆、秋辣椒、青蒜。

5. 山东蔬菜轮作模式

（1）菠菜→生菜→青花菜→胡萝卜→菠菜→豇豆→生菜；

（2）菠菜→生菜→青花菜→马铃薯→菠菜→茄子；

（3）圆葱→生菜→豇豆→菠菜→生菜→青花菜→大葱；

（4）荷兰豆→菠菜→大葱→青花菜→生菜→马铃薯；

（5）荷兰豆→菠菜→大葱→青花菜→生菜→胡萝卜；

（6）莲藕→芹菜→菠菜→甘蓝（莲藕为保护地栽培的旱地节水池藕，6月中旬收完）。

6. 南方红壤旱地轮作模式

（1）三年轮作模式：红薯→萝卜→大豆→芝麻→萝卜→花生→萝卜；

（2）二年轮作模式：大豆→芝麻→萝卜→花生→萝卜。

第三节 水土保持和生物多样性保护

有机生产应采取积极和切实可行的措施，防止水土流失、土壤沙化、土壤盐碱化、过量或不合理使用水资源等，在土壤和水资源的利用上，应充分考虑资源的可持续利用。应重视生态环境和生物多样性的保护，特别是天敌及其栖息地的保护。

一、防止水土流失

通常按照坡耕地的坡度采用不同的防止水土流失措施，15°以上坡耕地采取退耕还林措施，8°～15°坡耕地修水平梯田，5°～8°坡耕地中设地埂植物带，5°以下坡耕地顺坡垄作改横坡垄作。现将防止水土流失的主要技术措施分述如下：

1. 横坡耕作

也称等高耕作，是防治坡耕地水土流失最常用的耕作措施。在横坡耕作方式下，微地形特性的改变实现了对侵蚀力减弱的作用，使地表径流分散，避免迅速沿坡汇集，减少了径流对坡耕地土壤的冲刷。

2. 等高植物篱

即采用多年生草本、灌木或乔木按一定间距等高种植，在其间横坡种植农作物，达到保护坡地土地资源、提高土地生产力的目的。由于植物篱能拦截土壤和地表径流，控制水土流失，加上篱本身的经济价值，提高了坡地土壤肥力和土地生产力，实现了坡地的可持续利用。

3. 南洋樱植物地埂围篱

在热带地区易受水土流失危害和土壤退化严重的旱坡地，可采用南洋樱植物地埂围篱来控制水土流失。具体做法是：①种子育苗。在 3～4 月份将已精选过的种子在室温下用清水浸泡 12h，浸泡时在水中加入熟石灰进行消毒灭菌，其熟石灰质量为清水质量的 5% 左右；或先用 95% 的浓硫酸 30mL 处理 1kg 南洋樱种子 2min，待用浓硫酸处理完后，将种子冲洗净，再用清水浸泡 12h；浸泡后浅播于苗床，并用稻草覆盖，出苗前期保持苗床土壤含水量在 25%～30%。②扦插育苗。于每年 1～2 月在南洋樱植株上选健壮枝条从基部剪下，把主、侧枝剪成 30～50cm 长的插穗，当日扦插完毕，基部插入土中 15～20cm，扦插后用地膜覆盖。③栽植。将准备好的南洋樱苗，在雨季开始时，按（30cm×40cm）～（40cm×50cm）株行距，并以品字形排列在旱坡地地埂上栽植 2～3 行，定植后需浇少量定根水，待成活后，全靠雨养，不再进行水分管理；当南洋樱生长超过 1.5m 时，将其离地（50±5）cm 进行刈割。④管理。种植一年后，开始修剪离地（50±5）cm 以上的枝条；一年至少修剪 3 次，分别在播种夏季作物以前的 3 月，在播种雨季作物以前的 6 月，在播种秋季作物以前的 9 月进行修剪。

4. 南洋樱等植物作为绿肥利用

将南洋樱叶片从茎上分离，然后将带叶柄的叶均匀地撒在地面或施在沟里，随后翻耕入土壤中，入土 10～20cm 深，砂质土可深些，黏质土可浅些；每亩施用 1000～1500kg 鲜叶。

5. 坡地改为梯田

坡耕地修水平梯田是我国一种传统的水土保持措施，水土保持效果极为显著。梯田的种类很多，但其发挥的作用大致相同，主要通过以下几个方面减少水土流失：①延长径流在坡面上的滞留时间，增加下渗，减少径流量。②坡改梯后，坡面坡度变缓，流量过程较原坡显著平坦化，坡面水流速度降低，径流冲刷力减小，水流挟沙能力也显著降低；同时，坡长减小，避免大径流的聚集。③梯埂的拦阻使填洼水量增加，减少了径流量。

二、预防土壤盐碱化

盐碱地是盐类集积的一个种类，是指土壤里面所含的盐分影响到了作物的正常生长。预防土壤盐碱化的主要措施有：

1. 以防为主、防治结合

土壤正在次生盐碱化的灌区，要全力预防。已经次生盐碱化的灌区，在当前着重治理的过程中，防、治措施同时采用，才能收到事半功倍的效果；得到治理以后应坚持以防为主，已经取得的改良效果才能巩固、提高。开荒地区，在着手治理时就应该立足于防止垦后发生土壤次生盐碱化，这样才能不走弯路。

2. 水利先行、综合治理

土壤盐碱化的基本矛盾是土壤积盐和脱盐的矛盾，而土壤盐化的基本矛盾则是钠离子在土壤胶体表面上的吸附和释放的矛盾。上述两类矛盾的主要原因都在于含有盐分的水溶液在土体中的运动。水是土壤积盐或碱化的媒介，也是土壤脱盐或脱碱的动力。没有大气降水、田间灌水的上下移动，盐分就不会向上积累或向下淋洗；没有含钠盐水在土壤中的上下运动，就不会有代换性钠在胶体表面吸附而使土壤盐化。土壤水的运动和平衡是受地面水、地下水和土壤水分蒸发所支配的，因而防止土壤盐碱化必须水利先行，通过水利改良措施来控制地面水和地下水，使土壤中的下行水流大于上行水流，导致土壤脱盐，并为采用其他改良措施开辟道路。盐碱地治理不仅要消除盐碱本身的危害，同时必须兼顾与盐碱有关的其他不利因素或自然灾害，把改良盐碱与改变区域自然面貌和生产条件结合起来。防治土壤盐碱化的措施很多，概括起来可分为：水利改良措施、农业改良措施、生物改良措施和化学改良措施等类型，每一个单项或单类措施的适用范围和作用都有一定的局限性。总之，从脱盐—培肥—高产这样的盐碱地治理过程看，只有实行农、林水综合措施，并把改土与治理其他自然灾害密切结合起来，才能彻底改变盐碱地的面貌。

3. 统一规划、因地制宜

土壤水的运动是受地表水和地下水支配的。要解决好灌区水的问题，必须从流域着手，从建立有利的区域水盐平衡着眼，对水土资源进行统一规划、综合平衡，合理安排地表水和地下水的开发利用。建立流域完整的排水、排盐系统，对上中下游做出统筹安排，分期分区治理。

4. 用改结合、脱盐培肥

盐碱地治理包括利用和改良两个方面，二者必须紧密结合。首先要把盐碱地作为自然资源加以利用，根据发展多种经营的需要，因地制宜、多途径地利用盐碱地。除用于发展作物种植外，还可以发展饲草、燃料、木材和野生经济作物。争取做到先利用后改良，在利用中改良，通过改良实现充分有效的利用。盐碱地治理的最终目的是获得高产稳产，把盐碱地变成良田。为此必须从两个方面入手，一是脱盐去碱，二是培肥土壤。不脱盐去碱，就不能有效地培肥土壤和发挥土地的潜在肥力，也就不能保产；不培肥土壤，土壤理化性质不能进一步改善，脱盐效果不能巩固，也不能高产。

三、生物多样性保护

生物多样性包括生物的遗传多样性（又叫基因多样性）、物种多样性和生态系统多样性。

从事有机农业生产可避免农药和化肥等农用化学物质对环境的污染，减少基因技术对人类潜在威胁。在生态敏感和脆弱区发展有机农业还可以加快这些地区的生态治理和恢复，特别是有利于防治水土流失和保护生物多样性。实践证明，在常规农业生产地区开展有机农业转换，可以使农业环境污染得到有效控制，天敌数量和生物多样也能迅速增加，农业生产环境可以得到有效的恢复和改善。在这一点上，许多研究成果都很好地证实了有机农业对生物多样性保护的重要性。英国一家鸟类保护组织，发现有机农场中鸟群的数量和种类均较常规农场要高出2倍以上。牛津大学的一项研究表明，有机农场中益虫蝴蝶的数量相当于非有机农场的2倍。瑞士的研究发现有机农场土壤中的生物群系有明显的增加。内蒙古环境科学研究院在内蒙古磴口县就常规农业和有机农业对生物多样性的影响进行了比较试验和分析，结果表明，发展有机农业能够促进生物多样性保护，如有益昆虫和鸟类等生物的数量增加（其中七星瓢虫最为明显），蚜虫的虫口密度降低。相关的研究报告充分说明，有机农业能够协调当地生物多样性保护和实现农业可持续发展。2010年7月，《自然》杂志刊登题为《有机农业促进物种均匀度和虫害自然控制》的研究论文指出：有机农业能有效促进天敌种类均匀度（衡量生物多样性的重要指标）的增加，对控制虫害有重要意义。

有机农业生产要求人们在开展农事活动的同时，要重新认识和处理人与自然的关系，重新定义杂草和害虫，在田间管理中强化生态平衡，注重物种多样性的保护。有机农业生产是通过不减少基因和物种多样性，不毁坏重要的生境和生态系统的方式，来保护利用生物资源，实现农业的可持续发展。在农业生态系统中，一些所谓的有害生物如杂草也非有百害而无一利，若将其数量控制在一定范围内，对于促进农田养分循环、改善农田小气候等有着重要的作用。此外，在农业生产中，如果能采取合理的措施（如作物合理的间、套、轮作种植方式，减少耕作和采用适合的机械，有选择地使用农药和适度放牧，合理引种等），建立有机农业或生态农业生产体系，将能在发展农业生产的同时，有效避免或减少农业活动对生物多样性的影响。

前述有利于生物多样性保护的农业生产方式与有机农业生产方式是一致的，发展有机农业生产本身就是保护生物多样性。

第四节　废弃物处理与土壤培肥技术

一、废弃物处理

有机作物生产中主要的废弃物种类有植物残体、杂草、秸秆以及建筑覆盖物、塑料薄膜、防虫网、包装材料等农业投入品。有机生产基地应建立相对固定规模的处理场地，在污染控制方面，有机地块与常规地块应有有效的隔离区间，其排灌系统也应有有效的隔离措施，以保证常规农田的污染物等不会随水流渗透或漫入有机地块，常规农业系统中的设备在用于有机生产前，应充分清洗，去除污染物残留，以防交叉污染。用秸秆覆盖或间作的方法避免土壤裸露，重视生态环境的生物多样性，不能降解的薄膜等废弃物则集中收集带到基地以外集中处置。

有机作物生产基地的杂草主要以清除、直接覆盖、就地还田为主。有机生产的植物残体可能会带病虫的卵或孢子等活体，应以集中在固定场所堆制发酵腐熟再还田，秸秆量相对较大的，可以结合粉碎与其他农业废弃物如当地畜禽养殖废弃物等进行共同堆肥化处理，腐熟后还田作为基肥，也可部分集中沤制草泥灰（或草木灰），作为钾肥的补充作基肥或追肥施用。

二、有机作物生产中的土壤培肥原则

有机作物生产应通过适当的耕作与栽培措施维持和提高土壤肥力，包括：回收、再生和补充土壤有机质和养分来补充因作物收获而从土壤带走的有机质和土壤养分。特别应利用豆科作物、免耕或土地休闲进行土壤肥力的恢复。

上述措施无法满足作物营养需求时，可采取以下措施：施用足够数量的有机肥以维持和提高土壤的肥力和土壤生物活性，但每季作物生长期内施用的来自动物粪便折合的纯氮不能超过 $170kg/hm^2$。施用的有机肥应主要源于本农场或有机农场（或畜场）；遇特殊情况（如采用集约耕作方式）或处于有机转换期或证实有特殊的养分需求时，经认证机构许可可以购入一部分农场外的肥料。外购商品有机肥须在施用前经认证机构批准。

有机作物生产中肥料的使用还应注意：①限制使用人粪尿，必须使用时，应当按照相关要求进行充分腐熟和无害化处理，并不得与作物食用部分接触。禁止在叶菜类、块茎类和块根类作物上施用。②施用溶解性小的天然矿物肥料和生物肥料，但是此类肥料不得作为系统中营养循环的替代物，矿物肥料只能作为长效肥料并保持其天然组分，禁止采用化学处理提高其溶解性，不能使用矿物氮肥。③为使堆肥充分腐熟，允许在堆制过程中添加来自自然界的微生物，但禁止使用转基因生物及其产品。④在有理由怀疑肥料存在污染时，应在施用前对其重金属含量或其他污染因子进行检测。应严格控制矿物肥料的使用，以防止土壤重金属累积。⑤禁止使用化学合成肥料和城市污水污泥。

三、有机作物生产中使用的主要肥料介绍

1. 堆肥和沤肥类

堆肥是利用作物秸秆、树叶、杂草、绿肥、人畜粪尿和适量的石灰、草木灰等物进行堆制，经发酵腐熟而成的肥料，这类肥料经高温（65℃以上）堆制后大肠杆菌及一些无芽孢的病原菌基本上被杀灭。沤肥是另外一种发酵形式，是利用秸秆、杂草、牲畜粪便、肥泥等就地混合，在田边地角或专门的池内沤制而成的肥料，其沤制的材料与堆肥相似，沤肥在嫌气条件下常温发酵腐解制备而成。

2. 沼气肥

沼气肥是有机废弃物在沼气池的密闭和厌气条件下发酵制取沼气后的残留物，是一种优质的有机肥料，分为沼液肥和沼渣肥。出池后的沼渣应堆放一段时

间降低其还原性，再用作底肥，一般土壤和作物均可施用。沼渣肥还能改善土壤的理化特性，增加土壤有机质积累，达到改土培肥之目的。沼液与沼渣相比养分含量较低，但速效养分高，沼液一般作追肥和浸种。沼液也具有促进植物生长的特殊作用，对蚜虫和红蜘蛛等害虫还有较好的防治效果。

3. 饼肥

饼肥含有大量的有机质、蛋白质、剩余油脂和维生素成分，用作饼肥的主要种类有大豆饼、油菜籽饼、芝麻饼、花生饼、棉籽饼和茶籽饼等，可以作基肥和追肥，可直接施用、发酵腐熟后施用或过腹（先做饲料）还田。饼肥是一种迟效性的完全肥料，常用作基肥，作追肥时要提前使用，以保证及时向作物提供有效养分。作基肥直接施用时，不宜在播种沟或靠近种子施用，以免发生种蛆或因降解时发酵产生高温，影响种子发芽和作物生长；作追肥用时，应在出苗后开沟条施或穴施。饼肥最好先发酵后使用，以确保饼肥的使用安全和作物正常生长及提高肥效，大豆饼、花生饼和油菜籽饼（尤指双低油菜）因营养较好，宜过腹还田。

4. 绿肥

绿肥具有固氮性、解磷性、生物富集性、生物覆盖性和生物适应性，豆科绿肥如紫云英、苜蓿、三叶草等是培肥土壤的优质肥源，豆科植物与根瘤菌形成共生固氮体系，能固定空气中的氮素，植物体富含氮素养分。绿肥通过翻耕还田在土壤中矿化分解，促进土壤微生物大量增殖，改良土壤结构，增加土壤活性。

5. 厩肥

家畜粪尿和垫圈材料、饲料残茬混合堆积并经微生物作用而成的肥料。富含有机质和各种营养元素，各种畜粪尿中，以羊粪的氮、磷、钾含量高，猪、马粪次之，牛粪最低；垫圈材料有秸秆、杂草、落叶、泥炭和干土等。厩肥分圈内积制（将垫圈材料直接撒入圈舍内吸收粪尿）和圈外积制（将牲畜粪尿清出圈舍外与垫圈材料逐层堆积）。在积制期间，其化学组分在微生物的作用下，经嫌气分解而腐熟。

6. 糟渣类有机肥

主要有酒糟、醋糟、酱油糟、味精渣、豆腐渣、药渣和食用菌渣等，属迟效性有机肥料，需经发酵后才可施用，应集中沟施或穴施后覆土。酱油糟含盐高，不宜集中使用，也不宜大量应用于盐碱地、围垦海涂地块。

7. 作物秸秆

农作物秸秆是重要的有机肥之一，作物秸秆含有 N、P、K、Ca、S 等作物所必需的营养元素。在适宜条件下通过土壤微生物的作用，这些元素经过矿化再回到土壤中，为作物吸收利用。

8. 动物残体

主要有鱼粉、油渣、骨粉和羽毛粉等，是一种很好的有机肥料。鱼粉营养价值高，用作肥料成本也高，宜先作饲料，过腹还田；骨粉的磷含量较高，肥效缓慢，宜作基肥早施用；羽毛粉含氮高，主要是角蛋白含量高，但不易分解，系迟效性高氮有机肥，宜作基肥提早施用；油渣脂肪含量较高，施入土壤后经微生物分解发酵会产生高温，影响种子发芽和作物生长，宜先发酵后施用。

9. 商品有机肥

商品有机肥是以畜禽粪便为主要原料，经工厂化好氧高温发酵堆制而成的有机肥。这种通过生物发酵生产的商品有机肥无害化程度高，腐熟性好，有机物经微生物分解后肥料的速效性大大提高。这类有机肥施用后不仅能改良土壤，提高肥力，而且养分释放快，作物能快速吸收利用，既可以作有机作物栽培的基肥施用，也可以作为追肥施用。为保证商品有机肥的质量安全，最好选用经有机认证机构认证许可的企业生产销售的商品有机肥。

10. 腐植酸类肥料

以富含腐植酸的泥炭、褐煤、风化煤为原料，经过氨化、硝化等处理，或添加氮、磷、钾及微量元素制成的这一类化肥，称为腐植酸类肥料。腐植酸是动植物残体通过微生物的分解、缩合而成的一类高分子聚合物，主要包括黑腐酸（即狭义的胡敏酸）、棕腐酸（或称草木樨酸）、黄腐酸（或称富里酸）。它的分子结构复杂，含有多种功能基，具有弱酸性、吸水性、胶体性、吸附性、离子交换性、络合性、氧化还原性及生理活性等，因而能与环境中的金属离子、氧化物、氢氧化物、矿物质、有机质、有毒活性污染物等发生相互作用。近年来的研究表明，腐植酸可以促进植物的生长发育，改良土壤结构，增加化肥效益等。腐植酸类肥料是一种多功能的肥料，一般掺混其他植物所需的营养元素复配而成。

11. 堆肥茶

近年来，通过堆制腐熟的有机物料，再经过发酵获得水浸提液制成的堆肥茶（compost tea）正越来越引起人们的关注，它不仅含有大量的有益微生物，也含有大量的养分。微生物可以通过竞争、拮抗、诱导抗病性等综合作用，减少作物病害的发生；溶解态的养分有利于植物的吸收，而且它具有便于结合滴灌、微灌和渗灌技术施肥等优点，可作速效追肥在有机作物生产中应用。

12. 生物肥料

生物肥料是一类以有益微生物和经无害化处理后腐熟的有机物为主要成分复合制成的新型肥料，这种肥料养分全面，速缓效兼之，肥效均衡持久。生物肥料可以利用微生物固氮菌将空气中的氮气转化成作物可吸收的物质，并利用其分泌物把土壤中不易被农作物吸收的难溶性固定态磷转化成易于农作物吸收的可溶性有效态磷，为农作物提供充足的氮、磷、钾营养元素。施用生物有机肥料可改善土壤理化性状，增强土壤生物活性，减少肥料的流失和养分的固定，还能降低瓜果蔬菜中的硝酸盐含量，显著提高瓜果的甜度和维生素 C 含量，从而改善和提高农产品品质。

13. 蚯蚓肥

以家禽、家畜粪或农产品加工过程中产生的废料为饲料喂养蚯蚓，产生的蚯蚓粪所含营养成分丰富，以其为原料制作的蚯蚓肥是一种很好的有机肥料。蚯蚓肥富含消化酶及酸碱缓冲物，能平衡土壤酸碱度，提高土壤中多种酶的活性；蚯蚓肥还携带大量具有抗病抗菌功效的菌类生物，如球孢链霉菌、丁香链霉菌等，可以起到固氮、解磷、解钾的作用，从而能营造更好的土壤微生物环境；蚯蚓肥中的某些微生物可以阻碍有害菌虫的繁殖，降低土传病害的发病率；蚯蚓肥具有微孔结构，质地较为疏松，生存于其中的微生物会释放黏多糖，黏多糖能和植物所释放的黏液、胶体等相结合，能使土壤从板结变成团粒结构，在一定程度上可抑制水肥流失；更重要的是，蚯蚓肥的利用率较高，且不会对环境造成污染。

第五节 有害生物综合防治技术

根据有机农业的基本理念，作物有害生物的管理应建立在深入了解有害生物及与之相关的有益生物的生物学特性，以及它们在农业环境中的相互作用和生活周期中的薄弱环节等基础之上，针对不同作物种类、有害生物种类及重要性，并结合不同的生境条件采取一系列科学合理的调控技术，如轮作、昆虫及其他动物生境改善、释放天敌、喷施微生物或植物性制剂、使用矿物源制剂（矿物油、波尔多液、石硫合剂等）、诱集（性诱剂、灯光）等许多有害生物调控技术在发达国家的有机农业生产中已经发挥了重要作用。

一、生境保护和优化

有机食品种植基地应建立有利于天敌繁衍和不利于病虫草害孳生的环境条件，主要包括：选择适于拟种植作物生长发育的生态区域和小气候条件；设置适当的防护林网等物理屏障，特别是沿海地区、风口区及大平原等可能出现大风的区域；实行严格检疫措施，其中对外检疫对象共446种（至2021年4月9日农业农村部、海关总署第413号联合公告增补后），对内农业植物检疫性有害生物31种（表2-7）；选用抗病虫品种，采用自然生草栽培或行间种草；通过整形修剪适当控制树冠高度和枝条密度，树冠之间保留一定间隙，保持适度的通风透光条件；及时排灌，平衡施肥。

二、农业防治

其主要技术措施包括保护性耕作、轮作或间作、健康而有益的土壤改良、有益生物的生境调节及利用作物抗性品种等，这些措施的目的是增加有机农业生产系统中的生物遗传多样性，而地上部分的多样性会影响地下部分。

表 2-7　全国农业植物检疫性有害生物名录

类型	中文名称	拉丁学名	国内分布情况
昆虫	菜豆象	*Acanthoscelides obtectus* (Say)	3 个省，47 个县（市、区）
	蜜柑大实蝇	*Bactrocera tsuneonis* (Miyake)	4 个省，13 个县（市）
	四纹豆象	*Callosobruchus maculatus* (F.)	广西壮族自治区南宁市西乡塘区
	苹果蠹蛾	*Cydia pomonella* (L.)	9 个省（区、市），204 个县（市、区、旗）
	葡萄根瘤蚜	*Daktulosphaira vitifoliae* Fitch	5 个省（区、市），10 个县（市、区）
	马铃薯甲虫	*Leptinotarsa decemlineata* (Say)	3 个省（区），46 个县（市、区）
	稻水象甲	*Lissorhoptrus oryzophilus* Kuschel	25 个省（区、市），472 个县（市、区、旗）
	红火蚁	*Solenopsis invicta* Buren	12 个省（区、市），579 个县（市、区）
	扶桑绵粉蚧	*Phenacoccus solenopsis* Tinsley	14 个省（区、市），125 个县（市、区）
线虫	腐烂茎线虫	*Ditylenchus destructor* Thorne	10 个省（区、市），72 个县（市、区、旗）
	香蕉穿孔线虫	*Radopholus similis* (Cobb) Thorne	无分布
	马铃薯金线虫	*Globodera rostochiensis* (Wollenweber) Skarbilovich	四川省昭觉县、越西县，贵州省威宁县、赫章县，云南省会泽县、鲁甸县和昭通市昭阳区
细菌	瓜类果斑病菌	*Acidovorax citrulli* Schaad et al.	16 个省（区、市），71 个县（市、区、旗）
	柑橘黄龙病菌（亚洲种）	*Candidatus Liberibacter asiaticum* Jagoueix et al.	10 个省（区），349 个县（市、区）
	番茄溃疡病菌	*Clavibacter michiganensis* subsp. *michiganensis* Smith et al.	10 个省（区、市），52 个县（市、区、旗）
	十字花科黑斑病菌	*Pseudomonas syringae* pv. *maculicola* McCulloch et al.	河北省滦平县、隆化县、围场县，湖北省长阳县
	水稻细菌性条斑病菌	*Xanthomonas oryzae* pv. *oryzicola* Swings et al.	14 个省（区、市），420 个县（市、区）
	亚洲梨火疫病菌	*Erwinia pyrifoliae* Kim et al.	3 个省（市），19 个县（市、区）
	梨火疫病菌	*Erwinia amylovora* Burrill et al.	2 个省（区），70 个县（市、区）
真菌	黄瓜黑星病菌	*Cladosporium cucumerinum* Ellis et Arthur	7 个省（区），105 个县（市、区、旗）
	香蕉镰刀菌枯萎病菌 4 号小种	*Fusarium oxysporum* f. sp. *cubense* (Smith) Snyder et Hansen Race	5 个省（区），77 个县（市、区）
	玉蜀黍霜指霉菌	*Peronosclerospora maydis* (Racib.) C.G.Shaw	广西壮族自治区扶绥县
	大豆疫霉病菌	*Phytophthora sojae* Kaufmann et Gerdemann	6 个省（区），48 个县（市、区、旗）
	内生集壶菌	*Synchytrium endobioticum* (Schilb.) Percival	四川省西昌市，贵州省威宁县、赫章县和六盘水市钟山区，云南省昭通市昭阳区、巧家县和永善县
	苜蓿黄萎病菌	*Verticillium albo-atrum* Reinke et Berthold	无分布

类型	中文名称	拉丁学名	国内分布情况
病毒	李属坏死环斑病毒	Prunus necrotic ringspot virus	辽宁省大连市甘井子区、旅顺口区和金州区，陕西省西安市灞桥区和蓝田县
	黄瓜绿斑驳花叶病毒	Cucumber green mottle mosaic virus	14个省（区、市），55个县（市、区）
	玉米褪绿斑驳病毒	Maize chlorotic mottle virus	无分布
杂草	毒麦	*Lolium temulentum* L.	8个省（区），26个县（市、区、旗）
	列当属	*Orobanche* spp.	9个省（区），169个县（市、区、旗）
	假高粱	*Sorghum halepense* (L.) Pers.	6个省（市），34个县（市、区）

1. 田园卫生

对外来的动植物材料进行严格的控制，避免外来有害生物的传入，对田园中植物残体进行清理，并进行充分堆沤，实施无害化处理。特别是在温室条件下，有效的卫生设施是控制有害生物的关键，如在温室附近设置3～9m的无植被带，清除残余的植物体等能起到有效的隔离作用。

2. 轮作

实施合理的作物轮作能有效地控制蔬菜、西瓜、草莓、生姜等多种作物的土传病虫害。特别是水旱轮作效果更佳，如草莓与水稻轮作。作物轮作也是控制杂草危害的有效方法，但轮作要精心设计作物品种、播种时间和轮作顺序等。

3. 间作

作物间作是两种以上的作物间隔种植的一种方式，合理的间作对病虫草害有较好的控制作用。当然，作物间作前应该科学设计种植的方法、时间和作物品种等，既要能控制病虫草害，又不能影响作物的生长。国外目前较好的间作方式有小麦-大豆模式、玉米-大豆模式，在免耕条件下能控制杂草的危害。另外，间作一些对害虫有驱避作用的间作物，可有效地控制害虫的危害。

4. 覆盖作物控制杂草

一些作物在其生长过程中能抑制它周围的植物生长，这就是相克植物，黑麦是这类植物的代表。由于耐寒且在任何地方均能生长，黑麦被广泛地用作覆盖作物，并且可以有效控制杂草长达30～60d，而不影响大种子作物（玉米、黄瓜、豌豆等）的生长发育。黑麦覆盖加上免耕能减少75%～80%的阔叶杂草，藜和普通马齿苋几乎完全得到控制。此外，还有苜蓿也能作为覆盖作物，不需使用除草剂就可有效地控制杂草的危害。

三、物理防治措施

在农作物病虫害管理过程中，通过调节温度、湿度、光照、颜色等对作物病虫害均有较好的控制作用，这些措施在有机农业生产中得到了广泛的应用。如利用高温或蒸汽处理温室土壤，可以有效地控制许多土传的植物病害；利用杀虫灯诱杀害虫；蔬菜作物的行间覆盖可以排斥跳甲、黄瓜叶甲，以及洋葱、胡萝卜、白菜和玉米根蛆的成虫；使用防虫网可以阻隔蚜虫、蓟马及其他害虫进入温室危害作物；冷藏能降低采后病害的发生等。黄色黏虫板通常在温室使用，以减少白粉虱、潜叶蝇、蚜虫、蓟马等害虫的种群密度。在温室里使用紫外吸收塑料薄膜能干扰银叶粉虱的行为，减少其为害。

有机农业生产大力提倡使用物理和机械的除草方式。对旋花类的杂草通常采用黑色塑料薄膜覆盖等能够遮蔽阳光的措施来抑制杂草的生长，一般 3~4 年即可消灭旋花类的杂草，这种方式也适合防除其他杂草和温室杂草。同时，在不同年度和杂草生长不同时期，使用圆盘犁和不伤根部的清扫犁等机械除草方式效果更好。

四、生物防治

生物防治就是使用活体生物，包括寄生性和捕食性天敌或有益病原物控制有害生物在经济损失水平以下。这种方法的使用首先必须评价有害生物种群在当地生态系统中的相互作用和对有害生物的控制作用，以及采取各种有效的措施保护和利用有益的生物类群。如周期性释放赤眼蜂控制鳞翅目害虫，保护生境，提高瓢虫、草蛉、蜘蛛及一些捕食性甲虫的种群数量，达到控制害虫的目的等。

温室环境条件很适合采用生物防治的方法，主要是释放有益生物控制害虫。不同有益生物类群生活的时间长短不同，对于只有几天生活周期的天敌（寄生性动物和微生物）通常 2 周释放 1 次，而另一些能在较长时间内发挥作用天敌（特别是捕食性天敌类）可以减少释放频率。用于温室控制蚜虫的生物类群包括草蛉、寄生蜂和瓢虫，草蛉适合于较高的温度，而瓢虫需要适中的温度，寄生蜂则适应于较宽的温度范围。

温室粉虱的控制较多使用寄生蜂，丽蚜小蜂（*Encarsia formosa*）寄生白粉虱若虫和蛹，匀鞭蚜小蜂（*E.luteola*）和浆角蚜小蜂（*Eretmocerus californicus*）寄生烟粉虱及银叶粉虱，另一种蚜小蜂（*Eretmocerus eremicus*）也能有效寄生银叶粉虱，这些寄生蜂对粉虱的控制率可达 99%。同时，小黑瓢虫（*Delphastus pusillus*）主要捕食粉虱的卵和若虫，瓢虫的成虫 ld 可取食 160 粒卵和 120 头大龄若虫，1 头瓢虫幼虫在其发育阶段可取食 1000 粒粉虱卵。

马铃薯甲虫的生物防治除常见的捕食性天敌外，也可利用 2 种幼虫寄生蝇（*Doryphorophaga doryphorae* 和 *D.coberrans*）和 1 种卵寄生蜂（*Edovum puttleri*）。

黄瓜叶甲的天敌类群较多，主要包括捕食性甲虫、寄蝇、茧蜂、一些线虫和蝙蝠等，寄生性线虫能控制土栖的叶甲幼虫达 50%，在一个生长季节中，150 头大褐蝙蝠种群能捕食 5 万头叶蝉、3.8 万头黄瓜叶甲、1.6 万头蟥和 1.9 万头臭蟥。

　　在欧洲和地中海地区，很多国家广泛使用天敌来防治作物害虫，在天敌利用方面积累了丰富的知识和经验，这些知识和经验足以证明许多天敌是控制害虫的有效工具，且不会构成重大的生态风险，可以作为可靠的害虫管理措施来使用。

　　为了方便选择和决定害虫天敌的引进和释放，欧洲和地中海植物保护组织（EPPO）制定了推荐使用的害虫天敌名单，并从 2001 年开始以标准的形式发布。该名单列出了在欧洲和地中海地区广泛使用并被欧洲和地中海植物保护组织的生物防治安全使用小组（EPPO Panelon Safe Use of Biological Control）验证过的安全有效的天敌名单。这些天敌包括在 EPPO 国家广泛分布的本土天敌；或者引进后在这个地区已经建立起强大的群落从而广泛分布的天敌；或者在至少 5 个国家（如果其相应作物只在少数几个国家种植，可以少于 5 个）使用 5 年以上的天敌。

　　该推荐的天敌名单分为两部分：第一部分是商业化使用的天敌，表 2-8 列出了这些天敌的学名、中文名、所属科名及防治的主要目标害虫；第二部分是引进并成功应用建立起群落的经典天敌，表 2-9 列出了这些天敌的学名、中文名、所属科名及防治的主要目标害虫。

表 2-8　商业化使用的害虫天敌

学名	中文名	所属科名	主要目标害虫
Adalia bipunctata	二星瓢虫	瓢虫科	蚜虫
Chilocorus baileyii	盔唇瓢虫属的一个种	瓢虫科	盾蚧
Chilocorus bipustulatus	双斑唇瓢虫	瓢虫科	盾蚧、软蚧
Chilocorus circumdatus	细缘唇瓢虫	瓢虫科	盾蚧
Chilocorus nigrita	盔唇瓢虫属的一个种	瓢虫科	盾蚧、链蚧
Coccinella septempunctata	七星瓢虫	瓢虫科	蚜虫
Cryptolaemus montrouzieri	孟氏隐唇瓢虫	瓢虫科	柑橘粉蚧
Delphastus catalinae	小黑瓢虫	瓢虫科	粉虱（温室白粉虱、烟粉虱）
Rhyzobius lophanthae	一种瓢虫	瓢虫科	盾蚧、大豆尺蠖、网籽草叶圆蚧、*Parlatoria blanchardi*
Rodolia cardinalis	澳洲瓢虫	瓢虫科	吹绵蚧
Scymnus rubromaculatus	小毛瓢虫属的一个种	瓢虫科	蚜虫
Stethorus punctillum	深点食螨瓢虫	瓢虫科	柑橘红蜘蛛
Aphidoletes aphidimyza	食蚜瘿蚊	瘿蚊科	蚜虫（棉蚜、桃蚜、长管蚜、粗额蚜）
Episyrphus balteatus	黑纹食蚜蝇	食蚜蝇科	蚜虫
Feltiella acarisuga	瘿蝇	瘿蚊科	二斑叶螨、朱砂叶螨
Anthocoris nemoralis	花蝽属的一个种	花蝽科	木虱
Anthocoris nemorum	花蝽科的一个种	花蝽科	梨木虱、蓟马

学名	中文名	所属科名	主要目标害虫
Macrolophus melanotoma	长颈盲蝽属的一个种	盲蝽科	蓟马
Orius albidipennis	小花蝽属的一个种	花蝽科	蓟马
Orius laevigatus	小花蝽属的一个种	花蝽科	蓟马（西花蓟马、烟蓟马）
Orius majusculus	小花蝽属的一个种	花蝽科	蓟马（西花蓟马、烟蓟马）
Picromerus bidens	双刺益蝽	蝽科	鳞翅目
Podisus maculiventris	斑腹刺益蝽	蝽科	鳞翅目、马铃薯甲虫
Anagrus atomus	缨翅缨小蜂属的一个种	缨小蜂科	叶蝉
Anagyrus fusciventris	长索跳小蜂属的一个种	跳小蜂科	粉蚧科
Anagyrus pseudococci	长索跳小蜂属的一个种	跳小蜂科	粉蚧科
Aphelinus abdominalis	蚜小蜂属的一个种	蚜茧蜂科	蚜虫（马铃薯长管蚜、*Aulacorthum solani*）
Aphidius colemani	科列马·阿布拉小蜂	蚜茧蜂科	蚜虫（棉蚜、桃蚜、草蚜）
Aphidius matricariae	桃赤蚜蚜茧蜂	蚜茧蜂科	桃蚜
Aphytis diaspidis	盾蚧黄蚜小蜂	蚜小蜂科	盾蚧（梨圆蚧、桑白盾蚧）
Aphytis holoxanthus	纯黄蚜小蜂	蚜小蜂科	盾蚧
Aphytis lingnanensis	岭南黄蚜小蜂	蚜小蜂科	红圆蚧、网籽草叶圆蚧
Aphytis melinus	印巴黄金蚜小蜂	蚜小蜂科	红圆蚧
Aprostocetus hagenowii	蜚卵啮小蜂	姬小蜂科	蜚蠊科（*Periplaneta* spp.）
Bracon hebetor	印度紫螟小茧蜂	小茧蜂科	鳞翅目（贮存的产品上）
Cales noacki	一种蚜小蜂	蚜小蜂科	丝绒粉虱
Coccophagus lycimnia	赖食蚧蚜小蜂	蚜小蜂科	软蚧科
Coccophagus rusti	食蚧蚜小蜂	蚜小蜂科	软蚧科
Coccophagus scutellaris	黄盾食蚧蚜小蜂	蚜小蜂科	软蚧科
Comperiella bifasciata	双带巨角跳小蜂	跳小蜂科	盾蚧科（褐圆蚧、红肾圆盾蚧）
Cotesia marginiventris	缘腹绒茧蜂	茧蜂科	潜蝇科（斑潜蝇）
Diglyphus isaea	潜叶蝇姬小蜂	姬小蜂科	潜蝇科（斑潜蝇）
Encarsia citrina	缨恩蚜小蜂	蚜小蜂科	盾蚧科
Encarsia formosa	丽蚜小蜂	蚜小蜂科	粉虱科（白粉虱、烟粉虱）
Encyrtus infelix	跳小蜂属的一个种	跳小蜂科	蜡蚧科
Encyrtus lecaniorum	缢盾伊丽跳小蜂	跳小蜂科	蜡蚧科
Eretmocerus eremicus	桨角蚜小蜂属的一个种	蚜小蜂科	烟粉虱
Eretmocerus mundus	桨角蚜小蜂属的一个种	蚜小蜂科	烟粉虱
Gyranusoidea litura	跳小蜂属的一个种	跳小蜂科	长尾粉蚧

续表

学名	中文名	所属科名	主要目标害虫
Hungariella peregrina	肉蝇	跳小蜂科	粉蚧科
Hungariella pretiosa	一种跳小蜂	跳小蜂科	粉蚧科
Leptomastidea abnormis	三色丽突跳小蜂	跳小蜂科	粉蚧科
Leptomastix dactylopii	橘粉蚧寄生蜂	跳小蜂科	柑橘粉蚧
Leptomastix epona	丽扑跳小蜂	跳小蜂科	粉蚧科，尤其是柑橘粉蚧
Lysiphlebus testaceipes	茶足柄瘤蚜茧蜂	茧蜂科	蚜科（棉蚜）
Metaphycus flavus	阔柄跳小蜂属	跳小蜂科	蜡蚧科（黑蚧、扁坚蚧）
Metaphycus helvolus	美洲斑潜蝇寄生蜂	跳小蜂科	蜡蚧科（黑蚧、扁坚蚧）
Metaphycus lounsburyi	单毛长缨恩蚜小蜂	跳小蜂科	蜡蚧科（黑蚧）
Metaphycus swirskii	阔柄跳小蜂属	跳小蜂科	蜡蚧科
Microterys flavus	麦蛾茧蜂	跳小蜂科	蜡蚧科（黑蚧）
Opius pallipes	潜蝇茧蜂	茧蜂科	西红柿斑潜蝇
Praon volucre	烟蚜茧蜂	茧蜂科	蚜虫
Pseudaphycus maculipennis	粉绒短角跳小蜂	跳小蜂科	粉蚧科
Scutellista cyanea	蜡蚧斑翅蚜小蜂	金小蜂科	蜡蚧科（黑蚧、*S. coffea*、拟叶红蜡蚧）
Thripobius semiluteus	一种姬小蜂	姬小蜂科	缨翅目（*Heliothrips* spp.）
Trichogramma brassicae	甘蓝夜蛾赤眼蜂	赤眼蜂科	鳞翅目（玉米螟）
Trichogramma cacoeciae	瓢虫柄腹姬小蜂	赤眼蜂科	鳞翅目
Trichogramma dendrolimi	松毛虫赤眼蜂	赤眼蜂科	鳞翅目
Trichogramma evanescens	广赤眼蜂	赤眼蜂科	鳞翅目（包括贮藏产品上的）
Chrysoperla carnea	普通草蛉	草蛉科	蚜虫等
Franklinothrips megalops	凶蓟马属的一个种	纹蓟马科	蓟马
Franklinothrips vespiformis	细腰凶蓟马	纹蓟马科	蓟马
Karnyothrips melaleucus	长鬃管蓟马属	管蓟马科	软蚧科、盾蚧科（拟桑盾蚧）
Amblyseius barkeri	巴氏钝绥螨	植绥螨科	缨翅目（烟蓟马、西花蓟马）
Amblyseius degenerans	库库姆卡斯植绥螨	植绥螨科	缨翅目
Cheyletus eruditus	普通肉食螨	肉食螨科	仓储螨、蜘蛛螨
Hypoaspis aculeifer	尖狭下盾螨	厉螨科	黑翅蕈蚋科，刺足根螨
Metaseiulus occidentalis	西方盲走螨	植绥螨科	叶螨科
Neoseiulus californicus	一种捕植螨	植绥螨科	叶螨科
Neoseiulus cucumeris	胡瓜钝绥螨	植绥螨科	缨翅目（烟蓟马、西花蓟马）
Phytoseiulus persimilis	智利小植绥螨	植绥螨科	叶螨科（二斑叶螨）

续表

学名	中文名	所属科名	主要目标害虫
Stratiolaelaps miles	一种厉螨	厉螨科	黑翅蕈蚋科，刺足根螨
Typhlodromus pyri	温室桃蚜瘿蚊	植绥螨科	苹果叶螨、二斑叶螨、葡萄瘿螨、*Epitrimerus vitis*
Heterorhabditis bacteriophora	嗜菌异小杆线虫	异小杆科	象鼻虫（*Otiorhynchus* spp.）
Heterorhabditis megidis	大异小杆线虫	异小杆科	象鼻虫
Phasmarhabditis hermaphrodita	小杆线虫	Phasmar-habditidae	蛞蝓
Steinernema carpocapsae	小卷蛾斯氏线虫	斯氏线虫科	象鼻虫、黑翅蕈蚋科、土生昆虫
Steinernema feltiae	芜菁线虫	斯氏线虫科	鳃金龟科、黑翅蕈蚋科等

表 2-9　引进并在欧洲和地中海地区成功应用的经典害虫天敌

学名	中文名	所属科名	主要目标害虫
Adalia bipunctata	二星瓢虫	瓢虫科	橘二叉蚜
Cryptolaemus montrouzieri	孟氏隐唇瓢虫	瓢虫科	粉蚧科
			橘粉蚧
Harmonia axyridis	异色瓢虫	瓢虫科	橘二叉蚜
Rhizophagus grandis	大唉蜡甲	食根甲科	云杉大小蠹
Rhyzobius forestieri	黑瓢虫	瓢虫科	黑蚧
Rodolia cardinalis	澳洲瓢虫	瓢虫科	吹绵蚧
Scymnus impexus	小毛瓢虫属	瓢虫科	球蚜
Scymnus reunioni	小毛瓢虫属	瓢虫科	柑橘粉蚧
Serangium parcesetosum	刀角瓢虫	瓢虫科	柑橘粉虱
Cryptochetum iceryae	大角小蝇科	隐芒蝇科（大角小蝇科）	吹绵蚧
Ageniaspis citricola	串茧跳小蜂	跳小蜂科	柑橘潜叶蛾
Allotropa burrelli	糖晶兰属	广腹细蜂科	康氏粉蚧
Allotropa convexifrons	糖晶兰属	广腹细蜂科	康氏粉蚧
Amitus spiniferus	一种黑小蜂	广腹细蜂科	丝绒粉虱
Anagyrus agraensis	亚克拉长索跳小蜂	跳小蜂科	橘鳞粉蚧
Anagyrus fusciventris	长索跳小蜂	跳小蜂科	粉蚧科（长尾粉蚧）
Anaphes nitens	长缘缨小蜂属	缨小蜂科	桉象
Aphelinus mali	日光蜂	蚜小蜂科	苹果绵蚜

学名	中文名	所属科名	主要目标害虫
Aphytis holoxanthus	纯黄蚜小蜂	蚜小蜂科	褐圆蚧
Aphytis lepidosaphes	紫牡蛎蚧黄蚜小蜂	蚜小蜂科	紫牡蛎盾蚧
Aphytis lingnanensis	岭南黄蚜小蜂	蚜小蜂科	红圆蚧
Aphytis melinus	印巴黄金蚜小蜂	蚜小蜂科	网籽草叶圆蚧、红圆蚧、长春藤圆蚧
Aphytis proclia	桑盾蚧黄蚜小蜂	蚜小蜂科	桑白盾蚧
Archenomus orientalis	东方索蚜小蜂	蚜小蜂科	桑白盾蚧
Cales noacki	一种蚜小蜂	蚜小蜂科	丝绒粉虱
Clausenia purpurea	粉蚧克氏跳小蜂	跳小蜂科	橘小粉蚧
Comperiella bifasciata	双带巨角跳小蜂	跳小蜂科	红圆蚧
Encarsia berlesei	桑盾蚧恩蚜小蜂	蚜小蜂科	桑白盾蚧
Encarsia elongata	长恩蚜小蜂	蚜小蜂科	长牡蛎蚧
Encarsia lahorensis	恩蚜小蜂属的一个种	蚜小蜂科	柑橘粉虱
Encarsia perniciosi	恩蚜小蜂属的一个种	蚜小蜂科	梨圆蚧
Encarsia perniciosi	恩蚜小蜂属的一个种	蚜小蜂科	桑粉虱
Lysiphlebus testaceipes	茶足柄瘤蚜茧蜂	茧蜂科	苹果黄蚜、橘二叉蚜
Metaphycus anneckei	阔柄跳小蜂属的一个种	跳小蜂科	黑蚧
Metaphycus flavus	阔柄跳小蜂属的一个种	跳小蜂科	扁坚蚧
Metaphycus helvolus	阔柄跳小蜂属的一个种	跳小蜂科	黑蚧
Metaphycus lounsburyi	阔柄跳小蜂属的一个种	跳小蜂科	黑蚧
Metaphycus swirskii	阔柄跳小蜂属的一个种	跳小蜂科	黑蚧
Neodryinus typhlocybae	新螯蜂属的一个种	螯蜂科	蛾蜡蝉科、葡萄花翅小卷蛾
Neodusmetia sangwani	跳小蜂科的一个种	跳小蜂科	*Antonina gramini*
Ooencyrtus kuvanae	跳小蜂科的一个种	跳小蜂科	舞毒蛾
Pseudaphycus malinus	粉蚧玉棒跳小蜂	跳小蜂科	康氏粉蚧
Psyllaephagus pilosus	木虱跳小蜂	跳小蜂科	澳洲蓝桉木虱
Psyttalia concolor	短背茧蜂属的一个种	茧蜂科	橄榄实蝇
Pteroptrix smithi	斯氏四节蚜小蜂	蚜小蜂科	褐叶圆蚧

五、使用天然物质

在有机农业生产中，普遍认可使用来自植物和微生物且具有杀虫治病活性成分的生物农药来防治农作物病虫害。美国环境保护署将生物农药划分为三类：

微生物农药是指主要以微生物（细菌、真菌、病毒和原生动物）作为活性成分的农药；植物源农药是指以植物体为原料提取的具有控制作物病虫害活性成分的物质；生物化学农药是指一些自然发生的能影响有害生物的物质，如外激素类。有机农业生产要求严格选择使用生物农药，必须保证捕食性和寄生性天敌的安全。

在温室有机农产品生产中，由于温室的特殊环境条件和以病害和小型害虫发生为主的特点，适合使用微生物制剂。通常在防治蚜虫、粉虱和蓟马等害虫中使用的真菌制剂如白僵菌（*Beauveria bassiana*）（防治蚜虫、蓟马和粉虱）、蜡蚧轮枝菌（*Vorticillium lecanii*）（防治蚜虫）和玫烟色拟青霉（*Paecilomyces fumosoroseus*）（防治粉虱），也可使用皂角液、植物油、植物源杀虫剂和生长调节剂（保幼激素类似物）等。黄瓜叶甲的防治通常使用沙巴藜芦、鱼藤酮或除虫菊等，有很好效果。

对马铃薯甲虫的防治以 B.t. 制剂使用比较广泛，也使用真菌制剂白僵菌，同时也使用商业化的昆虫病原线虫（*Heterorhabditis* spp.）和虫生线虫（*Steinernema* spp.）等寄生性线虫制剂来有效控制马铃薯甲虫。

在棉花有机生产中，B.t. 制剂通常用于多种鳞翅目害虫的防治，同时，也使用其他生物制剂，如核型多角体病毒制剂防治棉铃虫、烟芽夜蛾和甜菜夜蛾，真菌制剂白僵菌防治烟芽夜蛾，但限制使用杀虫皂角液。

除生物农药外的很多天然物质也被广泛用于作物病虫草害的防治，如用矿物油防治害虫，用波尔多液和石硫合剂防治病害，用乙酸类、丁香油、百里香油和皂角物质防治草害等。

第六节　连作障碍土壤改良技术

随着现代农业规模化、专业化和设施化的发展，我国连作障碍问题日趋严重，广泛发生于蔬菜、草本水果、中药材、花生、大豆、旱粮、果树、花卉等作物主产区。符合有机要求的连作障碍土壤改良技术主要有：

一、封膜日晒法

采用该方法需在高温季节有 2～4 周的换茬空隙期。

1. 撒施易腐生物质

在前茬作物收获后，将易腐生物质短截或粉碎，于高温季节均匀地撒施在土壤表面。所用生物质的有害物质限量应符合 GB 38400 的要求，C/N（碳氮比）宜控制在 10～35，高碳和高氮类生物质应配合使用（表 2-10）；总用量宜控制在 1500～3000kg/ 亩，或以干物质计控制在 800～1200kg/ 亩。

表 2-10 连作障碍土壤改良用主要易腐生物质的 C/N 分类

类别	C/N	代表性种类
高碳类	> 35	稻草、麦秸、玉米秸、玉米芯、稻壳、甘蔗渣、芦苇、茭白叶、木屑
碳氮平衡类	10 ～ 35	十字花科和菊科植物残体、油菜和豆类秸秆，麦麸、野草、牛粪、马粪、菇渣、水果渣
高氮类	< 10	绿肥、新鲜豆科植物、豆粕、棉籽粕、花生粕、菜籽粕、酒糟、猪粪、鸡粪

注：十字花科和菊科植物残体对土壤中的有害生物还具有生物熏蒸作用。

2. 撒施石灰质物料

对于土壤 pH 值显著低于计划种植作物适宜范围的，宜加施石灰质物料。主要石灰质物料的质量要求和需要量参考值分别见表 2-11 和表 2-12，再结合土壤质地类型、耕层厚度、土壤 pH 值拟调升幅度等估算相应田块的具体用量。撒施时应穿戴乳胶手套、防尘口罩和套鞋，并避免在雨天进行。

表 2-11 石灰质物料的质量要求

石灰质物料类型	主要成分	钙镁氧化物含量（CaO 和 MgO 之和）/%	检验方法
熟石灰粉	$Ca(OH)_2$	≥ 55	GB/T 3286.1
生石灰粉	CaO	≥ 75	
石灰石粉	$CaCO_3$	≥ 40	
白云石粉	$CaCO_3$ 和 $MgCO_3$	≥ 40	

表 2-12 20cm 耕层调升 1 个 pH 值的石灰质物料需要量参考值

土壤质地	生石灰粉 / （kg/ 亩）	熟石灰粉 / （kg/ 亩）	石灰石粉 / （kg/ 亩）	白云石粉 / （kg/ 亩）
砂土	80 ～ 110	100 ～ 140	140 ～ 200	140 ～ 200
壤土	110 ～ 150	140 ～ 190	200 ～ 270	200 ～ 270
黏土	150 ～ 190	190 ～ 250	270 ～ 340	270 ～ 340

3. 翻耕

采用旋耕机立即将刚撒施的易腐生物质和石灰质物料翻入土中。

4. 封膜

先整成平畦，灌水至耕层土壤持水量达到 70% 以上，再用 2 层农用薄膜严密封盖。对于有棚架的土地，上层也可改在棚架上用棚膜严密封盖。

5. 揭膜和松土通气

封膜时间达到表 2-13 要求后揭膜，并松土通气。

6. 注意事项

封膜后应仔细检查薄膜是否出现破损，周边是否封压严密，并确保土壤在要求的封闭时间内持续处于密封状态。

表 2-13　不同温度条件下土壤封闭时间

日最高气温 /℃	土壤封闭时间 /d	
	封膜日晒法	淹水还原法
＞35	≥10	≥20
30～35	≥15	≥25
25～30	≥20	≥30
15～25	—	≥40

二、淹水还原法

采用该方法应有良好的淹水条件和较长的换茬空隙期。

1. 撒施易腐生物质和石灰质物料

参照封膜日晒法中的撒施易腐生物质和撒施石灰质物料部分。

2. 翻耕和灌水封土

采用旋耕机立即将刚撒施的易腐生物质和石灰质物料翻入土中，整平后及时灌水淹没土壤，并持续保持土面上有 10cm 以上水层封闭土壤。

3. 排水落干和松土通气

淹水持续封闭土壤时间达到要求后排水，适当干燥后松土通气。

4. 注意事项

灌水封土期间要正常检查是否漏水，必要时及时补充灌水，并确保土壤在要求的封闭时间内持续处于淹水状态。

三、休耕晒垡法

采用该方法应在休耕期内有冰冻、晴热和（或）多雨季节。

1. 休耕

连作障碍比较轻的可选择季节性休耕，宜安排在冬季或夏季；连作障碍严重的宜采用全年休耕。

2. 晒垡

休耕期间，应在寒冬和盛夏初期排干积水进行深耕翻土后晒垡，隔 20～40d 后再翻耕一次；其他时间如杂草茂盛，可再行翻耕。土壤明显酸化的可在深翻前加施石灰质物料，具体要求参照封膜日晒法中的撒施石灰质物料部分。

四、轮作改良法

采用该方法的地块应适宜于拟轮作作物的生产，有生产技术准备，经济上可接受。

1. 作物选择原则

应根据当地生态和技术经济条件，选择对导致该种植区域产生连作障碍的土传病原菌、土居害虫及土壤理化和养分缺陷等有较强抗耐性，并有利于土壤生态恢复的作物进行轮作。

2. 轮作模式

通常宜选择水旱轮作，豆科作物与非豆科作物轮作，禾本科作物与非禾本科作物轮作，粮油、果蔬、烟草和中药材等与绿肥和饲草作物轮作。

五、生物改良法

适用于较轻的生态失衡、土传作物病原菌增殖的连作障碍土壤，春夏秋季的作物生长期或换茬空隙期均可；也可在封膜日晒法、淹水还原法或封膜熏蒸法的全部过程实施结束后配套使用。

1. 生物制剂选用

宜选用木霉菌、芽孢杆菌、荧光假单胞杆菌及其他土壤改良用生物制剂，并应获得国家农业主管部门的使用登记。

2. 处理方法

参照产品说明书，在作物生长期或换茬间隙适当松土后用生物制剂稀释液灌根或浇土。常用生物制剂的使用剂量和方法见表2-14。

表2-14　连作障碍土壤改良用主要生物制剂的使用剂量和方法

药剂名称	每亩代表性制剂用量[①]	使用方法
哈茨木霉菌	3亿CFU/g可湿性粉剂3~4kg	
枯草芽孢杆菌	100亿CFU/g可湿性粉剂400~600g	
蜡质芽孢杆菌	10亿CFU/mL浮剂4~7L	
解淀粉芽孢杆菌	10亿CFU/g可湿性粉剂100~200g	
甲基营养型芽孢杆菌	30亿CFU/g可湿性粉剂700~1300g	灌根或浇土
杀线虫芽孢杆菌B16	5亿CFU/g粉剂1500~2500g	
海洋芽孢杆菌	10亿CFU/g可湿性粉剂500~620g	
荧光假单胞杆菌	3000亿CFU/g可湿性粉剂500~660g	

① 采用局部处理方法可相应减少用量。

3. 注意事项

不宜与封膜日晒法、淹水还原法和化学熏蒸法同时使用，应单独处理或在这些方法的全部程序完成后配套使用。

第七节　酶技术

近年来，酶技术在有机食品的贮藏和加工的应用中愈发广泛，不仅可以满足人们对有机食品的各种需求，又能够提升有机食品的质量和安全性，从而提高企业的生产效率与经济效益，利于企业的长远与高质量发展。

一、食品贮藏

在食品贮藏方面使用较多的有溶菌酶和葡萄糖氧化酶。溶菌酶属于肽多糖水解后产生的一类酶，具有强大的溶菌特性，因此在食品保鲜领域得到了广泛的应用。比如在香肠、奶油、面条、奶制品等食品和低度酒中添加了一定量的溶菌酶用于保鲜，在婴幼儿奶粉中添加溶菌酶有助于减少婴幼儿胃肠道受到感染的概率。溶菌酶一般通过微生物发酵的方法得到，也可以从蛋清中分离得到。蛋清溶菌酶在有机食品领域应用较多，对藤黄八叠球菌、芽孢杆菌、枯草杆菌等阳性菌以及金黄色葡萄球菌等具有良好的溶菌能力，因此可以有效避免多种菌类污染。

葡萄糖氧化酶的主要作用就是催化氧与葡萄糖的反应。一般情况下，需要将食物和葡萄糖氧化酶一起放在指定的密闭容器中，借助葡萄糖氧化酶的氧化还原特性让它在密闭容器中将环境中存在的氧气消耗掉，防止食物在贮藏过程中发生氧化还原反应，从而实现食品保鲜的目的。在制作吸氧保鲜袋时可以使用葡萄糖氧化酶作为原料，食物在封入吸氧保鲜袋后可以有效避免食品表面发生氧化变质。葡萄糖氧化酶不会对人体健康产生负面影响，所以在果汁或者罐头食品中直接添加葡萄糖氧化酶，可以有效避免食品氧化变质现象的发生；若是在蛋白粉或蛋白片中添加葡萄糖氧化酶，在特定环境中它可以让葡萄糖发生氧化反应，进而防止蛋白粉或蛋白片发生褐变，使食品质量得以保障。将葡萄糖氧化酶固定化，再把糊化阴离子淀粉和固定化葡萄糖氧化酶混合可制成杨梅保鲜涂料。将这种涂料涂抹在食物包装纸表层，经过自然风干后制成生物酶保鲜纸。使用生物酶保鲜纸包装杨梅，能够有效降低贮藏环境中的乙烯产生量与氧气含量，能够有效延长杨梅的保鲜期。

二、果蔬加工

在去除柑橘的苦味时常用到柠碱酶；在制作橘子罐头时一般会用到半纤维素酶以及纤维素酶，这两种酶可以实现快速剥离橘子瓣囊衣，从而达到提高罐头质量的目标，节约大量的人力物力；加工苹果、梨、山楂等果汁时，决定产品质量的关键环节在于压榨与澄清，可以用纤维素酶与果胶酶对果实进行加工处理，实现高效过滤、澄清果汁的目的；在制作果汁、烘烤面食、酿造啤酒等方面经常会用到淀粉酶，它可以有效提高生产效率和经济效益。

三、肉类加工

在肉类食品加工中应用酶技术主要是为了废弃蛋白的转化和组织结构的优化。废弃蛋白的转化主要是动物血液或碎肉的二次利用，通过加入相应的蛋白酶溶解动物血液或碎肉中的蛋白质，得到的产品富含优质蛋白质与维生素。肉类食品组织结构的优化一般是为了使肉具有更嫩的口感，一般会用微生物蛋白酶与植物蛋白酶。微生物蛋白酶中比较常见的有米曲霉蛋白酶，植物蛋白酶中常用的是木瓜蛋白酶与菠萝蛋白酶，借助这些酶中的单一或复合酶处理猪肉、羊肉、牛肉，能够让肉类具有更滑嫩的口感。

四、谷物加工

在谷物加工工业中，应用酶技术旨在提高谷物的营养价值。例如，在小麦淀粉的分离、制糖等环节使用糖化酶、α-淀粉酶等酶制剂可获得较高品质的膳食纤维等，增加谷物的营养价值和经济效益。

五、乳制品加工

乳制品加工中经常会使用乳酸菌，其中富含丰富的蛋白水解酶，可以加快乳制品的发酵过程，产生多肽类物质，使食品的口感更佳。凝乳酶最早在未断奶的小牛胃中发现，随后在其他动物的胃中提取到，目前凝乳酶更稳定的来源是植物和微生物。凝乳酶可专一地切割乳中 k-酪蛋白的 Phe105-Met106 之间的肽键，破坏酪蛋白胶束使牛奶凝结，凝乳酶的凝乳能力及蛋白水解能力使其成为干酪生产中形成质构和特殊风味的关键性酶，被广泛地应用于奶酪和酸奶的制作。

六、油脂加工

动植物的脂肪及动物胰脏中含有较多脂肪酶，植物脂肪酶可以在其他酶的共同作用下分解油脂，将其转变为糖类物质，以供给能量。由于酶的专一性，其在反应中也只能定向催化天然油脂，所以在食品加工中会通过改性提高脂肪酶的工作效率。

第三章
主要有机农产品的生产技术

第一节　有机稻生产技术

一、基地和种子的选择及处理

1.基地选择

有机稻生产基地的选择主要应综合考虑以下因素：

（1）基地要有良好的生态环境条件，周围没有明显的污染源；

（2）基地土壤有较高的肥力条件，并有丰富的可用于保持土壤肥力的有机肥源；

（3）要有充足、洁净的灌溉水资源和良好的排灌系统，以满足水稻生产的灌溉需求；

（4）要有充裕的劳动力资源，以满足有机稻栽培对劳动力的较多需求。

2.种子选择

有机稻的种子，要选择适应当地条件、抗逆性（主要是抗病虫性）好、分蘖力强、商品性好，适宜旱育苗、超稀植栽培模式的优良品种。稻种需要经过筛选，去杂去劣，籽粒饱满，纯度高，成熟一致，粒型整齐，发芽率高，无杂草种子，无病虫害。

3.种子处理

（1）晒种　浸种前一周，在阳光下晒种 $2\sim3d$，翻动 $2\sim4$ 次 /d。

（2）选种　用密度 $1.08\sim1.10t/m^3$ 的盐水选种，将不饱满粒及秕粒、草籽选出，选后用清水洗种 $1\sim2$ 次。可防止水稻立枯病。

（3）消毒　用 $50\sim55℃$ 热水消毒 $5min$，防止恶苗病、干尖线虫等种传病害。也可将洗净的种子放到 1% 石灰水中消毒。

（4）浸种催芽　用 $15\sim20℃$ 的温水浸种 $3\sim4d$，当种子吸水量达到其质量的 25% 时进行催芽，保持 $30\sim32℃$ 高温破胸 $20\sim30h$，然后把温度控制在 $25℃$ 左右催芽，芽长 $1\sim2mm$ 为限，播种前摊开晾芽 $6\sim8h$，80% 种子破胸露白再准备播种。

二、育秧管理

1. 苗床准备

选择无污染的地势平坦、背风向阳、排水良好、水源方便、土质疏松肥沃的地块作育苗田。秧田长期固定，连年培肥。纯水田地区，可采用高于田面 50cm 的高台育苗。床面翻耕 10cm 以上，达到床面平整、细碎、无根茬，床宽 1.8～2.2m，长度根据实际情况来定。苗床地可结合整地及时施好商品有机肥 1～2t/亩和腐熟饼肥 50kg/亩作基肥。播后在秧板上覆盖商品有机肥 2t/亩，以保湿、保温、防露籽、防雀害，提高成秧率。

2. 播种方法

根据当地插秧时间安排播种时间，秧苗期控制在一个月以内（机插 15d 左右）。用催好芽的种子均匀播在做好的床面上，用细眼喷壶在种子上面浇水，用平铣拍实固定种子，然后用事先准备好的盖土（或营养土）覆土 0.5cm 厚，用喷壶再喷一次水，用土补盖露种，用薄膜盖床。

3. 秧田管理

为了提高床内温度，播种后首先要立即清理"三沟"（步道沟、床头沟、排水沟），排净田间积水。其次要经常检查双幅薄膜开闭口是否结合严密，床边薄膜是否压实。出苗前以封闭保温为主，秧苗露针时（50% 左右）及时撤去薄膜。温度控制在 25～30℃之间，根据天气情况在秧苗 2 叶左右开始通风，通风前要浇水（据床面干湿情况而定），浇水最好在早晨 9 点以前进行。适温炼苗：一叶一心期以 28～32℃为宜；二叶一心期以 24～28℃为宜；三叶期以 20～24℃为宜。施肥要根据秧苗的长相，在秧苗 2 叶 1 心到 3 叶时，可用纯有机肥撒施于床面，据具体情况决定施用量，施肥后及时浇透水。结合插秧前 7d 撤膜练苗时，人工拔除床面杂草。

三、稻鸭共育

1. 稻田放鸭的主要作用

稻田里放养的鸭子可大量吞食杂草、害虫等，鸭子的排泄物还可以肥田，鸭子在稻田中的觅食活动给水稻提供较多的氧气，同时搅混水层，提高水温、地温，促进水稻根部发育。

2. 水稻插植规格要求

在插植规格上，为了便于雏鸭在田间活动，应比普通插植规格要稀一些，可采用 30cm×15cm 插植方式，也可采用宽窄行的方式，即（40+20）cm×15cm。

3. 鸭的选择和放养

由于水稻的株距行距较窄，鸭子的活动空间受限，所以应选择个体较小，活动灵活并喜食杂草的品种，如北极寒鸭、麻鸭、土鸭等比较适合在稻田中放养。

在水稻移栽后 10～15d（即水稻返青后）放雏鸭，放养的雏鸭为孵化出壳后经 10～15d 室内人工喂养的雏鸭，放养的数量为 150～180 只/hm²。100～120 只为一群，用隔离网隔开，不要数量过大，以防止雏鸭过分集中，踩伤稻苗。

水稻灌浆穗子下垂时，应及时把鸭子赶出稻田，以防止鸭子啄食稻穗。

4. 水层管理

插秧后到放鸭前，以浅水灌溉为主，水层 3cm 左右。放鸭后，水层应适当加深，一般 5cm 左右。以后随着鸭子的长大随时调节水层，使鸭脚能踩到地面，搅混水层，起到中耕松土，促进根系发育等作用。但水层一般不超过 10cm 深，只灌水，不排水，水沟内始终要保持一定水深，以供鸭子洗澡之用。移栽后一个月左右开始定期采取轮流分区露田的方法，每次露田 3～4d，以利壮苗增蘖。鸭子赶出稻田后，立即清沟排水搁田，但保持土壤湿润，以增强水稻根系活力，防止倒伏。

5. 稻鸭管理

在放养鸭的稻田周围设立 0.6～0.8m 高的防护网，防护网下部安装铁丝与室内脉冲电流发生器相连，防止天敌伤害雏鸭，在田边或沟渠旁，搭建简易棚，以供雏鸭休息和喂食，另外，还可为雏鸭遮风避雨。鸭子在稻田内进食不足时，可人工补食，以不影响雏鸭正常生长。

四、土壤培肥

1. 秸秆还田

适宜水田泥脚深度在 10～20cm 的田块。未耕的旱地应先灌水泡田 12h，待土壤松软后再作业；若是已翻耕的土地，泡水后便可作业。水田浸水深度以3～5cm 为宜，灌水过浅，达不到理想的埋草和整地质量；灌水过深，则影响埋草和覆盖的效果。秸秆还田数量以每公顷 4500kg 左右为宜。整秆翻埋前，为加速秸秆腐烂熟化，每公顷应补施相当于 67.5kg 纯氮和 22.5kg 纯磷的化肥，然后再耕翻。机具作业速度应根据土壤条件和秸秆还田量合理选定，必须顺行耕翻或覆盖，一般作业两遍，纵横交叉作业。作业质量要求：耕深稳定系数达 95%、碎土系数达 92%、埋草覆盖率达 95% 以上，田平起浆。

2. 沼肥

利用沼气工程生产的沼渣和沼液来培肥土壤是一举多得的事情。一方面通过沼气工程改变了农村燃料结构，使得农村环境得到净化；另一方面把厩肥、作物秸秆及其他农业废弃物通过沼气发酵，生产优质的有机肥料，满足有机稻生产的需要。

沼气发酵生产的沼渣可以用作基肥，沼液可以做基肥和追肥。沼渣和沼液混合做基肥，一般用量是 20～30t/hm²，沼液做追肥用量为 15～20t/hm²。沼液如通过喷施追肥时，使用前应放置 2～3d 取其上清液并过滤，以免堵塞喷雾器。沼气建设是各种形式的农业生态工程的重要内容，在有机农业生产中具有重大的意义。

3. 堆肥

农业废弃物通过高温堆制使得有机物完全熟化，成为腐熟的优质有机肥料。为了满足水稻生长的需要，一般在堆肥时可以适当加入饼肥。在水稻整地前作基肥施到土壤中，施用后立即整地。一般每公顷施用量 15～30t。

五、病虫草害防治

水稻有机栽培病虫草害的防治应通过选用抗（耐）病虫品种，冬季种植绿肥，稻田周边（如沟渠、路边及田埂等）留草或种植显花植物（如芝麻等）和诱虫植物（如香根草等），田块间插花种植茭白，培育壮苗，生态培肥，合理肥水等，建立有利于各类天敌繁衍和不利于病虫草害孳生的环境条件。优先采用农业、物理和生物措施，如：实施种子检疫，温汤浸种控制干尖线虫等种传病虫害，早春适时整地诱发杂草萌发结合苗前耙地控草；防虫网或无纺布覆盖育秧，越冬螟虫化蛹高峰期翻耕灌水杀蛹，用昆虫性信息素诱杀或交配干扰防治害虫，释放赤眼蜂等害虫天敌和稻田养鸭、养蛙控制害虫；调节水稻播期，错开抽穗期与三化螟发生期，减轻螟害；水稻移栽前捞除水面漂浮物，减轻纹枯病危害。做好病虫草害和天敌的系统调查和预测预报工作，一旦发现农业、物理和生物措施难以控制危害时，从 GB/T 19630 规定的有机植物生产允许使用的植物保护产品清单中选用病虫草害防治用投入品。现按病、虫、草害分述如下：

1. 病害防治

有机稻与常规稻生产过程中的主要病害大致相同，主要有水稻稻瘟病、纹枯病、稻曲病、恶苗病等。有机稻病害防治应以利用抗病品种和农业防治为主，生物农药防治为辅，通过培育壮苗以达到抗病的目的。

（1）水稻纹枯病　主要通过改善水稻的生长环境，控水控肥，通风透光，选用抗病品种的方法进行防治。打捞菌核，并带出田外深埋，减少菌源。加强栽培管理，灌水做到分蘖浅水、够苗露田、晒田促根、肥田重晒、瘦田轻晒、长穗湿润、不早断水、防止早衰，要掌握"前浅、中晒、后湿润"的原则。必要时可使用井冈霉素、申嗪霉素、嘧啶核苷类抗菌素等生物农药。

（2）水稻稻瘟病　首先要选择好抗病品种，目前生产上应用的很多水稻品种对稻瘟病有良好的抗性，如粳稻 6 号、黄金晴等。在必要时也可喷春雷霉素、枯草芽孢杆菌和石硫合剂等生物农药和矿物源农药。

（3）稻曲病　首先要选择抗病品种，在上季水稻收获后马上进行深耕埋茬，促进菌核腐烂。必要时于水稻破口前 5～7d（剑叶与倒二叶叶枕齐平株率达 10%～15%）用井冈霉素等生物农药防治。

（4）白叶枯病、细菌性条斑病、细菌性基腐病等细菌性病害　应以采用抗病品种，加强检疫措施，清除病残体，推行健康栽培，强化防风防涝管理为主，必要时可使用中生菌素等生物农药。

（5）黑条矮缩病、条纹叶枯病等病毒性病害　应以采用抗病品种，加强检疫措施，苗期防虫网保护隔离传毒昆虫，推行健康栽培和及时清除病株为主，必要时可用宁南霉素和香菇多糖生物农药。

2. 害虫防治

（1）做好虫害的监测　水稻的虫害主要有螟蛾类、飞虱类、象甲类等。在水稻生长期间，利用多种手段做好害虫监测和预报工作。如利用诱蛾灯（黑光灯＋白炽灯＋性诱剂）既可杀死部分螟蛾类害虫，又可作为虫害发生的监测器。

（2）生物防治　在水稻螟虫卵孵高峰前连续释放螟黄赤眼蜂2～3次；在卵孵高峰期，喷施苏云金杆菌制剂，可有效调控螟虫类害虫的危害。甘蓝夜蛾核型多角体病毒和短稳杆菌可防治稻纵卷叶螟；球孢白僵菌和金龟子绿僵菌CQMa421可防治螟虫、飞虱和蓟马。稻飞虱还可通过稻田养鸭来控制，在飞虱迁飞降落开始就放鸭子，连续放1周以上，既可除虫，又可除草。

（3）物理防治　根据昆虫的趋光性，利用杀虫灯可杀灭大部分的水稻螟，控制虫害的发生。

（4）药剂防治　来自天然的植物源、矿物源农药和传统的有机农业药剂是有机农业生产过程中允许使用的物质。控制有机稻的虫害目前使用较多的主要有生物源的苦参碱制剂、印楝素、除虫菊、多杀霉素等和矿物源的矿物油及天然硫黄等。

3. 草害防治

有机稻的草害防除主要通过人工除草、稻田养鸭、稻田养鱼和科学轮作等来完成。利用稻田养鸭或稻田养鱼的方法来消灭杂草时，由于在水稻生长期间是汛期，要在稻田四周拉上篱笆等保护设施来保护鸭或鱼。同时避免平行生产中使用化肥、农药、除草剂等对有机稻带来的影响。

六、收获、干燥和贮运

1. 收获

当稻谷色泽变黄，80%以上的米粒已达到玻璃质，籽粒充实饱满坚硬，含水量17%～20%，茎秆含水量60%～70%时，为适宜收获期。有机水稻收获应使用专用工具，并做到各品种单独收获贮运。收获过程中应防止禁用物质的污染，确实无法实现收获工具专用，应在工具用于有机水稻收获前进行彻底清洗。

2. 干燥

有机水稻收获后可采用机械低温干燥。无机械干燥条件的，应在清洁干净、无污染的场地自然晒干。不应在公路或粉尘、大气污染场所晒谷。

3. 贮藏

贮藏有机稻谷（米）的仓库应清洁卫生，无有害生物、有害物质残留，7d内未经任何禁用物质处理过。允许使用常温贮藏、温度控制、干燥等贮藏方法。有机产品尽可能单独贮藏，若与常规产品共同贮藏，应在仓库内划出特定区域，并采取必要的包装、标签等措施，确保有机产品和常规产品的识别。

4. 运输

运输有机稻谷（米）应使用专用工具，若无法实现运输工具专用，在工具用于运输有机稻谷（米）前应进行彻底清洗。在运输和装卸过程中，外包装上应当贴有清晰的有机认证标志及有关说明。

第二节　有机茶生产技术

一、有机茶园的规划和建设

1. 生态建设规划

有机茶基地宜建在土壤肥沃、生物多样性良好的丘陵缓坡。坡度超过25°的陡坡地以及茶园四周、道路、沟渠两边或茶园内不适合种茶的空隙地上的树木和自然植被应尽量保留，并植树造林，营造防护林和隔离带。茶园内适度套种一些无共同病虫害的落叶树种或对害虫有驱避作用的树种。幼龄茶园应间（套）种绿肥。梯壁坎边保留或播种护梯植物，提供天敌等有益生物的栖息地，增进茶园的生物多样性。为保持茶园水土，坡度小于15°的缓坡地等高开垦。15°～25°的山坡地建立等高梯级茶园，梯面宽度一般不低于2m，梯壁高度不超过1m，外埂内沟，梯面稍向内倾斜。

2. 道路和排灌系统规划

道路系统主要包括主道、支道、步道和地头道。大中型茶场以总部为中心，设置与各区、片、块相通的道路。规模较小的，只设支道、步道和地头道。坡度较大的山头应设置S形的环山缓路。排灌系统由隔离沟、纵沟、横沟和蓄水池等组成。隔离沟横向设置在茶园与四周荒山陡坡、林地和农田交界处，沟宽、深各为70～100cm，两端与天然沟渠相连。纵沟顺坡设置，沟宽、深各40cm，与蓄水池相通。横沟设在梯地茶园内侧，修筑成竹节沟，沟深20cm、沟宽30cm，与茶行平行，与纵沟相连。每公顷茶园建10个左右蓄水池，与排水沟相连。

3. 开园

山地茶园开辟前，先将乱石、树木等清理出园，并修筑隔离沟。开垦时避开雨季，根据不同坡度和地形，按等高线由下而上逐层修筑梯级，注重表土层的回填利用；深垦全园50cm以上，彻底将一些再生能力强的树根、竹根、茅草根等清除出园；复垦平整后，按茶树种植规格开沟施足底肥，沟深30cm以上，底肥以有机肥为主，适当配施一些磷肥。

4. 茶树种植

选择适宜当地气候和市场需求，又具较强抗病虫性的品种，并进行合理搭配。一般缓坡平地茶园和梯形茶园以单行条植为主，行距 150～165cm，丛距 20～33cm。每丛 2～3 株；如梯田茶园宽度大，种一行太宽，种两行又太密，也可采用双行条植。双行条植，一般大行距 160～180cm，小行距和丛（株）距均以 30～35cm 为宜，每丛 2～3 株，两行茶株交替种植。坡度较大、肥力较低、海拔较高的地方可适当密植。定植时期以秋末冬初或早春 2～3 月为好，秋末冬初易干旱或霜冻的地区，则选在早春进行。种植方法以茶苗带土移栽，沟状条植，定植后根颈部离土表面 5～10cm 为宜。

二、茶园土壤管理和施肥

1. 土壤监测和改良计划

定期监测（一般 2 年 1 次）茶园土壤肥力水平、酸碱度和重金属污染情况等。根据监测结果制定土壤培肥、酸碱调节和污染控制计划。土壤 pH 值低于 4.0 的茶园，宜加施石灰质物料（如熟石灰粉、生石灰粉、石灰石粉或白云石粉等）调节土壤 pH 值至 4.5～6.5 范围。土壤 pH 值高于 6.5 的茶园应多选用生理酸性肥料调节土壤 pH 值至适宜的范围。

2. 土壤覆盖

用作有机茶园土壤覆盖的材料较多，如山草、麦秸、稻草、豆秸、玉米秸等均可。其中，山草是最好的材料，因为它不含农药，没有化学污染物质。但山草也会带有一些病菌、害虫和杂草种子。因此，使用前要做必要的处理，如暴晒或堆腐处理。暴晒就是将收割的各种山草，放在阳光下自然暴晒，利用阳光中的紫外线杀死病菌，同时有些害虫也能暴晒而死。如果是结种子的山草，要用棍棒敲打，使种子脱落后，才能送往茶园使用。堆腐处理是利用茶园地角处，将山草与 EM 菌液或自制的发酵粉等堆腐，1 层山草，洒 1 层发酵液，使其发酵，利用堆腐的高温把病菌、害虫及杂草种子杀死，然后把还没有完全腐烂的草料铺到茶园中。如果是农作物秸秆，要注意这些材料是否来源于有机生产体系。

以防旱为主要目的，可在旱季来临之前进行铺草；以保暖防冻为主要目的，可在土壤结冻之前进行铺草；以防止水土流失为主要目的，可在雨季来临之前进行铺草；以抑制杂草生长为主要目的，可在杂草萌芽之前进行铺草。新开垦的茶园，必须在移栽结束后立即铺草。

茶园铺草以铺后不露土为宜，厚度通常要求在 8cm 以上。一般成年采摘茶园每亩铺干草量需达到 1800～2500kg，幼龄茶园每亩达到 3000～4000kg。平地茶园可将草直接撒放在行间；坡地茶园还应在草上压一些泥块，防止铺草被水冲走；对幼龄茶园，铺草应紧靠根部，防止根部失水造成死苗。

3. 土壤耕作

合理的耕作可以改良土壤结构。一般土壤浅耕与锄草、追肥相结合，深耕与施基肥相结合。浅耕一般在春茶前、春茶后、梅雨结束时和秋草开花结籽前各进行 1 次，深度不超过 15cm；深耕结合基肥施用，深度在 20cm 以上，尽量做到不伤根和少伤根。土壤深厚、松软、肥沃、树冠覆盖度大的茶园可减耕或免耕。

4. 套种绿肥

在幼龄茶园行间和茶园周边种植绿肥，对有机茶生产具有特别重要的意义。一般 1、2、3 年生茶园对应间作 3、2、1 行绿肥，改造茶园当年间种 1 行绿肥，按有机农业生产方式栽培。适宜茶园间套种的绿肥品种有圆叶决明、平托花生、猪屎豆、紫云英、巴西苜蓿等。绿肥生长旺盛时须及时刈青，以减轻与茶树间的生长矛盾。绿肥可作为覆盖物或通过埋青直接利用，也可制成堆肥或沤肥施用。

5. 肥料投入的一般要求

禁止使用一切化学合成肥料，以及不符合有机茶生产规定或卫生质量未达标的肥料品种，如未腐熟的人粪尿、畜禽粪便，未经有机认证机构许可的商品有机肥及各类生物有机菌肥等。有机肥原则上就地生产就地使用；可限量使用的土壤培肥和改良物质须按规定要求使用，如微量元素肥料仅能用作叶面肥。有条件的茶场可放养蚯蚓和鸡、鹅等食草食虫动物，发展养殖业，建立沼气池，增加有机肥源。

6. 有机肥无害化处理

有机肥使用前必须经过无害化处理，使污染物质含量达标后方可在有机茶园中应用。目前，无害化处理方法有 EM 菌堆腐、自制发酵催熟堆腐和商品有机肥工厂化生产 3 种处理方法。畜禽粪尿等农家肥、山草、绿肥等须经暴晒、堆腐或消毒处理，以杀灭各种寄生虫卵、病原菌和杂草种子等。

7. 有机肥施用

根据土壤理化性质、茶树长势、预计产量、加工茶类、气候条件和当地肥源情况，确定适宜的肥料品种、施用数量、施用时间和施用方法。有机茶园基肥在一年茶季结束后，尽早结合深耕施用，用量通常占到年总用量的 60% 以上，一般每亩施农家肥 1000～2000kg，或商品有机肥（豆饼、菜籽饼等含氮量高的有机肥）150～250kg，并配施钙镁磷肥 25kg 左右。追肥要求施用速效有机肥，如腐熟的有机液肥或含氮量较高的商品有机肥。一般每年追肥 3 次，分别在春、夏、秋茶前进行，春、夏、秋用量比例大致为 2∶1∶1。第一次春梢催芽肥要早，在开采前 1 个半月左右。

三、茶树病虫害防治

1. 一般原则

从整个茶园生态系统出发，统筹协调多种可持续的防治技术措施，将病虫害所造成的损失控制在经济阈值内。维护茶园生态系统的平衡和生物群落的多样性，创造有利于天敌繁衍而不利于病虫孳生的环境条件，增强自然生态调控病虫害的能力。禁止使用化学农药，植物源农药须经有机认证机构许可，矿物源农药在非生产季节使用；抓住关键病虫及其薄弱环节进行干预控制，优先采用农业防治，适当辅以生物防治和物理防治。

2. 保护利用天敌资源实现自然控制

茶树病虫种类繁多，但大多数不会造成经济危害，这主要是天敌作用的结果。茶园害虫天敌资源十分丰富，有寄生性、捕食性天敌和病原微生物等 1100 多种，是茶园生态系统中十分重要的病虫害自然制约因子。因此，保护天敌尤其是有机茶园中的天敌十分重要。应通过植树造林、种植防风林、行道树、遮阴树和绿肥等途径，保持茶园生态系统平衡和生物群落多样性，提供蜘蛛、捕食螨、草蛉、寄生蜂、蛙类、蜥蜴和鸟类等有益生物的栖息地和繁殖条件，使它们在进行耕作、修剪等人为干扰较大的农艺技术措施时，有个缓冲地带，减少人为因素的伤害，增强茶园生态调控病虫害的能力。

3. 利用农艺措施控制

选用抗病虫茶树品种并进行合理搭配种植，可以增加茶园群落的多样性。运用茶树适时剪采、合理土肥水管理等农艺技术，培育壮树，可以增强抗病虫能力，破坏病虫的适生环境条件，降低病虫基数，延缓或避免某一病虫大面积发生危害。如多数尺蠖（茶尺蠖、油桐尺蠖、云尺蠖）、部分刺蛾（茶刺蛾、扁刺蛾、褐刺蛾）、直翅目、象甲类等以土壤为产卵与栖息场所的害虫，可通过合理耕作与培土，能够破坏其繁育的环境条件，通过增加其与天敌的接触、暴晒、翻埋和机械杀伤总体控制；适时的茶叶采摘与修剪，可以直接去除小绿叶蝉、蚜虫、茶橙瘿螨、茶细蛾、毒蛾类、蚁类、黑刺粉虱、茶白星病等以嫩梢为取食对象或分布在茶丛中上部的病虫。

4. 利用物理或机械措施控制

有机茶园可以通过人工捕杀和诱杀等物理机械防治措施控制病虫害。对茶毛虫、茶尺蠖、茶蚕、蓑蛾类、卷叶蛾类和茶丽纹象甲等目标明显、群集性又强的害虫，可以采用人工捕杀或摘除等方法直接去除。也可以利用害虫的趋性（趋光性和趋化性）或害虫种群间的化学信息联系，进行灯光诱杀、色板诱杀、性诱杀和糖醋诱杀等。目前已开发的新型杀虫灯运用了光、波、色、味 4 种诱杀方式，选用能避开天敌，而对植食性害虫有极强诱杀力的光源、波长、波段来诱杀害虫。灯光诱杀以频振式杀虫灯和黑光灯效果较佳，一般每公顷挂 1 盏即可有效诱杀蝶蛾类等害虫。用黄色、蓝色等黏虫色板可诱杀蚜虫、粉虱、蓟马等害虫，每亩挂 20～25 块；用糖醋诱杀地老虎和白蚁等。

5. 利用生物农药控制

允许有条件地使用生物源农药（微生物源农药、植物源农药和动物源农药等），如应用苏云金杆菌、白僵菌、茶毛虫核型多角体病毒、韦伯虫座孢菌等微生物源农药防治茶尺蠖、茶丽纹象甲、茶毛虫、黑刺粉虱和椰圆蚧等茶园主要害虫。生物农药防治要在准确掌握病虫情报的基础上适时进行。植物源农药只在病虫害大量发生时使用，矿物油可防治螨类、粉虱、蓟马等多种害虫，石硫合剂和波尔多液只在一年茶季结束封园时喷施，不得在茶叶采收季节使用。波尔多液用后，茶叶产品中的铜含量不得超过 30mg/kg。

四、茶树修剪与茶叶采摘

1. 茶树修剪

茶树修剪有不同类型，依树龄、长势和修剪目的而异。幼龄茶树定型修剪在于培养丰产树冠，一般灌木型品种定剪 3 次、小乔木型品种定剪 4 次，每年 1 次，在春芽未萌发前的 2～3 月间进行。第 1 次定剪，在苗高 30cm 以上，离地 5cm 处主茎粗度大于 3cm，有 1～2 个分枝时进行，在离地 15～20cm 处水平剪去主枝；第 2、3 次定剪在原有基础上提高 15～20cm；第 4 次在离地 60～70cm 处剪成弧形。严禁以"采"代"剪"。投产茶园视具体情况采用轻修剪或深修剪。轻修剪在每年茶季结束后或春茶萌发前进行，修剪高度在上次剪口上提高 3～5cm，灌木型品种剪成弧形，小乔木型品种水平修剪。深修剪在树冠面上出现浓密而细弱的"鸡爪枝"时安排在春茶后或一年茶季结束后进行，修剪深度为 15～25cm，具体剪位以剪去树冠内的枯枝、结节枝和细弱枝为准。覆盖度大的茶园，须通过修剪，保持茶行间距离 20cm 左右，以利于田间作业和通风透光，减少病虫害发生。衰老茶树应进行重修剪或台刈。正常修剪枝叶应留在茶园内，病虫枝条和粗干枝清除出园时注意对寄生蜂等天敌的保护。

2. 茶叶采摘

茶叶采摘应遵循"采留结合、量质兼顾和因树制宜"原则，按标准适时留叶采摘。采下的鲜叶，要求完整、新鲜、匀净；盛装在清洁、通风的器具中（不得使用塑料袋）；采下的茶叶应加标签，注明其品种、产地、采摘时间及操作方式等，并及时运抵茶厂晾青。以上操作过程中，应注意轻放、轻压、薄摊、勤翻等，切忌紧压、日晒。采茶机使用无铅汽油，防止汽油污染茶园和鲜叶。

茶叶的采摘标准一般为：名优红绿茶每芽 1～2 张初展嫩叶，大宗红绿茶每芽 2～3 叶和幼嫩对夹叶；白茶视产品标准而异，白毫银针单芽制作，白牡丹每芽 2～3 叶。茶园面积大的，提倡"前期适当早，中期刚刚好，后期不粗老"的采摘原则。采摘留叶数量以"不露骨"为宜，一般春留二叶，夏留一叶，秋留鱼叶。

机械采摘可以明显提高采摘效率，降低采摘成本，一般用于茶园面积较大的茶场和大宗茶的生产。提倡在发芽整齐、生长势强、采摘面平整的茶园上推广应用。机采前应注意机采树冠培养和肥培等农艺管理。机采树冠高度控制在 60～80cm；灌木型品种树冠宜为弧形，小乔木型宜为水平型。

鲜叶盛具必须洁净、透气、无污染，不得紧压，应采用清洁、透风性能良好的竹编、藤编茶篮或篓筐，不得使用布袋、塑料袋等软包装材料，鲜叶盛装与运输过程中应注意轻放、轻压，以减少机械损伤，切忌紧压、日晒、雨淋，避免鲜叶升温变质，影响产品质量，避免鲜叶贮运污染。

五、茶叶加工、包装和贮藏

1. 加工环境及工艺技术

有机茶加工环境及工艺技术必须符合国家食品卫生法和食品加工标准。茶叶加工环境必须清洁，并远离有毒、有害物质及有异味的场所；加工车间应清洁卫生，水源充足，排水畅通，并通过 QS 认证；加工机械设备与器具为无污染的材料制造；加工人员必须身体健康，有良好的卫生习惯。

茶叶加工按照茶类加工工艺要求，依品种、采摘地块与时间的不同分别加工，确保加工产品的可溯源性。加工全过程实行不落地生产，只允许采用物理和自然发酵方法。加工用燃料须是清洁或可再生能源，尽量避免使用木材。

2. 包装的一般原则

（1）接触茶叶的包装材料必须符合食品卫生要求，所有包装材料必须不受杀菌剂、防腐剂、熏蒸剂、杀虫剂、除草剂等有毒有害物质和合成化学物的污染。

（2）包装材料的生产及包装物的存放必须遵循不污染环境的原则，对包装废弃物应及时清理、分类及进行无害化处理。

（3）尽量减少茶叶原有营养成分及色泽的损失，要求材料有防潮、隔氧和遮光功能。

（4）坚固耐用，便于贮存及运输，保质期较长，外观整洁美观，能刺激消费者感官享受，增加消费欲望。

（5）避免使用非必要的包装材料，避免过度包装。

3. 包装材料

有机茶产品的包装（含大小包装）材料必须是食品级的，主要材料有纸板、聚乙烯、铝箔复合膜、玻璃、牛皮纸、白板纸、马口铁茶听、铝罐、竹木容器、瓷罐等以及内衬纸及捆扎材料等。接触有机茶产品的包装材料应无任何异味，不得含有荧光染料等污染物。各种包装材料均应坚固、干燥、清洁、无机械损伤等。推荐使用充氮包装、无菌包装、真空包装，在产品包装上的印刷油墨或标签、封签中使用的黏着剂、印油、墨水等都必须是无毒的。

4. 包装方式

包装必须符合牢固、整洁、防潮、美观的要求，包装方式有箱包装、袋包装和小包装等。箱包装和袋包装主要用于大批量交货包装，有胶合板箱、木板箱和牛皮纸箱等，箱外必须套麻袋等外包，茶箱内壁用 60g 和 40g 的牛皮纸，中间衬 0.016mm 厚的铝箔进行裱糊以起到防潮作用。用麻袋作外包装，内衬的聚乙烯薄膜厚度不应小于 70μm；袋的尺寸一定要内袋（塑料袋）略大于外套袋，这样，内袋不易破裂。小包装主要用于产品销售，多以罐包装、软包装形式接触茶叶，通常以多层礼品包装的形式出现。

5. 贮藏

（1）卫生要求　严格禁止有机茶与化学合成物质及其他有毒、有害、有异味、易污染的物品接触，保持仓库的清洁卫生，搞好防鼠、防虫、防霉工作，贮库内禁止吸烟和吐痰，严禁使用化学合成的杀虫剂、防鼠剂及防霉剂。

（2）专用仓库　有机茶与常规产品必须分开贮藏，有条件的，设有机茶专用仓库，仓库应清洁、防潮、避光和无异味，并保持通风干燥，周围环境要清洁卫生，并远离污染源。

（3）防霉菌　贮藏有机茶必须保持干燥，茶叶含水量必须符合要求，仓库内配备除湿机或其他除湿材料。用生石灰及其他防潮材料进行防潮除湿时，要避免茶叶与生石灰等防潮除湿材料接触，并定期更换。

（4）贮藏方式　提倡对有机茶进行低温、充氮或真空保存。

（5）记录　入库的有机茶标志和批号系统要清楚、醒目、持久，严禁受到污染、变质以及标签、唛号与货物不一致的茶叶进入仓库。不同批号、日期的产品应分别存放，建立严格的仓库管理档案，详细记载出入仓库的有机茶批号、数量和时间以及位置等。

第三节　有机番茄生产技术

一、基地环境和轮作要求

1. 土壤

除了有机基地一般的环境质量要求外，有机番茄生产基地还要求土壤疏松，深厚，透气性好，有机质含量高。番茄比较耐盐碱，对土壤 pH 值要求不严，理想的土壤 pH 值为 5.5～7.0。土壤中过高的镁和钾可导致番茄脐腐病发生。

2. 温湿度和光照

基地理想的土壤温度为：出芽期 23～25℃，出芽后至放入育苗箱前 20～22℃，放入育苗箱后至长成可定植幼苗期 18～20℃，25℃以上应通风，定植后第 1 周 18～20℃，23～25℃以上通风。开花授粉期理想的温度为 23℃左右，空气相对湿度为 60%～80%。番茄生长期要求有充足的光温条件，光照和温度不足可导致生长障碍。

3. 轮作

宜采用包括豆科作物或绿肥在内的至少 3 种作物进行轮作。番茄的前茬最好避免安排茄科作物，以防土传病虫害加重。茄科外的所有蔬菜（如生菜、芥蓝和四季萝卜等）均可作其前茬，露天种植的理想前茬是谷物和块根作物，后茬作物以冬小麦或豆科为佳。大棚生产后茬可种生菜。

二、育苗和定植

1.种子要求

最好使用有机的种子和种苗，在无法获得经认证的有机种子和种苗的情况下，可使用未经禁用物质处理的常规种子。应选择适应当地土壤和气候特点且对主要病虫害抗性强的品种，不应使用包衣和转基因种子。种子质量要求见表3-1。

表3-1　番茄种子质量要求　　　　　　　　　　　　　　　单位：%

类别	纯度	净度	发芽率	水分含量
常规种	≥95	≥98	≥85	≤7
亲本	≥99	≥98	≥85	≤7
杂交种	≥96	≥98	≥85	≤7

2.育苗

由于季节不同，番茄育苗期变化很大。冬春育苗依育苗实施条件不同，60～100d可达第1花序带花蕾的苗；夏季育苗不必带蕾定植，一般20d左右小苗易成活。在第1花序带花蕾移栽幼苗时，注意剔除子叶受损或种壳未脱落的幼苗。

（1）浸种　可采用温汤、硫酸铜溶液或高锰酸钾溶液浸种。温汤浸种是将种子放入50～55℃的水中，搅拌20min后捞出，再在30℃左右的水中保温浸种6～8h。硫酸铜溶液浸种是先用0.1%硫酸铜溶液浸种5min，捞出种子，用清水冲洗3次后，再在30℃左右的水中保温浸种6～8h。高锰酸钾溶液浸种是先将种子在40℃左右的水中浸泡3～4h，捞出后在0.1%～0.2%的高锰酸钾溶液中浸泡10～15min，再捞出用清水冲洗3次，最后在30℃左右的水中保温浸种3～4h。

（2）催芽　浸种后捞出的种子沥水后置于25～30℃的条件下保湿催芽，当70%以上种子破嘴露白时即可播种。

（3）播种　播种前苗床浇水至10cm土壤湿润，先撒一薄层营养土，均匀播种后再覆一层1cm左右营养土，苗床播种量5～10g/m²。冬春播苗床面上宜覆盖地膜，夏秋播种宜覆盖遮阳网。

（4）苗期管理　主要是光温和肥水管理，30℃高温和日照强烈时应用遮阳网等适当遮阳降温，温度低于15℃时采取适当的保温措施。至2叶1心时分苗于育苗容器中，分苗时浇足分苗水，以后根据墒情适时浇水。3～4叶期可结合苗情追施提苗肥，并加大苗距。

（5）壮苗指标　冬春苗7～8片真叶，株高16～20cm，茎粗0.6cm以上，现大蕾，叶色浓绿，健康无病虫。夏秋苗3～4片叶，株高15cm左右，茎粗0.4cm左右。

3. 定植

如土壤有连作障碍问题，定植前宜参照第二部分的"六、连作障碍土壤改良技术"先对土壤进行改良处理。结合深翻整地施入有机肥，耙细整平起垄。采用双行定植的，垄宽 70cm 左右，垄距 40～50cm，垄高 15～20cm，整好垄后覆盖地膜。定植株距 30～40cm，每亩 2500～3000 株。

三、定植后管理

1. 温湿光管理

大棚和温室栽培冬春应做好保温，温度回升后避免升温过快，超过 28℃时及时通风。通过地膜覆盖、滴灌、暗灌、通风排湿、温度调控等措施调控设施内空气相对湿度。采用无滴膜覆盖，要经常清洁薄膜，提高透明度。

2. 灌溉

宜采用膜下滴灌或暗灌。定植后及时浇水，3～5d 内注意浇缓苗水，坐果之前不宜浇水过多。土壤相对湿度冬春季节最好保持在 60%～70%，夏秋季节保持在 75%～85%。

3. 施肥

根据土壤肥力水平、生育期、生长状况和目标产量确定施肥量。通常每生产 1000kg 番茄需从土壤中吸取 3.18kg 氮、0.74kg 磷和 4.83kg 钾。施肥方式包括基肥、追肥和叶面肥，宜重施基肥，肥料种类应符合 GB/T 19630 的规定（参见本书第二章）。追肥宜根据生长期长短和对营养需求的变化确定，一般施肥量应控制在总量的 15%～20%，可选用腐熟的农家肥、沼液、氨基酸类和腐植酸类冲施肥等撒施、沟施或穴施。叶面肥可作为一种补充，一般施肥量不超过总量的 10%，可选用氨基酸类和腐植酸类叶面肥及微量元素肥料等。

4. 植株调整

宜采用尼龙绳吊蔓，单干整枝，及时打老叶，留足结果枝后及时打顶。当最上面目标花序现蕾时，留 2 片叶摘心，保留其上的侧枝。第一穗果绿熟期后及时摘除枯黄有病斑的叶子和老叶，并清理出去做无害化处理。

5. 授粉疏果

可采取人工授粉、蜜蜂或熊蜂授粉、机械振动授粉，不应使用植物生长调节剂处理。坐果后根据坐果量应适当疏果（小番茄除外），大果型品种每结果枝选留 3～4 果，中果型品种每结果枝选留 4～6 果。

四、病虫害防治

坚持"预防为主，防治结合"原则，可通过选用抗病品种、轮作、多样化间作套种、高温消毒、培育壮苗、深沟高畦、控温控湿、肥水管理、保护天敌、色板诱杀、清洁田园等农业和物理措施，综合防治病虫草害。

1. 番茄病毒病

主要防治措施有：

（1）选用抗病、耐病、丰产品种　如中蔬 4 号、中蔬 5 号、中蔬 6 号和佳粉 10 号等。

（2）种子消毒　播种前用清水浸种 3h，捞出沥干；再用肥皂水搓洗，捞出沥干后用 0.1%～0.2% 高锰酸钾液浸种 10～15min；再用清水浸泡冲洗后催芽播种。

（3）健康栽培　加强肥水管理，增强植株抗病力。

（4）及时防治传毒媒介　对蚜虫等传毒媒介昆虫的发生进行监测，并及时进行防治。

（5）弱毒株防疫　分别用弱毒株 N_{14} 和卫星病毒 S_{52} 防治烟草花叶病毒和黄瓜花叶病毒。具体做法是将 N_{14} 与 S_{52} 稀释 100 倍，加少量金刚砂，用压力 2～3kgf/m^2（1kgf=9.80665N）的喷枪喷雾。

2. 番茄早疫病

主要防治措施有：

（1）选用抗病品种，如强丰等。

（2）与非茄科蔬菜实行 3 年以上轮作。

（3）进行连作障碍土壤改良（方法见第二部分）。

（4）发病中心病株立即喷洒96%硫酸铜1000倍液，或 1∶1∶200 的波尔多液，或 0.1% 高锰酸钾加 0.3% 木醋液。

3. 番茄叶霉病

主要防治措施有：

（1）选用抗病品种，如双抗 2 号粉红系番茄品种。

（2）实行 3 年以上轮作。

（3）选无病株留种，播种前进行种子消毒。

（4）播种移栽前对设施和土壤进行消毒，发病初期摘除病叶和老叶，带出园地外处理。

（5）培育壮苗，合理密植，加强肥水管理；设施栽培可利用晴天中午前后闭棚，使棚内温度保持在 32～35℃，抑制发病，傍晚开棚排湿，并使棚温保持在 10～20℃，实现生态控温防病。

（6）喷洒 1∶1∶200 的波尔多液，或 0.1% 高锰酸钾加 0.3% 木醋液，或 47% 春雷·王铜可湿性粉剂 600～800 倍液。

4. 番茄灰霉病

主要防治措施有：

（1）实行轮作，并避免与生菜、芹菜、草莓等容易发生灰霉病的作物接茬。

（2）采用深沟高畦，畦面做成鱼背形，确保畦面不积水。

（3）合理密植，加强肥水管理，避免大水漫灌，发病初期适当控制浇水，严防浇水过量。

（4）设施栽培在番茄发病初期早上开棚通风，结束后关闭保温，使棚内温度保持在 30～35℃，抑制发病，下午棚温下降到 25℃左右时，开棚排湿降温，并使棚温保持在 10～18℃，实现生态控温防病。

（5）发病后及时摘除病果、病叶和侧枝，销毁或深埋。

（6）喷施 1：1：200 的波尔多液或 200～300 倍矿物油。

5. 蚜虫

主要防治措施有：

（1）生物防治　可用于蚜虫防治的天敌有多种，如食蚜瘿蚊、异色瓢虫、食蚜蝇和蚜茧蜂等。食蚜瘿蚊是蚜虫的专一捕食性天敌，属于双翅目瘿蚊科，它具有捕蚜种类多，捕食能力强，易于繁殖饲养等特点，适用于温室、大棚等较封闭环境，通过人工释放来控制蚜虫为害。食蚜瘿蚊的成虫似蚊子，幼虫形如蛆状，其幼虫捕食蚜虫，每只食蚜瘿蚊的幼虫平均可杀死 40～50 头蚜虫。在棚室内初见蚜虫时即可开始释放食蚜瘿蚊，每公顷每次分 50～100 个点释放 5000～10000 头，每 7～10d 释放 1 次，连续释放 4～5 次。食蚜瘿蚊有两种释放方法：一种是将混合在蛭石中的食蚜瘿蚊蛹分放在大棚中；另一种是用盆栽小麦，将带有麦蚜和食蚜瘿蚊幼虫的麦苗均匀放置在大棚中。前者适用于已见到蚜虫的温室，后者适用于尚未发现蚜虫为害的温室。秋季定植棚如果生长期持续到来年春天，一般在 3 月中下旬到 4 月上旬在气温回暖时再补充释放食蚜瘿蚊 2～3 次。

（2）物理防治　用得比较多的有黄板诱杀和银灰色薄膜驱避。黄板诱杀是利用有翅蚜有趋黄的特性，在有翅蚜迁飞期于田间设置黄色黏虫板，每 20～30m² 1 张。银灰色薄膜驱避是在苗床上方每隔 0.6～1m 拉一条 3～6cm 宽的银灰色薄膜，或在田间四周围银灰色遮阳网，地面铺设银灰色地膜或每隔 1～2m 拉一条 17～20cm 宽的银灰色薄膜条，可明显减少蚜虫发生量。

（3）药剂防治　可选用苦参碱等植物源农药或矿物油等矿物源农药防治。

6. 烟青虫和棉铃虫

主要防治措施有：

（1）冬季深耕土壤，破坏土中蛹室，杀灭越冬蛹。

（2）在成虫发生高峰期用相应害虫的性诱剂诱杀。

（3）释放赤眼蜂等害虫天敌。

（4）幼虫危害时喷洒苏云金杆菌制剂稀释液。

7. 粉虱

主要防治措施有：

（1）培育无虫种苗，防止粉虱随苗带入温室，同时消灭前茬和温室周围虫源。可在移苗前喷洒苦参碱等植物农药或矿物油等矿物源农药。

（2）用黄板诱杀粉虱成虫，每间隔 4～5m 悬挂黄板 1 块，黄板朝向以东西向为宜。

（3）释放丽蚜小蜂控制粉虱为害。丽蚜小蜂产卵于粉虱若虫体内，幼虫在若虫体内营寄生生活，被寄生的粉虱在 9～10d 后变黑，继而若虫死亡。每只丽蚜小蜂平均可寄生 120 多只粉虱若虫。粉虱成虫数量达 1～3 头 / 株时，按粉虱成虫与寄生蜂 1∶（2～4）的比例，每隔 7～10d 释放丽蚜小蜂 1 次，共放蜂 3 次左右，能有效控制为害。

（4）主要发生期，可喷洒苦参碱等植物农药或矿物油等矿物源农药防治。

8.螨类

危害番茄的螨类害虫有茶黄螨、番茄刺皮瘿螨、朱砂叶螨、截形叶螨和二斑叶螨等。主要防治措施有：

（1）前茬作物收获后，及时清除残株落叶，集中进行无害化处理；深翻土壤，并灌水沤泡 10～20d。

（2）螨类发生量开始明显上升时释放捕食螨进行生物防治。

（3）出现危害时喷洒矿物油等矿物源和植物源农药。

第四节　有机苹果生产技术

一、基地和品种的选择

1.基地选择

在水土气等环境介质的质量指标符合有机生产要求的前提下，有机苹果生产基地还应考虑如下因素：

（1）土壤　有机苹果生产基地应土壤深厚，排水良好，微酸性到微碱性，土壤有机质含量要达到 1.5% 以上，而且通气、保水、保肥能力强。要远离工矿企业、垃圾场和主干公路等污染源。

（2）温度　苹果树要求冬无严寒，夏无酷暑。适宜的温度范围是年平均气温 9～14℃，≥ 10℃年积温 5000℃左右，生长季节（4～10 月）平均气温 12～18℃，夏季（6～8 月）平均气温在 18～24 ℃，冬季需 7.2℃以下低温 1200～1500h，才能顺利通过自然休眠，但 1 月份平均气温不低于 −10℃。

（3）降雨和灌溉条件　4～9 月降水量在 450mm 以上且比较均衡的地区，一般能基本满足苹果树对水分的需求。否则，在建园选地时，必须考虑到有适当的灌溉条件和保墒措施。另外，还需要考虑到雨季有良好的排水条件。

2.品种选择

根据当地的气候条件，要选择抗寒、抗旱、抗病、抗虫、优质的新品种，如晚熟品种红富士、福岛短、华红、寒富、岳阳红，中熟品种新乔纳金、新嘎拉、珊夏、美八，早熟品种绿帅、藤牧一等，做到适地适栽，苹果品种及其砧木应为非转基因品种。

二、土肥水管理

1. 土壤管理

果园土壤采用生物和物理方法调控，行间可种植红三叶、白三叶、苜蓿、黑麦草、早熟禾、高羊茅、聚合草、黄豆、黑豆等牧草和绿肥作物，当草生长到30cm左右时留2～5cm刈割，割下的草直接覆盖在树盘上或适时翻压，保护土壤结构和微生物环境，减少水土流失。也可以充分利用野生杂草资源，实行行间自然生草，二次刈割树盘覆盖，或结合深翻扩穴压青。割草时，要保留周边至少1m宽不割，给害虫天敌保留一定的生活空间，起到保护天敌，增加生物多样性的作用。

2. 施肥

根据苹果树的营养特点及需肥规律，进行树体营养诊断和量化施肥。通常可于5月下旬前后每亩施入生物有机肥200～400kg，8月下旬至9月上旬每亩施入腐熟的农家肥（如堆肥、厩肥、棉籽粉、畜禽粪尿、作物秸秆、饼肥、草木灰等）4～5t。萌芽期、幼果期和果实迅速膨大期等可叶面喷施或树盘浇灌追施沼渣沼液、腐熟粪尿、微生物（包括乳酸菌、酵母菌、光合细菌、放线菌等）发酵粪肥等可溶性的有机肥料，并可采用肥水配施的方法提高肥料利用率。

3. 水分管理

根据树体需水特点，通过灌水和排水保证及时供给树体所需水分，特别在盛花后2周内应保证供给树体所需水分，促进果实细胞分裂，提高果形指数。花芽分化临界期60cm以上土层土壤持水量宜保持在55%～60%，生长季其他时期保持在60%～80%。一般果园土壤含水量以控制在田间持水量的60%左右为宜。通常在萌芽前、春梢快速生长期、果实膨大期、采果后和封冻前可采用喷灌、滴灌、渗灌、沟灌、小管出流等节水灌溉方法各浇灌一次水。另外，雨季也应及时做好排水。

三、整形修剪

矮化幼树采用改良式主干形，垂帘式整枝的方法，树高控制在3～5m，主枝10～15个，主干与主枝保持1：0.3的粗度比，培养中型下垂结果枝组，并采用冬夏剪相结合的方法。乔砧幼树采用改良式纺锤形，垂帘式整枝的方法，树高控制在3～3.2m，主枝8～12个，主干与主枝保持1：0.5的粗度比，疏去主枝背上的直立枝，培养中型下垂结果枝组，并采用冬夏剪相结合的方法。密度每亩45～55株的乔砧结果树采用提干、降高、缩裙、减量、疏密、垂帘的树体改造方法，在4～5年内改造成四主枝"X"开心形。主干在原来0.6m的基础上提高0.8m，第

1 主枝距地面 1.4m，第 2 主枝距地面 2m，树高由原来的 5～6m 降至 3～3.5m。外围主枝影响行间光照的，要从枝的 3 年生弱芽部位回缩，主枝数量由原来的 6～7 个减少为 4 个，枝量由原来的每平方米 150～165 个减少到 120～135 个。疏除主枝背上的大中型立组，留斜生、平伸及下垂结果枝组，大型结果枝组距离要求 50cm 左右，结果后枝组形成垂帘状，达到立体结果。树体改造时，要配合夏季修剪及时拉枝，疏除直立枝，对较旺的枝进行环割或环剥。全树长、中、短枝比例控制在 2∶3∶5。

四、花果管理

1. 放蜂授粉

在开花前 3～5d 开始放蜂，每隔 50～60m 在果园行间放置一箱壁蜂或蜜蜂，果树落花后可撤离蜂箱。放蜂前避免在授粉果园内及邻近地块喷洒农药。花期遇不良天气影响蜂授粉时应进行人工授粉。

2. 疏花疏果

根据树体生长发育状况，合理确定树体负载量。采用疏边花、定中心果，充分利用中、长果枝及下垂枝结果，疏除病虫果、畸形果及花萼向上的果实，在落花后 20d 内疏完。寒富苹果的枝果比为（6～7）∶1，留果距离 30～35cm。初果期树产量控制在每亩 1000～1800kg，盛果期树产量控制在每亩 1800～2800kg。

3. 果实套袋

果实着色是果品商品性的重要标志，果实套袋是解决这一技术的关键。套袋选用国产无铅环保型双层纸袋。套袋时间在花后 20～40d（6 月中下旬前后），套袋时，袋口要扎紧，果实在袋内悬空，袋底放水口张开。果实采收前 20～30d 在光线较弱时除去外层袋，2～3d 后再去内层袋。果实采收前 10d 摘除遮光叶片，并进行转果。按树冠大小冠下铺反光膜，促进果实着色。

五、病虫害综合防治

应从苹果园的整个生态系统出发，综合运用各种防控措施，创造不利于病虫害发生和有利于天敌繁衍的环境条件，保持果园生态系统的平衡和生物多样化，将病虫数量控制到经济危害允许阈值以下。

1. 农业防治

（1）选用对主要病虫害抗性强的苹果品种；设置合理的栽植密度，保持树冠良好的通风透光条件，降低树冠层湿度。

（2）封冻前深翻树盘土壤，结合灌水，破坏土壤中越冬害虫的生存环境，消灭在土壤中越冬的害虫等。

（3）在春季新芽萌发之前刮除粗老翘皮、病瘤，并涂抹 5～10°Bé 石硫合剂；剪除病虫枝、枯枝，清除果园中的杂草、落叶、残枝、僵果，集中用于堆制有机肥。

（4）8月中下旬在树干或大枝上绑长15～30cm、厚3cm左右的草把，诱集卷叶蛾、叶蝉、红蜘蛛、食心虫等害虫越冬，落叶后解下草把，带出果园烧毁。

（5）幼果及时套袋，预防轮纹病、炭疽病、桃小食心虫、苹小卷叶蛾危害。

2. 物理防治

（1）果园内安装频振式杀虫灯，灯座位置略低于树高，诱杀桃小食心虫、金纹细蛾、苹小卷叶蛾、刺蛾、舟形毛虫、棉铃虫等害虫。

（2）使用诱蝇器诱杀蝇类等虫害。

（3）在树干上涂抹宽度适宜的黏虫胶环、果园悬挂黄色黏虫板，可有效预防美国白蛾、绿盲蝽蟓、蚜虫、红蜘蛛、粉蚧、粉虱、蝇类等虫害。

（4）幼果及时套袋，预防轮纹病、炭疽病、桃小食心虫、苹小卷叶蛾危害。

3. 生物防治

（1）通过果园种草改善果园生态环境，引移、保护和利用小花蝽、瓢虫、草青蛉、捕食性蓟马等天敌，达到以虫治虫，保持生态平衡。

（2）冬季种植越冬作物，园内堆草或挖坑堆草等，为蜘蛛、小花蝽、食螨瓢虫等天敌提供良好的栖息环境，增加越冬量。

（3）人工释放赤眼蜂、西方盲走螨、虚伪植绥螨、瓢虫、草蛉等天敌，防治害螨类、蚜虫类、梨小食心虫等害虫。

（4）采用树冠悬挂糖醋液碗、配合性诱芯的方法诱杀害虫。糖醋液的糖、酒、醋和水的配比为1：1：4：20，每亩悬挂6个糖醋液碗（罐）。同时，根据果园害虫发生的主要种类选用桃小食心虫、金纹细蛾或苹小卷叶蛾性诱芯，悬挂在碗上方5cm处。

（5）将真菌 *Athelia bombacina* 和 *Chaetomium globosum* 喷施于感染黑星病的苹果叶片上，能够有效地抑制苹果黑星病病原菌子囊孢子的产生。

4. 生物农药防治

（1）利用苏云金杆菌和白僵菌防治鳞翅目害虫、天牛、螨类和蚜虫等。

（2）用轮枝菌、木霉菌等真菌及其提取物等防治斑点落叶病、轮纹病、炭疽病等病害。

（3）用鱼藤酮、除虫菊、苦参碱等防治蚜虫、螨类等害虫。

（4）可利用烟草浸出液、苦皮藤抽提液、辣椒水、草木灰浸出液、黄蒿浸出液、断肠草浸煮液、蓖麻（籽、叶、茎、粉等）防治各种害虫。

（5）用雷公藤、大黄、连翘、板蓝根、银杏叶浸出液和大蒜汁等防治各种病害。

5. 矿物源农药防治

（1）苹果树发芽前全树喷布石硫合剂，清除树体及园内的病菌和虫螨类。

（2）6～8月喷布倍量式波尔多液（或其他铜制剂）1～2次，防治早期落叶病、炭疽病及轮纹病、烂果病等。

（3）用矿物油防治螨类、蚧类、粉虱、蛾类（卵）等。

六、果实采后处理

1. 适时采收

根据品种特性、当地气候特点、果实用途和运输条件等确定适宜采收期，一般宜在果面 90% 以上着色时。成熟期不一致的品种，应分期采收。注意避免盛果容器对果实的污染。采果时宜戴白色手套，剪除果柄，轻拿轻放，先外后内，先下后上；采收过程中避免一切机械损伤，保证果实完好。

2. 采后商品化处理

果实采后经过人工挑选或机械分级，即进行恒温预冷处理，并采用单果网套托盘式包装后进行气调贮藏。贮藏条件为温度 0℃左右，相对湿度 90%～95%，CO_2 5%～8%，O_2 3%～5%。贮藏后的果品采用冷链运输。

第五节　有机猕猴桃生产技术

一、建园

1. 园地选择

园地应远离城区、工矿区、交通主干线、工业污染源、生活垃圾场等。气候条件为年平均气温 13～18℃，无霜期 210～290d，地形开阔，阳光充足，通风良好，水源可靠，能排能灌。土壤种类以轻壤土、中壤土、砂壤土为好，重壤土建园时应进行土壤改良。土壤肥沃，pH 5.5～7.5 之间，地下水位在 1m 以下。

2. 园地规划

规划设计内容包括防护林、道路、排灌设施、作业区、品种配置、房屋及附属设施。采用平行生产的果园，应设置缓冲区或隔离带以及专用的排灌设施。在有机生产区域周边设置天敌栖息地，提供天敌活动、产卵和寄居的场所，提高生物多样性和自然控制能力。选择对主要病害抗性强、果实品质优、商品性好的猕猴桃品种，选用抗病力强的砧木品种。雌株和雄株的配置比例为（5～8）：1，可设置专用雄株地块种植雄株系，以便采粉。

3. 棚架搭建

架式可因地制宜采用"T"形架或大棚架。使用"T"形架时，沿行向每隔5～6m 栽入立柱，边立柱为 12cm×12cm 正方形水泥柱，内设 4 根 8mm 螺纹钢或 6 根 4mm 冷轧丝，中间立柱为（8～9cm）×（8～9cm）正方形水泥柱，内含 4 根 4mm 冷轧丝；边立柱长 2.8m，中间立柱长 2.6m，地上部分长 2.0～2.2m，其余长度埋于土下。横梁长 2m，可为 4cm×4cm 的角钢或内含 4 根 4mm 冷轧丝的 6cm×12cm 长方形水泥柱，横梁上顺行架设 5 道直径 3mm 左右的防锈钢丝，每行末端立柱外 2m 左右处埋设一地锚拉线，地锚为 12cm×12cm 的方形水泥柱，长 50cm 左右，埋置深度 1m 以上。使用大棚架时，沿行向在两行之间每隔 5～6m 栽入立柱，顺横行在立柱顶端 5cm 处设一个 8mm 的圆孔，孔内设一道 6mm 直径防锈钢丝，在每行外围 6mm 防锈钢丝上每隔 30～40cm 呈直角固定一根直径 3mm 左右的防锈钢丝，大棚架面四周拉地锚线固定。立柱和地锚的规格与质量要求同"T"形架。

4. 定植

秋季栽植从落叶后至地冻前进行，春季栽植在解冻后至芽萌动前进行。使用 "T"形架株距 2.5～3m，行距 3.5～4m；使用大棚架时株距 3～4m，行距 4m。按照规划测出定植点，开挖 60～80cm 深的定植穴。每穴施入腐熟的农家肥或市购的有机肥 40～50kg，与土壤充分混合，回填踏实，放苗栽植。苗木在穴内的放置深度以穴内土壤充分下沉后，根颈部与地面持平或略高于地面 3～5cm，栽植后灌一次透水。新植苗选留 2～4 个饱满芽剪截定干；发芽后，每株留 1 个生长势强的新梢作主干，抹除其余芽及基部萌芽，及时立支杆，绑缚主蔓；猕猴桃苗适当遮阴，防止日灼；视旱情及时浇水，抽梢 10cm 左右时，结合抗旱，施一次稀粪水。

二、土肥水管理

1. 园土改良

新建园每年结合秋季施基肥深翻，第 1 年从定植穴外沿向外挖环状沟，宽度 30～40cm，深度 40cm，第 2 年接着上年深翻的边沿向外扩展深翻，全园深翻 1 遍。行间种植白三叶草、苕子绿肥，种草时给植株留出宽 1.5m 以上的营养带。每年刈割 2～3 次，4～5 年翻压 1 次，白三叶草花期与猕猴桃相同时，在猕猴桃开花前轻度刈割。

2. 施肥

应施用符合《有机产品生产、加工、标识与管理体系要求》（GB/T 19630—2019）的土壤培肥物质，如生物有机肥、腐熟后的农家肥、厩肥、沼气渣液肥等。在秋季一次性施入总施肥量 80% 左右的基肥，第 2 年萌芽前第一次追肥，用量占总施肥量的 15% 左右，果实膨大期第二次追肥，用量占总施肥量的 5% 左右，但最后一次追肥应在采收期 70d 前进行。施基肥时，幼龄园结合深翻改土挖环状沟施入，沟宽 30～40cm，深度 40cm，逐年向外扩展，全垦深翻 1 遍后改用撒施，将肥料均匀地撒于树冠下，浅翻 10～15cm。施追肥时幼龄园在树冠投影范围内撒施，树冠封行后全园撒施，浅翻 10～15cm。每亩施 1000～2000kg。施基肥和追肥后宜适当灌水。

3. 灌排水

土壤湿度保持在田间最大持水量的 70%～80% 为宜，低于 65% 时应灌水，清晨叶片上不显潮湿时应灌水。根据园地条件可采用沟灌、地面滴灌、微喷灌，高温期可叶面喷灌。雨季园地积水应及时排干。

三、植株管理

1. 整形

苗木定植后，从嫁接口以上留 3～5 个饱满芽剪截定干，从新梢中选一生长强壮的梢作为主干培养，采用单主干上架，在主干上接近架面 10～20cm 的部位处摘心，促发 2 次梢，留 2 个生长健壮枝，其余枝条抹掉，分别沿中心铁丝两侧伸展，培养成为永久的主蔓，主蔓长至 1.5m 左右时摘心促发 3 次梢，主蔓的两侧每隔 20～30cm 留一结果母枝，结果母枝与行向呈直角固定在架面上，在冬季去掉固定物。也可选留 2~3 个新梢作主蔓，种植密度稀的棚架可选 3~4 枝新梢作主蔓，主蔓则均匀分布到 3~4 个方向。

2. 修剪

（1）冬季修剪于落叶后至伤流期之前进行：

① 结果母枝选留。优先选留生长强壮的发育枝和结果枝，其次选留生长中庸的枝条，在缺乏枝条时可适量选留短枝填空；留结果母枝时尽量选用距主蔓较近的枝条，选留的枝条根据生长状况修剪到饱满芽处。

② 更新修剪。结果母枝按 2～3 年一个周期分年予以更新。尽量选留从原结果母枝基部发出或直接着生在主蔓上的枝条作更新枝，将前一年的结果母枝回缩到更新枝位附近或完全疏除掉。每年应至少对全树三分之一以上的结果母枝进行更新。

③ 培养预备枝。未留作结果母枝的枝条，如果着生位置靠近主蔓，剪留 2～3 芽为下年培养更新枝，其他枝条全部疏除。

④ 留芽数量。根据不同品种、不同产量指标确定留芽量，如金魁品种的有效芽数 40～50 个 /m²，海沃德的有效芽数 35～40 个 /m²，每枝上留 10 个左右的有效芽，保证发出 4 个左右的结果枝。所留的结果母枝均匀地分散开，并固定在架面上。

⑤ 雄株修剪。冬季修剪宜轻，以疏除过密枝和病虫枝为主，对过弱枝留 1～2 芽短剪。

（2）夏季修剪宜在 4～8 月适时进行：

① 抹芽。从萌芽期开始抹除着生位置不当的芽。一般主干上萌发的潜伏芽均应疏除，着生在主蔓上可培养作为下年更新枝的芽应根据需要保留。

② 疏枝。当新梢上花序开始出现后及时疏除细弱枝、过密枝、病虫枝、双芽枝及不能用作下年更新枝的徒长枝等。结果母枝上每隔 15～20cm 保留一个正常结果枝，共 3～4 个。

③ 绑蔓。新梢长到 30～40cm 时开始绑蔓，采取 "∞" 扣绑缚，松紧度为该枝 2 倍粗度即可，使新梢在架面上分布均匀，每隔 2～3 周全园检查，绑缚一遍。

④ 摘心。开花前对强旺的结果枝、发育枝一般保留 10～13 叶轻摘心，摘心后如果发出二次芽，在顶端只保留一个芽，其余全部抹除，对开始缠绕的枝条全部摘心。

⑤ 雄株修剪。夏剪以回缩修剪为主，在开花授粉完后进行，回缩疏除部分开花母枝，对方向好、有空间的枝条，离主枝 2～3 芽处短截，培养新的结果枝，当新梢长到 10～12 片叶时及时摘心。

3. 疏蕾

侧花蕾分离后 2 周左右开始疏蕾，根据结果枝的强弱保留花蕾数量，强壮的长果枝留 5～6 个花蕾，中庸的结果枝留 3～4 个花蕾，短果枝留 1～2 个花蕾。

4. 授粉

授粉一般以自然方式为主，可结合放蜂授粉、人工授粉和机械授粉等方式来提高授粉质量。蜜蜂授粉宜在全园有 10%～20% 的花开放时放蜂，每公顷果园放置蜜蜂 5～8 箱，每箱中有不少于 3 万只活力旺盛的蜜蜂。人工授粉应采集当天刚开放、正在散粉的雄花，用雄花的雄蕊在雌花柱头上涂抹，每朵雄花可授 7～8 朵雌花；也可采摘将要开放的雄花，采集花药在 25～28℃ 下干燥 11～15h，将散出的花粉贮于低温干燥处备用，在开花期的上午用毛笔或橡皮头蘸花粉在刚开放的雌花柱头上涂抹；还可将花粉用滑石粉稀释 20～40 倍用电动喷粉器对雌花喷粉。此外，在花期喷 3%～5% 的蔗糖水和 0.15% 硼砂、0.2% 磷酸二氢钾溶液，吸引昆虫授粉，也可提高坐果率。

5. 疏果

宜在谢花后 10～30d 内分期分批疏去畸形果、扁平果、伤果、小果、病虫果等，保留果梗粗壮、发育良好的正常果。可按照叶果比（4∶1）～（6∶1）留果，一般长果枝留 4～5 个果，中庸枝留 2～3 个果，短果枝留 1 个果。同时注意控制全树的留果量，保留的果实比计划产量多 10% 左右即可，一般成龄园每平方米架面留果 40 个左右。

6. 果实套袋

疏果后及时选晴天进行果实套袋，提倡使用专用袋，一般为单层黄色纸袋，规格为 165cm×115cm，袋底两角有透气孔和漏水孔，袋口一侧有自拴带铁丝。套袋时先将纸袋口浸湿 1/3 处，再将纸袋吹开，将幼果放入纸袋，果柄对准纸袋缺口处，将缺口交叉折叠严实，将封口铁丝缠捏在折叠口的纸上，不伤果柄果实。设施栽培可不套袋。

四、病虫害防治

坚持"预防为主，防治结合"原则，根据当地主要病虫害的发生特点和果园环境条件，以果园生态建设为基础，综合运用农业、物理、生物等防治措施，必要时使用有机植物生产允许使用的生物源和矿物源农药。

1. 果园生态建设

建园时应规划建立防护林网和天敌栖息地，从外地调入苗木应经过严格检疫，园地内间作牧草或绿肥，形成有利于害虫天敌繁衍和不利于病虫草害发生的环境条件。

2. 农业防治

选用对当地主要病害抗性强的优良品种和砧木，采用无检疫性病虫害的健壮苗木；通过水肥管理和整形修剪等栽培措施，增强树势，提高树体抗逆能力，营造不利于病虫孳生蔓延的园内小气候；采取剪除病虫枝，清除枯枝落叶，刮除树干裂皮，深翻树盘等措施，减少病虫侵染源，抑制病虫害发生。每年9月中旬后在主干茎部离地面30cm处绑草或瓦楞纸，引诱树上害虫到草或瓦楞纸中越冬，冬季清园时，将草和瓦楞纸深埋或者集中销毁。

3. 物理防治

根据害虫生物学特性，在园内设置诱虫灯和黏虫板等方法诱杀害虫，采用机械除草，辅之以人工除草和人工捕捉害虫。利用金龟子等害虫的假死特性，于傍晚或早上进行人工捕杀。

4. 生物防治

采取人工迁移和饲育，或利用商品天敌来控制害虫，如释放赤眼蜂和苏云金杆菌等防治鳞翅目害虫，用蜡纸芽孢杆菌防治根腐病、线虫病、叶斑病和溃疡病等病害，用各种害虫的性外激素诱杀相应害虫或干扰成虫交配。

5. 农药防治

必要时可利用石硫合剂、波尔多液、矿物油、苦参碱、印楝素、天然除虫菊素等矿物源和生物源农药防治病虫害。

五、采收、分级、包装和贮运

1. 采收

根据果实成熟度、用途和市场需求确定采收期，并分期采收。阴雨天和露水天在没有水渍时采果，避开高温天气时段。所用的采果筐、采摘袋等容器和运输工具应干净、无污染。果筐内需加草秸、纸垫或棉胎等软质内衬。采果员应剪指甲，戴软质手套。重复使用的采收工具应定期进行清洗和维护。采果先下后上，先外后内，大、中、小果依次采摘。先将果实向上推，随后轻轻拉回，使其自然脱落。轻摘、轻放，并在通风阴凉处散热。伤果、病果和好果分开存放，清除杂物。

2. 分级

猕猴桃商品果应符合以下基本要求：无畸形，无腐烂；洁净，无明显虫伤和异物；无变软，无明显皱缩；无异常外部水分；无异味；可溶性固形物含量应达到65g/kg以上。

在符合基本要求的前提下，可分为特级、一级和二级进行分级包装：特级应具有本品种全部特征和固有的外观颜色，无明显缺陷；一级应具有本品种特性，可有轻微形状缺陷，可有总面积不超过 $1cm^2$ 的色差等表皮缺陷；二级应具有本品种特性，可有轻微形状缺陷，可有总面积不超过 $2cm^2$ 已愈合的刺伤、疮疤、色差等表皮缺陷。

特级包装中允许有不超过 5% 重量的果实不符合本级要求，但应满足一级要求；一级可有不超过 10% 重量的猕猴桃不符合本级要求，但满足二级要求；二级可有不超过 10% 重量的猕猴桃不符合本级要求，但满足基本要求。

3. 包装

包装容器应坚固耐用，清洁卫生，干燥无异味，内外均无刺伤果实的尖突物，并有合适的通气孔，对产品具有良好的保护作用。包装材料应无毒、无虫、无异味，不会污染果实。纸箱可使用天地盒或飞机盒盒型，须带孔；使用泡沫托时，箱型不限，推荐带孔。果实之间应分隔包装，最多 2 层；单层 10~15 个为宜，最多不超过 20 个。

4. 贮藏

果实采收后在 15℃ 左右的冷库中预冷 48h，分级入库。冷藏一般以温度 0~2℃，相对湿度 90%~95% 为宜；气调贮藏的条件一般为 5% 的氧气，2%~4% 的二氧化碳。

5. 运输

运输工具应清洁、卫生、无异味、无污染，不与其他有毒有害或有异味的物质混装混运，短距离运输可用卡车等普通运输工具，长距离运输要求有调温、调湿、调气设备和集装箱运。

第六节　有机花生生产技术

一、基地建设与播种

1. 基地选择

应选择地势平坦、土层较厚、土质肥沃、干时不板、湿时不黏、质地疏松、耕性和排水良好、旱能浇、涝能排、不内涝、不干燥的砂质壤土。这样的土壤通透性好，蓄水保肥能力强，有利于种子萌发、植株生长、根瘤菌活动和荚果发育。同时，环境质量应符合相关标准要求。

2. 茬口安排

为减轻病虫草等的危害，有机花生不能重茬，要选择生茬地或与大豆、甘薯、马铃薯、萝卜等多种作物有计划轮作。

3. 土壤耕作

花生是地上开花地下结果作物，深冬耕（或春耕）25～30cm，熟化土壤，可减轻病虫危害。

4. 种子选择

种子必须选择常规技术育成（未采用转基因或辐射技术），且适应性良好，株型紧凑，结荚集中，抗旱性较强、对叶斑病等病害综合抗性强，内在和外观品质优良的品种，如花育 19、鲁花 12、8130、唐油 4 号等。种子质量要求：纯度 ≥ 98%，净度 ≥ 99%，含水量 ≤ 13%。

5. 种子处理

播种前种子应进行适当的处理：①进行发芽试验，要求发芽率达 95% 以上；②播前要带壳晒种，选晴天 9～15 时，在干燥的地方，把花生平铺在席子上，厚 10cm 左右，每隔 1～2h 翻动 1 次，晒 2～3d。剥壳时间以播种前 10～15d 为好；③选种仁大而整齐、籽粒饱满、色泽好，没有机械损伤的一级、二级大粒作种，淘汰三级小粒；④种子拌花生根瘤菌粉，每公顷用种量用根瘤菌粉 300～500g，加清水 100～150mL 调成菌液，均匀地拌在种子上。

6. 适期播种

通常在 5～10cm 地温连续 5d 稳定在 15℃ 以上时即可播种。播种时土壤应有适宜的湿度，可先起垄覆膜，垄距 80～85cm，垄高 10～12cm，垄顶面宽 50cm，边台 10cm，大行距 50cm，小行距 30cm，根据品种株高和分枝数多少确定密度，一般 12～15 万株 /hm²，每株播 2 粒种子，播深 3～5cm。

二、有害生物控制

1. 地下害虫

花生常会受到蛴螬等地下害虫的危害，其防治方法主要有：①冬季深耕或麦收后浅耕灭茬，造成不利于蛴螬生存的环境，同时耕翻也能起到机械杀伤的作用；②结合翻耕或收获时人工拣拾幼虫或成虫；③在越冬时蛴螬等地下害虫密度大的田块，播种期可适当推迟，使较多幼虫老熟后下移化蛹，减轻为害；④采用黑光灯、榆树枝、杨柳枝诱杀金龟子，减少虫源基数；⑤在幼虫孵化盛末期每公顷将 30kg 白僵菌菌粉对土顺垄撒放或在垄两侧沟放至花生收获期。

2. 蚜虫

主要防治措施有：①利用蚜虫对黄色的趋性，在田间设置黄色黏虫板，设置高度 1m 左右，每隔 30～50m 设一个，诱蚜效果较好。②用软皂液喷洒叶背面，或者用石灰＋食盐水喷洒，防蚜效果可达 90% 以上。

3. 鳞翅目害虫

中后期可能会有棉铃虫、造桥虫等鳞翅目害虫发生，可采用的防治措施有：①利用成虫的趋光性，每 3hm² 安装一盏杀虫灯诱杀。②在低龄幼虫发生期喷洒苏云金杆菌制剂；③在成虫发生初期用木醋或竹醋水溶液喷于叶面，每隔5d喷一次，连喷3次，可有效驱避成虫，降低虫口密度，减轻幼虫危害。

4. 病毒病

中国花生病毒病主要有轻斑驳、黄花叶、普通花叶、芽枯等不同类型的病害。除芽枯病主要由蓟马传播外，其他几种病毒病害则通过种子和蚜虫传播。防治措施主要有：一是采用无病毒种子，杜绝或减少初侵染源，无毒种子可采取隔离繁殖的方法获得。二是选用豫花1号、海花1号、豫花7号等感病轻和种传率低的品种，并且选择大粒花生作种子。三是推广地膜覆盖技术，地膜具有一定的驱蚜效果，可以减轻病毒病的传播。四是及时清除田间和周围杂草，减少蚜虫等传毒媒介的来源。五是搞好病害检疫，禁止从病区调种。六是用矿物油和苦参碱等矿物油和生物源药剂防治蚜虫和蓟马传毒媒介。

5. 叶斑病

花生叶斑病以黑斑病和褐斑病为主。防治措施主要有：①轮作。花生叶斑病的寄主比较单一，与其他作物轮作，可有效控制病害的发生，一般轮作周期应在2年以上。②选用耐病品种。虽然目前生产上还没有高抗叶斑病的品种，但品种间的耐病性差异较大，一般叶片厚、叶色深的品种较耐病，在河南重病区宜选用豫花1号、海花1号、豫花4号和豫花7号等耐病性较强的品种。③减少侵染源。在花生收获后及时清除遗留田间的带有病菌的残体，不要随意乱抛、乱堆。对有病菌残体的地块应及时翻耕，以加速残体的分解，防止病菌再侵染花生。④药剂防治。当主茎叶片发病率达到5%～7%时，用波尔多液（硫酸铜、生石灰和水的比例为1：2：150）或0.3°Bé的石灰硫黄合剂叶面喷雾。另外还可用干草木灰+石灰粉混合，趁早晨露水未干撒于叶面。以上药剂能兼治花生倒秧病等多种病害。

6. 黄曲霉病

黄曲霉菌会分泌黄曲霉素，给食品安全带来很大风险。黄曲霉病的防治措施主要有：一是选用抗病品种；二是在荚果发育期间保障水分供给，避免收获前干旱所造成的黄曲霉菌感染大量增加；三是盛花期中耕除草时，避免伤及荚果，不宜于结荚期和荚果充实期进行中耕除草；四是适时防治蛴螬和根腐病，降低病虫害对荚果的损伤；五是花生成熟期，在干旱又缺乏灌溉条件下，适当提前收获；六是及时晾晒使花生含水量低于9%，切忌入库时水分过多；七是降低贮藏环境温度、湿度和氧气浓度。

三、田间管理

1. 覆膜和除草

为了控制杂草和提高产量，可选用聚乙烯吹塑型黑色膜或无色增温膜覆盖。放苗时开的膜孔要用土盖严，以保证除草和增产效果。花生收获后及时清除残膜。

2. 适时撤土和培土

花生伏果为过熟果，由早期花形成，亦属无效果。露地花生可在初花期进行中耕撤土控针，加大果针与地表的距离，推迟果针入土时间，再于下针盛期进行培土迎针，花生封垄时，划锄垄沟，能起到减少伏果、预防烂果、增加饱果的作用。

3. 合理施肥

一般花生目标产量为 4500～6000kg/hm² 时，应施优质土杂肥 60～75t/hm²，如果土杂肥不足，可结合使用 750～1500kg/hm² 生物有机肥；要达到单产 6000～7500kg/hm²，施肥量在上述基础上递增 30% 左右。土杂肥可于深耕时铺施，生物肥撒于播种沟内。同时，也可配施适量的农用石灰、硫酸钾、天然磷酸盐和微量元素矿物盐。

4. 及时排涝

多雨年份，花生徒长，可人工摘除主茎与主要侧枝生长点，抑制生长。注意摘除部分的大小，以刚去掉生长点为宜。在中后期遇汛期，要健全排涝系统，以免烂果。

5. 收集残膜

地膜覆盖田，花生收获后，如不收集残膜，将造成土壤、环境和产品污染。据试验，覆膜一年的花生田全部地膜留在地里，下茬花生减产 12.7%，覆膜二年的花生田全部地膜留在地里，花生减产 17.0%。因此，覆膜有机花生田应在收获前 15d 左右，人工将残膜拣净，返销给回收公司。

6. 适时收获

收获过早影响产量，过晚部分荚果出现伏果和芽果，影响质量和产量。最佳收获期为茎蔓变黄，大多数花生荚果网纹明显，荚果内海绵层收缩并有黑褐色光泽，籽粒饱满，果皮和种皮基本呈现固有的颜色。可采用人工收获，包括镢刨、提蔓、抖土、摘果，做到无残果、碎果。一般镢刨深度以 10cm 左右为宜，应边刨、边拾果抖土，按顺序放好，并及时采用人工摘果，放于竹筐内，运往场院晾晒。

7. 晾晒和贮藏

收获的花生应及时晾晒，避免霉变；晾晒时清理地膜、叶子、果柄和泥土等杂物；凉晒干燥（含水量低于 9%）后即可入库贮藏。

第四章
国际组织的主要有机标准

国际有机联盟有机生产与加工标准

（第 2.0 版，2014 年 7 月由国际有机联盟大会电子投票通过，
根据 2019 年 10 月的英文版翻译）

目　录

部分 A：总则

国际有机联盟标准的范围

　　有机农业（也被称为"生物"或"生态"农业）是基于可持续生态系统、食物安全和营养、动物福利和社会公正的一种完整农业生产方式，不仅仅是一种使用或不使用某种投入品的生产系统。国际有机联盟（IFOAM）将有机农业定义为

"能维持土壤、生态系统和人类健康的生产体系，它依靠适应当地条件的生态过程、生态循环和生物多样性，不依赖会有不良影响的投入品的使用，它将传统技术、创新思维和科学知识相结合，有利于所有相关方共享环境、建立公平关系和提升生活质量"。

国际有机联盟标准（IS）是国际通用的有机标准，国际有机联盟标准家族中的《有机标准的共同目标和要求》做了很好的解释。国际有机联盟认识到，有必要在全球范围内统一基本的有机标准，但也需要有区域化的有机标准。国际有机联盟标准可以直接用于那些想要获得国际标准认证的组织，如第三方认证、参与式保障体系（PGS）、社区支持农业（CSA），或者是承诺要遵循标准的生产者。因此，关于记录保存或与认证有关的其他要求不在本标准的范围内。

国际有机联盟标准包含了区域差异以及其他例外的相关规定，可以授予生产经营者突破标准的常规要求，但这些例外通常需要监管机构的批准（见监管机构的定义）。这些例外必须根据明确的标准和清晰正当的理由且在有限的时间内给予许可。在第三方认证的背景下，特别是按照国际有机联盟认证程序，这些例外是由认证机构判定并批准后方可实施。在参与式保障体系中，它们还需要体系内的相关决策层做出决定，此决策层通常是指与做出或批准认证有同等的级别。在社区支持农业或其他消费者驱动的管理模式中，建议生产者向其消费者群体的决策部门提交例外请求。

国际有机联盟标准涵盖了通用的有机管理、作物种植（包括植物繁育）、畜禽养殖（包括养蜂）、水产养殖、野生采集、加工处理、标签标识和社会公正等领域。

国际有机联盟标准是在其他所有相关法定要求基础上的附加要求。

国际有机联盟认可和国际参照的相关说明

国际有机认可服务中心（IOAS）在有机认证机构的国际有机联盟认可过程中使用国际有机联盟标准和国际有机联盟认可要求（IAR）。国际有机认可服务中心根据国际有机联盟基本标准评价认证者使用的标准，根据国际有机联盟认可要求评价认证机构的认证工作。

认证机构必须执行国际有机联盟标准中与所认证的农业生产或加工操作相关的所有要求，才能成为国际有机联盟认可的认证机构（ACBs）。换言之，认证机构希望得到国际有机联盟的认可，必须使用国际有机联盟标准，或符合国际有机联盟标准要求的标准。

未被认可的认证和标准制定组织也可有偿使用国际有机联盟标准，作为将其标准制定活动外包给国际有机联盟的一种方式。此外，政府和其他标准制定者可以免费参照国际有机联盟标准来制定自己的法规或标准。

标准结构

国际有机联盟标准的结构如下：

1. 定义

2. 有机生态系统

3. 作物种植和动物养殖的一般要求

4. 作物种植

5. 畜禽养殖

6. 水产养殖

7. 加工和处理

8. 标识

9. 社会公正

每一章节都包含着相似结构的条款，即先陈述适用于该章节的一般原则，然后是实施的要求。这些要求是实施主体（如农场或企业）为了获得有机认证必须满足的最低要求。

第1、2和3章适用于所有作物和动物生产系统，包括水产养殖。第9章适用于所有系统，包括加工处理。

技术术语将在下面的定义部分进行解释。

<h3 style="text-align:center">部分 B：定义、原则、推荐和要求</h3>

1. 定义

添加剂（Additive）：可添加到食品或其他产品用来改善或维持其品质和色、香、味以及其他特性的浓缩物、补充剂或其他物质（完整定义见国际食品法典）。

氨基酸分离物（Amino acid isolate）：被分离提取成比母体物质（如大豆、玉米等）更纯形式的氨基酸物质（如蛋氨酸、赖氨酸、苏氨酸）。

水产养殖（Aquaculture）：在限定的环境中（如在淡水、淡咸水或咸水中），对水生植物或动物进行生产管理的过程。

阿育吠陀（Ayurvedic）：传统印度医学体系。

生物多样性（Biodiversity）：地球上生命形式和生态系统的多样性。包括遗传多样性（即遗传物质多样性）、物种多样性（即物种数量和种类多样性）和生态系统多样性及其产生的动态效应。

培育（Breeding）：对植物或动物进行选择性培养繁育从而获得具有人类所需特征的后代。

缓冲带（Buffer Zone）：与有机生产场地接壤、有明确界定和可识别边界的区域，用以防止邻近区域内的禁用物质对有机生产体系的污染。

认证机构（Certification Body）：进行和授予认证的机构，区别于标准拟定和监管。

堆肥（Compost）：在农业生产中用作肥力改良剂的腐熟的有机材料，由微生物、无脊椎动物、温度和其他因素（如水分、空气）随时间变化综合作用下的产物。腐熟改变了有机材料的原有特性。

污染（Contamination）：有机产品或有机生产土地与禁止在有机生产加工中使用的物质接触。

监管机构（Control Body）：对经营单位的有机状态进行独立监管的第三方组织。可以是认证机构、政府主管部门、参与式保证体系、合作社或农业项目支持的共同体等。

常规（Conventional）：指处在非有机或有机转换期的任何生产体系及产品。

转换期（Conversion Period）：指从开始有机管理到获得有机认证之间的时间。

作物轮作（Crop Rotation）：在特定田地上按计划的方式交替种植一年生和/或二年生作物的农事活动。该措施可以控制病虫草害，保持或改善土壤肥力和有机质含量。

培养物（Culture）：在培养基或基质上生长的微生物、组织或器官。

直接来源生物（Direct Source Organism）：产生特定物质或成分的植物、动物或微生物。

消毒（Disinfect）：通过物理或化学方法，减少环境中潜在有害微生物的数量，使其不影响产品的安全性或适应性。

农场单元（Farm Unit）：一个农民或农民群体管控的土地总面积。包括所有的农业活动场所或企业。

遗传多样性（Genetic Diversity）：农业、森林和水生生态系统的生物之间的变异性总和，包括物种内部和物种之间的多样性。

基因工程（Genetic Engineering）：以分子生物学（如DNA重组）为手段，使植物、动物、微生物、细胞等生命单位的遗传物质进行改变，这种改变是不能通过自然交配和繁殖获得的。基因工程技术包括但不限于DNA重组、细胞融合、微量注射法、大量注射法、胶囊法等。基因工程生物不包括结合、转导和自然杂交等技术产生的生物。

转基因生物（GMO）：通过基因工程改造的植物、动物或微生物。

遗传资源（Genetic Resources）：具有现实或潜在价值的遗传物质。

绿肥（Green Manure）：为了改良土壤而种植的作物。这可能包括自然生长的作物、花卉或杂草。

栖息地（Habitat）：生物自然生存的区域。也用于表示栖息地类型，例如海岸、河岸、林地、草地。

高保护价值地区（High Conservation Value Area）：因其生态环境、社会经济、生物多样性或景观价值而被确定为具有突出价值的区域。

顺势疗法（Homeopathic Treatment）：通过对致病物质进行连续稀释后在健康动物体内使用，产生一种类似于该疾病症状的治疗方式。

水培系统（Hydroponic Systems）：利用惰性介质和/或水溶液中的游离养分（悬浮或溶解状态）作为主要养分供应源的作物生产系统。仅在水中种植作物不被视为水培系统。

配料（Ingredient）：用于产品制备或存在于最终产品中的所有物质，包括添加剂。

辐照（Irradiation，ionizing radiation）：放射性核素的高能辐射，用于改变产品的分子结构，以控制食品中的微生物、污染物、病原体、寄生虫和害虫，从而达到保存食品或抑制发芽或成熟等生理过程，或诱导突变进行选择和育种的一种方式。

标签（Label）：出现在产品上、产品包装上或显示在产品附近，用于标示识别该产品的文字、印刷品或图形。

无地畜牧业系统（Landless animal husbandry systems）：指牲畜的经营者既没有农业用地，也没有与其他管理有机农业用地（包括牧场、饲料供应场所、粪便和废水处理系统）的经营者建立长期合作协议的系统。

粪肥（Manure）：粪便与垫草混合产生的肥料。

基质（Media，Medium）：生物体、组织或器官在其上生长发育的物质。

增殖（Multiplication）：为以后的种植提供更多的种子种苗而进行的种子种苗和植物材料的繁殖活动。

纳米材料（Nanomaterials）：由人类设计、制造和生产的在纳米范围内（约1～300nm）的物质。因纳米材料的特殊性质所以只能制作纳米级的物质。在传统食品加工过程（如均质、磨粉、搅拌和冷冻）中产生的纳米级颗粒以及自然产生的纳米级颗粒不包括在此定义中。

经营者（Operator）：负责确保产品符合有机标准要求的个人或企业。

有机农业（Organic agriculture）：是一个维持土壤健康、生态系统多样性和人类健康的生产系统。它遵从当地的生态节律、生物多样性和自然循环，不使用对环境有不利影响物质。有机农业是传统农业、创新思维和科学技术的结合，更好保护我们共享的生存环境，促进人与自然和谐相处。

有机产品（Organic Product）：按照有机标准进行生产、加工和/或处理的产品。

有机种子和植物材料（Organic Seed and Plant Material）：在有机认证管理下生产的种子和种植材料。

平行生产（Parallel Production）：在同一农业生产单元，同时种植、养殖、处理加工有机和非有机的同一产品的生产形式，是并存生产的一种特殊情况。

加工助剂（Processing Aid）：为了在加工过程中实现特定的技术目的，而在原材料的加工中有意使用的物质或材料。其本身不作为产品成分，但在最终产品中可能存在其残留物或衍生物，包括过滤助剂和用于萃取的溶剂等。

繁殖（Propagation）：植物通过有性（即种子）或无性（即扦插、分根等）方式进行的种群增殖。

保护地栽培（Protected cropping）：在人工保护设施下种植作物，如温室、塑料大棚、防虫网等。

杂草（Ruderal）：生长在荒地、路边或废弃物中的植物。

消毒（Sanitize）：通过有效消除或大幅减少公众健康关注的微生物和其他不良微生物的营养细胞数量的手段。可对产品或产品接触面进行充分处理，但不会对产品或其消费者安全造成不利影响。

土壤（Soil）：矿物母质受气候、地形、生物活动、时期、耕作等因素的影响，在地球表面形成的自然生态系统。它由空气、水、矿物质、生物体和有机物组成，并与地球的最外层相连。

土壤肥力（Soil fertility）：为土壤提供植物生长所需养分的潜在能力。

土壤健康（Soil health）：在生态系统中，土壤作为一个动态生命系统具有持续维持生物生产力、空气和水环境质量，促进植物、动物和人类健康的能力。土壤健康是指土壤可以随人类使用和管理或者自然事件变化而变化的潜在能力。

土壤质量（Soil quality）：在生态系统中维持生物生产力、环境质量和促进植物、动物、微生物和人类健康的能力。包括其生物、物理和化学功能，其中许多是土壤有机质所赋予的功能，有机质的含量影响土壤执行作物生产和环境功能的能力；也包括是否存在污染物。

源分离（Source separated）：人类排泄物与含有违禁物质的废水分开收集。

并存生产（Split Production）：农场或加工单元的一部分是有机的，其余部分可以是（a）非有机的，和／或（b）转换期中的。参见平行生产。

基质（Substrate）：有机体生长发育所需要的物质。

合成物质（Synthetic）：使用化学方法对存在于自然界的植物、动物或矿物中提取的物质进行组合所生成的新物质。

2. 有机生态系统

2.1 生态系统管理

一般原则

有机农业有利于改善生态系统的质量。

要求

2.1.1 经营者应设计并提出相关措施，通过保护农场中已有的野生动物栖息地或者建立野生动物保护区的方式，来改善生态环境以及提高生物多样性。

这些栖息地包括但不限于：

A. 开阔的土地，如沼泽地，芦苇地或旱地等；

B. 所有不进行轮作和不大量施肥的地区，如开阔的牧场、草原、果园、树篱、农用地和林地之间的区域以及林地等；

C. 生态环境优良的耕地或休耕地；

D. 生物多样性良好的田野边缘区域；

E. 未用于集约化农业和水产养殖的水道、池塘、泉水、沟渠、漫滩、湿地、沼泽等富水区；

　　F. 有野生植物群落的区域；

　　G. 为天然栖息地提供连接的野生动物通道。

　　2.1.2 禁止清除或损毁高保护价值地区。在 5 年内通过清除高保护价值地区而获得的农用地，不符合本标准。

　　2.2 水土保持

　　一般原则

　　有机农业有利于保护和改善土壤，保持水质，合理高效地使用水资源。

　　要求

　　2.2.1 经营者应采取明确和恰当的措施，防止土壤侵蚀，减少水土流失。

　　此类措施包括但不限于：

　　少耕免耕，等高耕作，选择性种植，土壤覆盖作物的维护和其他保护土壤的管理方法。

　　2.2.2 禁止通过焚烧植被或作物残茬进行土地整理。

　　区域或其他例外：在使用焚烧来抑制疾病传播、刺激种子萌发、消除棘手的残余物或其他此类情况下，可准予例外。

　　2.2.3 经营者应通过回收、再生、添加有机质和养分的方式，返还采收过程中从土壤中带走的养分、有机质等资源。

　　2.2.4 放牧及放养密度不得造成土地退化或水资源污染。这也适用于所有肥料管理和应用。

　　2.2.5 经营者应防止或修复土壤和水的盐渍化。

　　2.2.6 经营者应当保护水质，不得消耗或过度利用水资源，并在可能的情况下回收雨水和监测出水。

　　2.3 不恰当的技术

　　一般原则

　　有机农业和水产养殖以预防原则为基础，采用适当的技术和拒绝不可预测的技术来防止重大风险的发生。

　　要求

　　2.3.1 禁止有意引进或使用转基因生物及其衍生物。包括动物、种子、繁殖材料、饲料和农场投入品，如肥料、土壤调节剂或植物保护相关材料，但不包括疫苗。

　　2.3.2 经营者不得使用来自转基因生物的配料、添加剂或加工助剂。

　　2.3.3 投入品、加工助剂和配料应具有可追溯性，确保它们不是源自转基因生物。

　　2.3.4 在分批生产（包括平行生产）的农场上，不允许在任何生产活动中使用转基因生物。

　　2.3.5 禁止在有机生产和加工中使用纳米材料，包括与产品接触的包装材料。本标准中允许使用的任何物质都不得为纳米材料。

2.4 野生采集产品和公共土地管理

一般原则

有机管理可防止生物和非生物资源的退化，其中包括牧场、水产养殖区、森林和蜜蜂饲养的地区以及邻近的土地、空气和水的退化。

要求

2.4.1 野生采集产品只能来自可持续的生长环境。产品的采集不得超过生态系统的可持续产量，不得对植物、动物以及真菌等生存造成威胁，包括那些未被开发利用的物种。

2.4.2 经营者只能从未被污染的区域内采集产品。

2.4.3 采集区域应与常规农业或其他污染源保持适当距离，避免污染。

2.4.4 管理公共资源产品采集的经营者应熟悉规定的采集区域，并了解有机方案中未涉及的采集者的影响。

2.4.5 经营者应采取措施确保仅从未被有机标准中的禁用物质污染的水域采集当地野生水生生物产品。

3. 作物种植和动物养殖的一般要求

3.1 并存生产和平行生产

一般原则

整个农场（包括畜牧养殖业）在一段时间内按照标准转换为有机生产方式。

要求

3.1.1 如果不是整个农场进行有机转换，则农场的有机部分和常规部分应清晰地分开。

3.1.2 只有在生产方式清晰、连续、可核查可分离的情况下才被允许使用平行生产。平行生产中的有机和非有机部分（地块，生产设施和工具）应能够完全分开。

3.1.3 禁止使用的材料不得存放在种植和处理有机产品的地方。

3.2 有机管理的维护

一般原则

有机生产系统需要持续恪守有机生产规范。

推荐

在并存或平行生产的情况下，经营者应对农场进行持续的有机管理，例如：扩大有机操作的规模或在传统技术中添加有机操作。经营者应继续努力使整个农场处于有机管理之下，如持续增加有机管理的规模或在常规管理部分中采用一些有机做法。

要求

3.2.1 生产系统不应在有机管理和常规管理之间连续切换。

4. 作物种植

4.1 作物和品种选择及种植材料的繁殖

一般原则

有机农业系统应根据对当地土壤和气候条件的适应性以及对病虫害的抗耐性选择适宜的栽培作物和品种。所有的种子和植物材料都应为有机。

推荐

经营者应优先选择有机育种获得的繁殖材料。

要求

4.1.1 只要有合适的品种和足够的数量，经营者应使用有机生产的种子和种植材料。当有机种子和种植材料的数量或品质不足以满足需求时，可使用转换中的品种或种植材料。当这些均不可用时，可使用未经本标准禁用物质处理过的常规种子和繁殖材料。

区域或其他例外：有法律规定以植物检疫为目的进行收获后化学处理的种子以及繁殖材料可以使用。

4.1.2 在被认证为有机的种子和植物材料前，一年生植物应在有机管理下繁殖一代，多年生植物应在有机管理下繁殖 2 个生长期或 18 个月（以较长者为准）。

4.1.3 繁殖包括有性繁殖（种子）和营养繁殖，营养繁殖的材料可以是各种植物器官，如：

A. 块茎，鳞片，果皮；

B. 鳞茎块、子鳞茎、鳞茎球和其他根状的地下组织等；

C. 组织切片、嫁接枝条；

D. 植物根茎；

E. 分生组织培养。

4.1.4 除分生组织培养外，农场的所有繁殖操作均应采用有机管理。

4.1.5 使用的植物繁殖材料、垫层材料和基质应仅由附录 2 和 3 所列物质组成。

4.2 植物生产转换期

一般原则

转换期是建立有机管理体系的基础，并保障土壤健康和提高肥力。

要求

4.2.1 在转换期内，应满足本标准的所有要求。

4.2.2 转换期的开始应从监管机构收到申请并同意之日起计算。

区域或其他例外：只在有充分且无可争议的证据证明完全遵照本标准相关规定时，4.2.3 中的转换期时长计算可追溯至申请之日。

4.2.3 转换期至少应达到如下时长：

A. 一年生作物，在播种或种植前 12 个月；

B. 草场及牧草，在收割前 12 个月；

C. 其他多年生植物，在收获前 18 个月。

4.2.4 对作物或土壤施用禁用投入品后 36 个月以内收获的，不得作为有机产品使用或销售。

4.2.5 经过 12 个月的转换期后的植物产品，可以作为"转换期"产品进行使用或销售。

4.3 作物生产多样性

一般原则

有机种植是土壤健康发展的基础，土壤健康是土壤管理实践的基础，也是病虫草害防治的关键。有机种植系统以土壤为基础，维护土壤和周围生态环境，为物种多样性提供支持，同时以养分循环为基础，减缓土壤和养分流失。

要求

4.3.1 应建立一年生作物轮作制度，以控制病虫草害，保持土壤肥力。轮作应保持多样化，其中包括种植改良土壤的植物，如绿肥、豆类或深根植物。经营者也可通过其他方式确保植物的多样性。

4.3.2 对于果园和人造林，应种植多种地面覆盖和庇护植物以保持物种多样性。

4.4 土壤肥力与施肥

一般原则

有机种植使微生物、植物或动物回归土壤，以维持或提高土壤肥力和生物活性。

推荐

土壤肥力的获取应以微生物、植物或动物来源的材料为基础，如绿肥、堆肥、覆盖作物，宜按优先顺序从下列来源获得：

A. 在本农场采用有机方式获取；

B. 从周边农场或自然环境中获取符合有机质量要求的材料；

C. 附录 2 中允许的其他投入品。

应以不损害土壤、水和生物多样性的方式施用营养物质和肥料（要求见4.4.3），并采用适当的指标进行评估，例如：

A. 土壤中没有明显的重金属或磷的积累；

B. 对水体富营养化无明显影响；

C. 营养供应与需求平衡；

D. 土壤碳含量维持稳定或不断增加。

要求

4.4.1 如果土壤有机质、微生物活性和肥力较低，则应改善，如果符合要求，则应保持。经营者应防止土壤中重金属及其他污染物的过度积累。

4.4.2 微生物、植物或动物来源的材料应构成土壤肥力的基础。土壤肥力的维持不可完全依赖于农场外部材料的投入。

4.4.3 营养物和肥料的使用不得污染土壤和水体，以及破坏生物多样性。

4.4.4 用于土地或作物的材料应符合附录 2 的要求。

4.4.5 附录 2 中的速效肥力补充剂，仅在已应用了其他肥料仍不能满足生长需要时使用。

4.4.6 人类排泄物应采用降低病原体和寄生虫风险的方式处理，对于有可食部分与土壤接触的食用作物，在收获前的 6 个月内不得使用。

4.4.7 无机肥料只能作为解决长期肥力需要的一部分，与其他培肥技术（如添加有机物、轮作和种植固氮植物以及绿肥）结合使用。无机肥料应在适当的土壤和叶片分析，或由独立专家诊断后合理使用。

4.4.8 矿物肥料应以自然组分和提取的方式获得，禁止使用化学处理提高其溶解性。

4.4.9 禁止使用智利硝酸盐及尿素等所有合成肥料。

4.4.10 陆生植物的生产应以土壤为基础，禁止在水培系统中生产此类作物。"以土壤为基础"是指除了繁育或幼苗阶段，植物的其他生长阶段都必须在土壤中度过。对于直接出售给消费者的盆栽草本植物、花卉和装饰品，认证机构可以允许其在培养基上进行生产。

4.4.11 禁止将土壤带离农场。但允许在作物收割时偶然移动土壤。

4.4.12 生产食用菌所需基质，应由有机农业产物或其他未经化学处理的天然产物制成，如泥炭、木材、矿产品或土壤等。

4.5 病虫草害管理

一般原则

有机农场系统运用生物和农业措施来防止病虫草害造成的不可接受损失。通过选用适应性强的抗性品种、适应当地条件的轮作模式以及间作套种系统，平衡施肥、栖息地管理、施用有益微生物等本标准认证通过的有机措施，防治病虫草害。

推荐

如果经营者需要使用商业化的投入品，应优先考虑主管部门审议批准的可用于有机农业的产品。

要求

4.5.1 有机生产系统应包括生物、农业和物理措施来控制病虫草害。这些方法包括：

A. 选择合适的作物种类和品种；

B. 适当的轮作、间作和套作；

C. 机械耕作；

D. 通过建立天敌栖息地，例如建立树篱、筑巢地和生态缓冲区等来保护害虫天敌；

E. 释放捕食性和寄生性天敌；

F. 地面覆盖和割草；

G. 动物放牧；

H. 物理防控，如设置陷阱、障碍，利用光和声；

I. 利用在农场内自制的植物、动物和微生物制剂。

4.5.2 当 4.5.1 中的方法不能有效防治病虫草害时，可使用附录 3 所列物质。

4.5.3 禁止在有机生产中使用附录 3 中未列出的物质。

4.5.4 允许利用物理方法（如热处理等）防控病虫草害。

4.5.5 禁止对土壤进行热消毒。

区域或其他例外：在发生严重病虫害且无法通过 4.5.1、4.5.2 和 4.5.4 措施加以补救的情况下，可予以例外。

4.5.6 所有投入品中的有效成分应仅含附录 3 中列出的成分。其他成分不得为致癌物、致畸物、诱变剂或神经毒素等。

4.6 污染控制

一般原则

采取适当措施确保有机土壤和有机产品不受污染。

要求

4.6.1 经营者应监测作物、土壤、水分和投入品是否存在被禁用物质和环境污染物污染的风险。

4.6.2 经营者应建立隔离带、缓冲区等避免潜在污染，控制有机产品中的特定污染物。

4.6.3 在有机管理区域使用常规农业系统设备之前，应彻底清除潜在的所有污染物。

4.6.4 在使用合成的建筑覆盖物、地膜、防虫网和青贮饲料包装时，只允许使用聚乙烯、聚丙烯或其他聚碳酸酯以及生物可降解材料（如淀粉基）。使用后应当从土壤中清除，不得在田间焚烧。

4.7 保护地栽培

一般原则

所有关于作物生产的规则都适用于保护地栽培，包括转换期（4.2）、作物生产多样性（4.3）以及土壤肥力和施肥（4.4）相关规则。自然光、空气和水是有机植物生产的重要组成部分。

建议

用于照明和气象条件控制的能源应来自可再生资源，应尽量降低能耗。

要求

4.7.1 在植物繁殖阶段且自然光照不充足的情况下才允许使用人工照明进行补充，但一天的光照时长不得超过 16h。

4.7.2 经营者应监测、记录和优化用于人工照明、加热、冷却、通风、保湿和控制其他气象条件的所有能源。

4.8 有机品种培育

注：本节指有机品种的育种，而不是简单地使用或生产常规品种的有机种子。

一般原则

有机作物培育和品种开发具有提升可持续性、遗传多样性和自然繁殖能力等特点，旨在获得特别适合有机生产系统的有机新品种。有机作物培育也具有创新性、协同性和对于科学、直觉和新发现的开放性，是尊重自然杂交屏障，让可繁殖的作物与具有活性的土壤建立起具有良好生命活力的关系。

要求

4.8.1 作物育种者应当在符合本标准要求的有机条件下培育有机品种。除组织培养外，所有繁殖过程均应在有机状态下进行。

4.8.2 开发有机品种所需遗传材料不可被基因工程产品污染。

4.8.3 有机作物品种培育者应当公开应用的育种技术，最晚应在种子上市之日起向公众公布用于开发有机品种的相关信息。

4.8.4 基因组被视为一个不可分割的整体，不允许对植物基因组进行技术干预（例如电离辐射，分离转移 DNA、RNA 或蛋白质等）。

4.8.5 细胞被视为一个不可分割的实体。不允许在人工培养基上对细胞进行技术干预（例如基因工程技术，破坏细胞壁进行细胞质融合和使细胞核解体）。

4.8.6 尊重和保持植物品种的自然繁殖能力，不使用降低或抑制种子萌发的技术。

5. 畜禽养殖

5.1 畜禽管理

一般原则

有机畜禽管理是基于土地、植物和畜禽之间的和谐关系，尊重其生理和行为需求，采用优质的有机饲料进行饲养。载畜率应考虑到该区域的环境健康、营养平衡、饲养品种的体型和体重、饲料生产能力、畜禽健康等。

要求

5.1.1 禁止使用无法接触土地的饲养方式。

5.1.2 经营者应确保环境、设施、饲养密度和饲养群体规模符合动物的行为需求。

5.1.3 经营者应满足以下动物福利要求：

A. 有足够自由活动的空间，此空间允许自然站立、轻松躺下、自由走动、梳理自己、舒适休息和筑巢等；

B. 满足动物所需的充足的新鲜空气、水、饲料、温度和自然光；

C. 有足够的休息区域和遮蔽处，使其免受阳光、温度、雨水、泥土和风的影响，以减少动物的生存压力；

D. 为畜禽觅食行为提供合适的材料和区域；

E. 除了这些一般动物福利要求外，还必须考虑到特定动物群体的特殊福利要求。如牛的社会性梳理和放牧；猪的觅食区，单独躺卧区，活动/排便区、饲养区，自由分娩和集体居住区；家禽的筑巢、翅膀伸展/拍打、觅食、洗灰尘、栖息和整羽等。

注：需要采用户外拴绳放牧的动物，仍可按照本要求进行管理。

区域或其他例外：由于其地理位置和结构限制，动物不能自由移动的牧场，可允许在特定时间内采用舍养或拴养。在这种情况下，动物可能不能自由活动，但其他要求必须满足5.1.3（尤其是5.1.3A）的要求。

5.1.4 群居性畜禽不得单独饲养。但成年雄性动物、患病动物和即将分娩的动物予以例外。这项规定不适用于主要为自给自足生产模式的小型畜群。

5.1.5 不得使用可能对人畜健康造成严重影响的建筑材料、饲养方法以及生产设备。

5.1.6 经营者应对畜禽饲养场中的病虫害进行管理，并按照下列优先顺序采用如下方法：

A. 采用预防措施，如破坏病毒和害虫的生存环境和设施；

B. 采用机械、物理和生物方法；

C. 使用引诱物质（杀虫剂除外）；

D. 使用本标准附录5所列物质。

区域或其他例外：如果法律要求，可以使用其他产品来控制法定传染病。

5.1.7 饲养动物时，操作员应确保：

A. 在需要垫褥的地方要提供足够的天然材料，通常动物使用的垫料应是有机的。

B. 饲养用建筑必须有保温、加热、冷却和通风的功能，确保空气流通度、灰尘水平、温度、相对湿度和气体浓度维持在对畜禽无害的水平内。

C. 不得将动物关在封闭的笼子里。

D. 保护动物不受野生动物的捕食。

E. 满足上述动物福利要求。

F. 定期对动物进行巡查和监测。

G. 当出现动物福利和健康问题时，应进行适当的管理调整（如降低饲养密度等）。

5.1.8 只要动物的生理状况以及天气和地面状况允许，所有动物都应每天不受限制地进入牧场或地面露天运动区或在有植被的区域内奔跑。由于恶劣天气、动物健康状况以及所处特殊时期或夜间等特殊情况动物可暂时留在室内，但哺乳期不应被视为将动物圈养在室内的有效条件。

5.1.9 人工光照的最大每日时长不得超过动物健康所需的最大长度。对于蛋鸡来说，应保持每天最少8h没有人工照明的连续休息时间。

5.2 畜禽来源和转换期

一般原则

有机畜禽是在有机环境中生长发育的，畜禽养殖从常规生产向有机生产转换需要一个转换期。

要求

5.2.1 在产品被认定为有机之前，土地和畜禽必须在转换期内满足本标准的所有要求。土地和动物可以同时进行转换。

5.2.2 只有母体在整个怀孕期间得到有机管理，后代才可被视为有机；只有乳牛在整个怀孕期和泌乳期进行有机管理，牛奶才可被视为有机；只有家禽从出生第二天起就接受有机管理，禽蛋才可被视为有机。

5.2.3 肉用畜禽应从出生开始进行有机饲养。

区域或其他例外：如果没有有机家禽，可以引进刚出生 2d 的常规家禽。

5.2.4 每年引入的常规种畜种禽不应超过已认证的同种成年畜禽数量的 10%。引进的非有机雌性种畜种禽必须是未生育过的。

区域或其他例外：出现以下情况时，可允许引入的畜禽量超过 10%：

A. 不可预见的严重自然灾害或事故；

B. 农场规模大幅度扩大；

C. 在农场上建立新型的畜牧养殖项目；

D. 饲养畜禽个数不到 10 只的小型农场。

5.3 品种与培育

一般原则

所用品种应适合于当地条件。

要求

5.3.1 培育系统应以在自然条件下不进行人工干预就可以成功繁殖的品种为基础。

5.3.2 允许采用人工授精。

5.3.3 禁止使用胚胎移植和克隆技术。

5.3.4 除出于医学原因并在兽医监督下应用于个别动物外，禁止使用激素诱导排卵和分娩。

5.4 非治疗性手术

一般原则

有机养殖必须尊重动物的个性特征。

要求

5.4.1 禁止进行非治疗性手术。

区域或其他例外：以下例外情况仅在动物痛苦最小化和适当使用麻醉剂的情况下使用：

A. 阉割；

B. 羔羊断尾；

C. 断角；

D. 挂铃，猪除外；

E. 2015 年 12 月 31 日前允许割皮防蝇法。

5.5 畜禽营养

一般原则

有机畜禽应从优质的有机草料和饲料中获取它们所需的营养。

要求

5.5.1 用有机饲料喂养畜禽。

区域或其他例外：在下列情况下，可以使用非有机饲料进行喂养。

A. 有机饲料数量不足或有质量问题；

B. 处于有机农业发展初期的地区；

C. 季节性迁徙期间在非有机草料或植被存在的区域放牧。

在任何情况下，按年计算，每只反刍动物的非有机饲料的干物质比例不得超过 10%，每只非反刍动物的非有机饲料的干物质比例不得超过 15%。但在极端和异常的天气条件下，或在经营者无法控制的人为或自然灾害后的有限时间内，饲喂较高比例的非有机饲料。

5.5.2 应给动物提供均衡的饲料，采用符合动物自然取食行为和消化需要的方式进行饲喂。

5.5.3 应有 50% 以上的饲料来自本农场及其周围的自然放牧区，或其他与该地区合作的有机农场。

区域或其他例外：在有机饲料生产处于早期发展阶段、产量暂时不足的地区，或在该地区作物产量过低的情况下，准予例外。

5.5.4 在计算饲料定量时，农场有机管理的第一年在本农场生产的畜禽饲料可归为有机饲料。但这种饲料不得作为有机饲料出售。

5.5.5 禁止在饲料中使用以下物质：

A. 家畜副产品（如屠宰场废弃物）用于反刍动物饲料；

B. 同物种的屠宰产品；

C. 所有种类的粪便等排泄物或其他肥料；

D. 经过化学溶剂提取的或添加了化学试剂的饲料；

E. 合成氨基酸及氨基酸分离物；

F. 尿素及其他合成含氮化合物；

G. 合成生长促进剂或兴奋剂；

H. 合成开胃品；

I. 防腐剂，除用作加工助剂外；

J. 人工色素。

5.5.6 可给畜禽饲喂天然的维生素、微量元素和添加剂。

区域或其他例外：当天然来源的维生素、微量元素和添加剂数量不足或有质量问题时，可以使用合成产品。

5.5.7 必须保证反刍动物每天获得基本营养所需的纤维类饲料。反刍动物在整个放牧季都必须进行自然放养。

区域或其他例外：在天气和土壤条件不允许放牧的情况下，反刍动物可以在放牧季节用有机的新鲜饲料喂养，但有机新鲜饲料不得超过放牧季节饲草量的 20%。动物福利不应受到损害。

5.5.8 可使用以下饲料防腐剂：

A. 细菌、真菌和酶制剂；

B. 食品工业的天然产物；

C. 植物源产品；

D. 维生素和矿物质按照 5.5.6 的规定。

区域或其他例外：在恶劣的天气条件下允许使用化学合成的饲料防腐剂，如醋酸、甲酸和丙酸。

5.5.9 哺乳动物的幼崽应提供来自其同类的母乳或有机奶，喂养时长应至少满足以下规定：

A. 小牛和小马驹：3 个月；

B. 仔猪：6 周；

C. 羔羊：7 周。

5.6 动物健康

一般原则

有机管理应通过平衡的有机营养、无压力的生活条件和抗病品种的选择来促进和维持动物的健康和福利。

要求

5.6.1 经营者应采取所有切实可行的措施，如通过预防性措施确保动物健康和福利，例如：

A. 选择合适的动物品种或品系；

B. 采用适合物种要求的做法，例如定期运动和进入牧场和 / 或野外奔跑，以增强动物的自然免疫防御，激发自然免疫力和对疾病的耐受性；

C. 提供优质有机饲料；

D. 合适的饲养密度；

E. 交替放牧与管理。

5.6.2 如果在采取预防措施后畜禽仍然生病或受伤，该畜禽应得到及时和充分的治疗，如有必要，应在隔离和适当圈养的条件下进行治疗。经营者应优先使用自然药物和方法，包括顺势疗法、阿育吠陀医学疗法和针灸。

5.6.3 使用合成对抗疗法的兽药或抗生素会使畜禽失去有机状态，并会导致畜禽遭受不必要的痛苦，生产者不应留存此类药物。

区域或其他例外：在下列情况下，该畜禽可保持其有机状态。

A. 经营者可以证明符合 5.6.1；

B. 天然和替代药物不能有效治疗畜禽的疾病或损伤；

C. 化学合成对抗疗法产品或抗生素是在兽医监督下使用；

D. 药物降解期不少于法定时间的两倍，或者至少 14d 以较长的时间为准；

E. 允许在 12 个月内使用化学合成的对抗疗法兽药或抗生素进行最多三个疗程的补救治疗，或者如果该动物的生产生命周期少于一年，则允许进行一个疗程的治疗。

5.6.4 禁止以预防为目的使用任何合成对抗性兽药。

5.6.5 禁止使用合成物质来刺激生产或抑制自然生长。

5.6.6 只有在下列情况下才允许接种疫苗：

A. 当已知或预计一种地方病会在农场区域发生危害，并且该疾病无法通过其他管理技术控制时；

B. 当法律要求接种疫苗时。

5.7 运输和屠宰

一般原则

使有机畜禽在运输和屠宰过程中承受最小的压力。

要求

5.7.1 在运输和屠宰过程中应平静、轻柔地对待畜禽。

5.7.2 禁止使用电击棒等类似的器具。

5.7.3 减少在运输和屠宰过程中对有机畜禽产生的不利影响，造成不利影响的因素有：应激、装载和卸载、混合不同群体或性别的动物、极端温度和湿度。运输方式应满足该种动物的具体需要。

5.7.4 经营者应确保运输途中和屠宰场有足够的食物和水供应。

5.7.5 在运输前或运输过程中不得使用合成镇静剂或兴奋剂。

5.7.6 每头（羽）或每群畜禽在运输和屠宰期间的各环节都必须有易于识别的清楚标记。

5.7.7 运输到屠宰场的行程不得超过 8h。

区域或其他例外：如在 8h 的运输距离内没有经过认证的有机屠宰场时，在中途给畜禽足够的休息时间并提供饮水，则允许将运输时间延长。

5.7.8 负责运输和屠宰的人员在操作过程中应避免让活的畜禽与死畜禽接触（包括视觉、声音或气味的接触）。

5.7.9 每只畜禽在失血致死前应有效击昏。用于击晕的设备应处于良好的工作状态。

区域或其他例外：可以根据宗教习俗进行处理。如果畜禽在没有事先致晕的情况下放血，则应在平静的环境中进行。屠宰技术必须优先考虑动物福利，并旨在消除畜禽承受的压力和痛苦。

5.8 蜜蜂饲养

一般原则

养蜂是一项重要的生产活动，通过蜜蜂的授粉作用有助于提高农业和林业的生产效率。

要求

5.8.1 在距蜂巢半径 3km 范围内应包括有机管理的土地、未开垦的土地和 / 或野生的自然区域，以确保蜜露、花蜜和花粉的来源，从而满足有机作物生产需求和蜜蜂的营养需求。

5.8.2 经营者不得将蜂箱放置在觅食距离（5km）内有污染风险的区域（如常规管理的农田、工业区和公路等）内。

5.8.3 蜂箱主要由天然材料组成，不会对环境或蜂产品带来污染风险。禁止使用有潜在毒性的建筑材料。

5.8.4 在生产季结束时，蜂箱应保留足够的蜂蜜和花粉，使蜂群能够度过休眠期。只能在最后一次采蜜后与下一个流蜜期开始之前进行补充喂养。在这种情况下应使用有机蜂蜜或有机糖浆进行饲喂。

5.8.5 要转换为有机生产管理的蜂群应尽可能来自有机生产单元，在符合本标准要求的管理至少一年后的蜜蜂产品可以作为有机产品销售。

5.8.6 在转换期间，须用有机生产的蜡代替蜂蜡，且蜂箱未与违禁物品接触，没有污染蜂蜡的风险。在转换期内蜂蜡未完全更换，认证机构可以延长转换期。

5.8.7 允许使用以下物质来防治病虫害：

A. 蚁酸；

B. 草酸、醋酸、乳酸；

C. 硫黄；

D. 天然香精油（如薄荷醇、桉油精、天然樟脑）；

E. 苏云金芽孢杆菌；

F. 允许使用蒸汽和火焰对蜂箱进行消毒。

5.8.8 在预防措施失效的情况下，可以使用兽药，但必须遵守以下规定：

A. 优先选择植物疗法和顺势疗法治疗；

B. 使用对抗疗法的化学合成药品后，不得作为有机产品销售；

C. 经处理过的蜂箱应进行隔离转换，转换期为一年。

5.8.9 只在有螨虫侵扰的情况下才允许对雄性幼蜂进行灭杀。

5.8.10 蜂群健康和福利主要通过卫生和蜂群管理来实现。

5.8.11 禁止以破坏蜂巢内的蜂群为代价采收蜂产品。

5.8.12 禁止对蜜蜂进行肢解，如剪下蜂后的翅膀等。

5.8.13 允许对蜂王进行人工授精。

5.8.14 在蜂蜜采集过程中禁止使用化学合成的蜜蜂驱避剂。可使用最低浓度的烟雾，且熏烟材料应为纯天然或满足本标准要求的材料。

5.8.15 在提取和加工蜂产品的过程中，蜂蜜的温度应保持在尽可能低的水平，不得超过 45℃。

6. 水产养殖

6.1 水产养殖转换期

一般原则

有机水产养殖的转换反映了物种和生产方式的多样性。

要求

6.1.1 经营者应遵守本部分第 3 章和第 5 章的所有相关通用要求。

6.1.2 生产单元的转换期至少为生物的一个生命周期或一年，以较短者为准。

6.1.3 在向有机养殖转变的过程中经营者应确保周围的环境因素，包括过去对场地废弃物的处理过程、沉积物和水质等情况。

6.1.4 有机生产区域必须与污染源和常规水产养殖区保持适当的最小距离。

6.2 水生生态系统

一般原则

有机养殖管理保持了自然水生生态系统的生物多样性、水环境的健康以及周围水资源和陆地生态系统的质量。

要求

6.2.1 水生生态系统的管理应符合本部分第 2 章的相关要求。

6.2.2 经营者应采取充分措施防止引入或饲养物种外逃，并将所有已知发生的情况记录在案。

6.2.3 经营者应采取有效且可验证的措施，尽量减少营养物和废弃物进入水生生态系统。

6.2.4 禁止使用化肥和农药，附录 2 和附录 3 的物质除外。

6.3 水生植物

一般原则

有机水生植物在不会对自然环境造成不利影响的情况下可持续地种植和收获。

要求

6.3.1 水生植物生产应符合本部分第 2 章和第 4 章的相关要求。

6.3.2 采收水生植物不得破坏生态系统，不得使采收区域或周边水陆环境恶化。

6.4 品种与培育

一般原则

有机水生动物源于有机生产单元。

要求

6.4.1 水生动物应从出生开始进行有机养殖。

区域或其他例外：在没有有机水生动物的情况下，引入的常规水生动物需在有机系统中停留的时间不得少于其寿命的三分之二。当没有有机种群时，可以使用常规种群。为促进和建立有机种群，监管机构应对非有机来源的动物的选择使用设定期限。

6.4.2 经营者不得使用人工多倍体或人工生产的单性种群。

6.4.3 有机水生生态管理应当选择与本地区相适应的品种、养殖技术和生产方法。

6.5 水生动物营养

一般原则

有机水生动物应从优质的有机来源获取它们所需营养。

要求

6.5.1 使用有机饲料饲喂水生动物。

区域或其他例外：在下列情况下，经营者可在特定条件和一定时间内使用一定比例的非有机饲料。

A. 有机饲料数量不足或有质量问题；

B. 有机水产养殖处于早期发展阶段的地区。

非有机水生动物蛋白质和油脂必须来自独立验证的可持续来源。

6.5.2 水生动物的饲料应符合 5.6.4 和 5.6.5 的要求。

6.5.3 禁止使用含有人类排泄物的水体。

6.6 水生动物健康和福利

一般原则

有机管理通过均衡的有机营养、无压力的生活条件和优良的抗病品种来促进和维护动物健康和福利。

要求

6.6.1 经营者应遵守 5.6 的相关要求。

6.6.2 禁止以预防为目的使用兽药。

6.6.3 必要时经营者须优先使用自然方法和自然药物对水生动物进行治疗。禁止对无脊椎动物使用化学对抗疗法的兽药和抗生素。

6.6.4 禁止使用人工合成激素和生长促进剂刺激水生动物生长或繁殖。

6.6.5 饲养密度不得损害动物福利。

6.6.6 经营者应定期监测每个区域的水质和放养密度及动物群体健康和行为，并通过适当的管理措施维护水质、动物健康和自然行为。

6.7 水生动物运输和屠宰

一般原则

尽可能减少有机水生动物在运输和屠宰过程中承受的压力。

要求

6.7.1 经营者应遵守 5.7 的相关要求。

6.7.2 经营者对活体的处理方法应符合其生理要求。

6.7.3 经营者应在运输和宰杀过程中采取措施，确保满足有机水生动物特定的要求，并将以下不利影响降到最低：

A. 水质恶化；

B. 运输时长；

C. 放养密度；

D. 有毒物质；

E. 动物外逃。

6.7.4 水生脊椎动物宰杀前应致昏。经营者应定期检查设备，确保设备保持可以有效致昏或杀死动物。

6.7.5 水生动物的处理、运输和宰杀应尽量减少应激反应和痛苦，并将不同物种的特性考虑在内。

7. 加工和处理

7.1 总则

一般原则

有机加工和处理为消费者提供了高质量且营养丰富的有机产品，为有机农户供了一个不损害其产品有机完整性的市场。

要求

7.1.1 处理者和加工者不得将有机产品与非有机产品混合。

7.1.2 处理者和加工者应确保有机加工和处理链的可追溯性。

7.1.3 所有有机产品应有明确标识，并在加工、贮存和运输过程中防止常规产品的替代或接触。

7.1.4 制备或贮存非有机产品时，经营者应通知监管机构。

7.1.5 处理者或加工者应采取一切必要措施防止有机产品被污染，包括清洗、去污，必要时对设施和设备进行消毒。

7.1.6 经营者或处理人员应了解并减少其活动造成的环境污染。

7.1.7 加工者应尊重良好生产规范，包括在确定关键加工步骤的基础上保持良好的秩序。

7.2 原料

一般原则

有机加工的产品原料需是有机的。

要求

7.2.1 有机加工产品中使用的所有成分均应进行有机生产，附录4中出现的添加剂和加工助剂除外。

区域或其他例外：在无法获得足够数量或质量的有机原料的情况下，经营者可使用非有机原料，但必须满足以下条件。

A. 原料为非转基因，也不含纳米材料；

B. 官方承认该地区目前缺乏可用性的有机原料，或事先获得监管机构的许可；

C. 应满足8.1.3的相关要求。

7.2.2 禁止在同一产品中的同一成分混合使用有机和非有机原料。

7.2.3 作为配料的水和食用盐可以作为有机产品生产的成分，但不参与有机成分的百分比计算中。

7.2.4 不得使用矿物质（包括微量元素）、维生素和其他从动植物中分离的纯物质。除非法律要求使用，或者被证明该产品存在严重的营养缺失的问题。

7.2.5 可使用食品加工中常用的微生物和酶的制剂，但基因工程制品除外。室内制备、繁殖的培养物应当符合微生物有机生产的要求。

7.2.6 生产用于食品加工的有机微生物所需基质必须为有机状态。

7.3 处理方法

一般原则

有机加工和处理为消费者提供高质量的有机产品，且不损害有机产品的完整性，并对环境友好。

要求

7.3.1 采用生物、物理和机械的方法对有机产品进行加工处理。任何与有机产品发生化学反应或改变其性质的添加剂、加工助剂或其他材料必须是有机的或出现在附录4表1中的，并且应按照注明的要求限制使用。

7.3.2 不应使用下列物质和技术：

A. 复原有机产品因加工和贮存已经失去的特性；

B. 隐瞒处理过程；

C. 以其他方式误导产品真实性。

水可以再水或重复利用。

7.3.3 用于提取有机产品的溶剂应为列入附录4表1符合注释要求的有机产品或食品级物质。

7.3.4 不允许对任何成分以及产品进行辐照处理。

7.3.5 过滤设备不得含有石棉，或使用可能污染产品的技术或物质。过滤剂和佐剂被视为加工助剂，因此必须满足附录4的要求。

7.3.6 允许进行以下贮藏条件控制（在这些条件下允许的物质，见附录4）：

A. 气调；

B. 控温；

C. 干燥；

D. 湿度调节。

7.3.7 禁止在有机产品中刻意添加或使用纳米材料。

7.3.8 与有机产品接触的设备表面和器具不得含纳米材料，除非经验证不存在污染的风险。

7.4 病虫害防治

一般原则

依靠良好生产规范来保护有机产品免遭病虫害的危害，如进行适当清洁，保持良好的环境卫生和个人卫生等，不得使用化学和辐照方法来控制病虫害的发生。

要求

7.4.1 处理者和加工者应对有害生物进行管控，并应根据下列优先级使用以下方法：

A. 预防措施，如破坏有害生物的生境和设施；

B. 机械、物理和生物方法，如通过控制温度、湿度、光照、空气等因素来防止病虫害的发生；

C. 使用符合本标准附录的物质；

D. 使用引诱物（不包括农药）。

7.4.2 禁止使用的虫害防治物质和方法措施（包括但不限于）：

A. 使用附录3以外的杀虫剂；

B. 用环氧乙烷、溴甲烷、磷化铝或附录4中未包含的其他熏蒸剂；

C. 电离辐射。

7.4.3 使用不符合有机标准的方法或材料会使产品失去有机状态。经营者应当采取必要的预防措施防止污染，如将有机产品及相关材料移除后，对设备或设施进行消毒处理；在设备、设施上使用违禁物品时，不得污染有机产品，并进行书面记录加以证明。

7.5 包装

一般原则

将包装对有机产品和环境的不利影响降至最小。

推荐

应避免使用聚氯乙烯（PVC）和铝材。

要求

7.5.1 经营者不得使用可能污染有机产品的包装材料，包括重复使用的袋子或已经接触过可能损害有机完整性物质的容器。禁止使用含有化学合成杀菌剂、防腐剂、熏蒸剂或纳米材料的包装材料和容器等。

7.5.2 经营者应尽量减少包装，并选择对环境影响最小的包装材料。必须考虑包装材料的生产、使用和处置对环境的综合影响。

7.6 加工设施的清洁和消毒

一般原则

有机产品安全和优质，不应含有用于清洁和消毒加工设施的物质。

要求

7.6.1 经营者应采取一切必要的预防措施，保护有机产品免受禁用物质、有害生物、病原物和其他外来物质的污染。

7.6.2 水和附录4表2中的其他物质可作为与产品直接接触的设备的清洁剂和消毒剂使用。

7.6.3 使用其他清洁剂、消毒剂和杀菌剂进行表面处理时，操作应以不污染产品的方式进行。操作员在使用任何清洁剂、消毒剂或杀菌剂时，应隔离有机产品不与相关处理面接触，防止有机产品被污染。

8. 标识

8.1 总则

一般原则

有机产品应清楚准确地标明为"有机"。

要求

8.1.1 按照本标准生产的产品可以被标为有机产品。

8.1.2 标签必须标识以下内容：

A. 对产品负有法律责任的人员或公司；

B. 确保生产主体符合适用的有机标准。

8.1.3 加工产品应按以下最低要求进行标识：

A. 如95%～100%的成分（按质量计算）是有机的，产品可贴上"有机"的标签。

B. 有机成分在70%～95%（按质量计算）的产品不能贴"有机"的标签，但可标为"有机成分制造"等字样，并须清楚列明有机成分的比例。

C. 如有机成分小于70%（按质量计算），则产品不得贴上"有机"标签，包装正面不得有"有机成分制造"等字样，也不得有任何认证机构印章、国家标志或其他有机认证的标识，但在成分列表中的相应成分可被标为"有机"。

计算有机成分百分比的注意事项：水和食用盐不包括在有机成分百分比的计算中。

8.1.4 多配料产品的所有成分应按其质量百分比的顺序列在产品标签上。标签需标明成分是否为有机以及所有添加剂的全称。如果香草和／或香辛料占总量的比例小于2%，可列为"香辛料"或"香草"，可不说明含量百分比。

8.1.5 处在"转换期"的成分可用在多配方饲料中。但成分清单必须标明它们的状态以及"转换期"、有机和非有机成分的总百分比（以干物质计）。

8.1.6 只有所有组分都是有机的情况下，鲜活或未加工的多组分产品（如蔬菜盒）才能作为有机产品出售。

8.1.7 处在"转换期"的产品标签应与有机产品的标签有明显区别。只有单一成分的植物产品可以标记为"转换期"产品。

9. 社会公正

一般原则

社会公正和社会权利是有机农业和加工的组成部分。有机农业的公平原则强调，确保参与有机农业的各个层面和所有参与者实现公平的人际关系。

推荐

经营者应明确和积极主动地对其员工或签约的农户进行鼓励。

长期雇员及其家属应获得教育、交通和医疗服务。

经营者应尊重土著人民的权利，不得使用或开发已经或正在处于贫困、殖民、驱逐、流放或杀戮居民或农民的土地，或根据当地法律在所有权上存在争议的土地。

有机经营者应在法律责任之外，为社会和文化做出积极贡献，可表现在以下一个或几个领域：

A. 教育与培训；

B. 科研与创新；

C. 支持当地或更广泛的社群发展；

D. 促进农村发展。

要求

9.1 违反人权和社会公正的生产不能被认证为有机生产。

9.2 经营者不得侵犯土著居民的土地权利。

9.3 经营者不得强迫劳动者进行非自愿的劳动，不得扣留劳动者的部分工资、财产、证件等。

9.4 经营者应保证员工、供应商、农民和承包商在不受干扰、恐吓和报复的情况下集会和谈判的权利。

9.5 经营者应向雇员和承包商提供平等的机会和待遇，不得有歧视行为。

9.6 经营者应有纪律处分程序和警告制度。在任何停职或解雇之前，应向被解雇的工人提供解雇原因的详细信息。

9.7 员工在连续工作六天后至少有一天休息的权利。经营者不得要求工人工作超过合同规定的时间和国家或地方政府立法规定的时间。加班应以补偿金或补休的形式获得补偿。

9.8 经营者不得要求生病或需要医疗照顾的员工工作，不得以生病不工作为由对员工进行处罚。

9.9 经营者不得使用童工。

区域或其他例外：孩子可以在自家农场、企业或邻近的农场体验生活，条件如下。

A. 这种工作对其健康和安全无不利影响；

B. 不会对儿童的教育、道德、社交、智力、精神和身体发展有不利影响；

C. 儿童由成年人监护或得到法定监护人的授权。

9.10 经营者应向员工支付符合运营辖区法定最低要求的工资和福利，在没有最低要求的情况下，应向员工支付行业基准的工资和福利。

9.11 经营者应向永久雇员和临时雇员提供书面雇佣条款和条件，其语言和表述应为工人所理解。条款和条件必须至少说明：

A. 工资；

B. 支付的周期和方式；

C. 工作地点、种类及时间；

D. 承认工人的结社自由；

E. 纪律要求；

F. 健康和安全程序；

G. 加班、节假日薪酬，医疗补助和其他福利（如产假和陪产假）的资格和条款；

H. 劳动者终止劳动的权利。

经营者应当确保劳动者了解劳动合同条款，并诚实地遵守合同条款，包括按时支付工资等。

区域或其他例外：在下列情况下双方仅需就聘用条款和条件达成口头协议。

A. 经营者没有书写能力；

B. 工人的雇佣期少于六天；

C. 需要紧急劳动力来解决不可预测的问题。

9.12 经营者应确保有足够的饮用水供应。

9.13 经营者应提供适当的安全设备并进行安全培训，以保护工人在所有生产加工过程中免受噪声、灰尘、阳光和化学品或其他危险物质的损害。

9.14 经营者应为需要居住的员工提供可居住的住房、饮用水、卫生和烹饪设施以及基本医疗服务。如果员工居住在作业现场，经营者还应为家庭成员提供基本医疗服务，并为儿童提供教育服务。

9.15 经营者应遵守国家规定的社会保障最低要求。

9.16 员工超过 10 人的经营主体必须有书面的雇佣政策并保存记录，以证明完全符合本节的要求；员工有权查阅与自己相关的文件。

9.17 本节中的要求同样适用于经营中的所有员工，无论他们以何种方式受雇。但执行非生产性核心业务（如管道、机器维修或电气工作）的分包商除外。

部分 C：附录

附录 1：用于有机生产加工的投入品、添加剂和加工助剂评估标准

总则

有机生产和加工系统是基于对自然、生物、再生和可再生资源的使用。有机

农业主要通过有机物质的循环利用来维持土壤肥力，养分的有效性主要取决于土壤生物的活动。病虫草害主要通过栽培措施进行管理。有机畜禽主要通过有机生产的饲料和草料获得营养，并确保其在允许自然行为和避免压力的条件下生活。生产有机加工产品所需原料主要通过生物、机械和物理手段制得。

投入品列表

以下附录包含本标准允许用于有机生产、处理和加工的投入品、添加剂、加工助剂和其他物质。这些清单可由国际有机联盟标准委员会根据下述投入品评价标准进行审查后加以修订。成员或其他利益相关者要求添加、删除或以其他方式改变某一投入品地位的相关过程可见国际有机联盟标准修订版中的政策 20 条，国际有机联盟标准可在国际有机联盟网站 www.ifoam.bio 上查阅，或可从国际有机联盟的有机国际总部（ogs@ifoam.bio）订购。

投入品评估

用于有机生产的投入品应符合国际有机联盟标准相关章节中所述的有机农业原则，并按照评估标准基于下列预防原则进行评估：

A. 当一项活动对人类健康或环境造成危害时，即使对其发生原因没有完全科学的理论支撑，也应采取预防措施。在这种情况下，活动的倡导者，应承担起举证责任。

B. 实施预防原则的过程必须是公开、知情和民主的，必须包括可能受到影响的各方。另外它还必须包括各种替代方案，以及禁止使用的方案。

评估标准的一般原则

必需品和替代品：所使用的任何投入品都是可持续生产所必需的，对保持产量和质量至关重要，而且是现有的最佳技术。

来源和生产过程：有机生产是以利用自然、生物以及可再生资源为基础进行的活动。

环境：有机生产和加工有利于环境的可持续发展。

人类健康：有机技术促进人类健康和食品安全。

品质：有机技术提高或保持产品品质。

社会、经济和道德：有机生产中使用的投入品需要满足消费者的期望，无质疑或反对。有机生产具有社会公正性、经济可持续性、文化多样性，并且可以保护动物福利。

评估一种特定物质的卷宗资料必须满足以下标准中的数据要求和判定规则以及添加至附录的相关标准。

作物和畜禽标准

以下标准适用于为作物生产提交的投入品评估卷宗。目前的国际有机联盟标准没有单独的畜禽投入品附录。制定用于畜牧业生产的投入品评估程序和相关标准的工作正在进行中。畜禽养殖标准和可用于有机畜禽养殖的投入品见前面的部分 B 第 5 章。

1. 必要性和替代品

提交的卷宗资料应记载该投入品的必要性及其在有机生产系统中使用的基本特性，及替代方法、规范和投入品的有效性等。

1.1 投入品是大量生产优质作物或牲畜产品所必需的，它可以促进养分循环，增强生物活性，为动物提供均衡的饮食，保护农作物和畜禽免受病虫草害，调节增长，保持和改善土壤质量。

1.2 对给定物质的评估可参考该物质的其他可用替代品或技术规范。

1.3 每一个投入品都应根据产品的使用情况（如作物数量、用量、使用频率、特定用途等）进行评估。

2. 来源和生产过程

提交的卷宗资料应记载投入品的来源和生产过程。

2.1 生物制品需要对其来源进行描述，并出具一份可验证的声明，说明它们没有利用国际有机联盟定义的基因工程，需要的繁育、培养、生产、提取过程，以及准备使用该物质的其他信息。一般允许源自天然存在的植物、动物、真菌、细菌和其他生物，也可以经过物理转化（如机械加工）和生物转化（如堆肥、发酵和酶消化等）。基于其他标准可以设置禁限条款，其中通过化学反应改变其特性的合成物质应遵守下面的 2.3 条款。

2.2 天然的不可再生资源（如矿物）需要说明来源矿床或自然产地。通常要限制使用不可再生资源，它们可以作为可再生资源的补充物质，且必须是通过物理和机械方法提取的，并非化学合成的产物。另外应禁止或限制使用含有较高环境污染物（如重金属、放射性同位素和盐度）的产品。

2.3 一般情况下，禁止使用不可再生资源的合成物质。在满足所有其他标准的情况下，且纯天然条件下的数量和质量不足时，可以使用与自然产品完全相同的合成替代物。

2.4 限制或禁止使用以破坏环境为代价提取、回收或生产的投入品。

3. 环境

提交的卷宗资料应记载该物质对环境的影响。

3.1 物质对环境影响包括但不限于以下参数：急性毒性、持久性、可降解性、浓度范围；与环境产生的生物、化学和物理等方面的相互作用，包括与有机生产中使用的其他投入品的协同效应。

3.2 该物质对农业生态系统（包括土壤健康）、土壤生物、土壤肥力与结构、作物和畜禽的影响。

3.3 禁止或限制使用盐度高、对非靶标生物有毒或有持续不良影响的物质。

3.4 用于作物生产的投入品也应考虑其对畜禽和野生动物的影响。

4. 人类健康

提交的卷宗资料应记载该物质对人类健康的影响。

4.1 关于人类健康的影响包括但不限于：急性和慢性毒性、半衰期、降解物和代谢产物。可禁止或限制使用有不良影响报告的物质，以降低威胁人类健康的潜在风险。

4.2 卷宗应在每个阶段记载该物质可能接触的任何人，如提取、制造、应用或以其他方式使用该物质的工人和农民；可能因其释放到环境中而接触的其他人；因摄入食物接触的消费者。

5. 产品质量

提交的卷宗资料应记载该物质对产品质量的影响，包括但不限于：初级产品的营养、风味、口感、贮存和外观。

6. 社会、经济和道德方面的考虑

提交的卷宗资料应记载该物质对社会、经济和文化的影响。

6.1 该物质对社会和经济的影响包括但不限于：对其生产和使用的相关社区的影响，是否有利于经济结构的优化和规模扩大，以及在传统食品中的历史使用情况。

6.2 应考虑消费者对投入品与有机生产兼容性的看法。该投入品不应受到有机产品消费者的抵制或反对。如果一种物质对环境或人类健康存在科学上的不确定性，消费者可以合理地认为该物质与有机生产不相容。在投入品问题上应该尊重消费者对自然和有机的普遍看法。

6.3 应评估用于动物饲料和畜禽生产的投入品对动物健康、福利和行为的影响。药物的使用必须以减轻动物痛苦为目的，禁止或限制使用对动物的自然行为或身体机能造成痛苦或负面影响的投入品。

加工处理标准

这部分标准适用于对添加剂和加工助剂的评估，因加工技术需要，或为提高感官品质和食品营养，以及与产品接触的物质应遵守这些标准。对于加工而言，只有在必要的情况下才能使用某种投入品，投入某种物质的必要性应从人类健康、环境安全、动物福利、产品质量、生产效率、消费者接受度、生态保护、生物多样性或景观等方面进行评估。在制备添加剂和加工助剂时使用的载体和防腐剂也必须考虑在内。应按照以下标准完整明确地记载相关卷宗资料，审查有机加工中拟允许使用的投入品，评估有机产品中的添加剂和加工助剂。

1. 必要性和替代品

提交的卷宗资料应记载使用添加剂、加工助剂或载体的必要性，以及其在有机加工和拟议应用中的本质属性，以及替代方法、规范和投入品的有效性。每种物质应就其特定用途和应用方式进行评估，并证明该物质是在符合国际有机联盟标准的必要性的情况下使用的。

1.1 提交卷宗资料应考虑以下替代方案的技术可行性：

A. 按照有机标准生产的整个产品；

B. 按照有机标准生产加工的产品；

C. 非农产品原料的纯化产品，如食盐；

D. 未按有机标准进行生产和加工的农产品原料的纯化产品，但出现在附录4中。

1.2 如果生产加工产品需要的某种成分符合消费者认可的独立建立的最低技术规格，并且没有可用的有机替代品，那么这种非有机成分可以被认定为是必要的。

1.3 对给定的添加剂、加工助剂或载体进行评估时，应参照可用于替代该物质的其他可用成分或技术。

1.4 如果加工产品所需的物质既符合个性标准和政府法规，又满足消费者期望，则该物质被认为是必需品。

2. 来源和生产过程

提交的卷宗资料应记载物质的来源和生产过程。

2.1 生物来源的添加剂和加工助剂，例如发酵培养物、酶、调味剂和树胶，必须使用生物、机械和物理方法从天然存在的有机体中提取。在该物质没有有机来源的情况下，才允许使用非有机产品。

2.2 不可再生的天然资源（如盐和开采的矿物）必须通过物理和机械方法获得，不能通过化学反应合成。卷宗资料必须有自然污染物（如重金属、放射性同位素和盐度等）的记载，并符合《食品化学法典》中的技术指标。有不可接受的污染水平的应禁用或限制使用。

2.3 在满足所有其他标准的情况下，且纯天然产品的数量和质量不足时，可以使用与自然产品完全相同的合成替代物。

2.4 通常禁止使用采用不可再生资源合成的物质作为添加剂和加工助剂。

3. 环境

提交的卷宗资料应记载该物质对环境的影响。

环境影响方面的记载内容：制造和加工过程中释放的所有有害废物或副产物、物质的持久性、降解产物和富集区域等。产生有毒副产物或污染废物的添加剂和加工助剂应限制或禁止使用。

4. 人类健康

提交的卷宗资料应记载该物质对人类健康的影响。

4.1 人类健康影响方面的卷宗资料内容包括但不限于：急性和慢性毒性、致敏性、半衰期、降解产物和代谢产物。对人类健康有不良影响报告的物质可禁止或限制使用，以降低出现威胁人类健康的潜在风险。

4.2 卷宗资料中应记载任何可能接触该物质的人：生产、应用或以其他方式使用该物质的工人和农民，可能因其释放到环境中而接触到的邻居，以及因摄入有残留的食物而接触的消费者。

4.3 国际有机联盟将仅考虑由联合国粮农组织和世界卫生组织的食品添加剂联合专家委员会（JECFA）评估认可的加工助剂和添加剂。

A. 食品添加剂应设有可接受的每日摄入量（ADI）水平，或明确"不需要规定"或"不需要限制用量"；

B. 任何其他状态的食品添加剂应禁止或限制使用，控制膳食暴露；

C. 食品添加剂的评估还应考虑已知的致敏性和免疫反应。

4.4 应考虑到不同人群该物质的实际每天摄入量，证明没有任何人群的正常摄入量高于公认的 ADI 值。

5. 加工产品质量

5.1 提交的卷宗资料应记载该物质对产品整体质量的影响，包括但不限于营养、风味、口感、贮存和外观。

5.2 添加剂和加工助剂不得降低产品的营养质量。

5.3 一种物质不应单独或主要用作防腐剂，不应该以附加、再生或改善产品特性（如风味、颜色或质地等），或恢复、提高加工过程中失去的营养价值为目的进行使用，除非这种营养补充剂是法律要求添加的。

5.4 有机产品加工过程中使用的非有机成分、添加剂和加工助剂不得影响产品的真实性和整体质量，也不应误导消费者。

5.5 每一种添加剂都应根据其特定用途进行评估，不得偏向任何特定的技术或设备。只有在被证明对特定产品的生产是绝对必要的，并且符合国际有机联盟标准中的有机原则时，才应添加到允许使用列表中。

6. 社会、经济和道德方面的考虑

6.1 卷宗资料应记载该物质对社会、经济和文化的影响。

6.2 卷宗资料应记载该物质对社会和经济的影响，包括但不限于对其生产和使用的社区的影响，是否有利于经济结构优化和规模扩大，该添加剂或加工助剂在传统产品中的历史使用情况。

6.3 应考虑消费者对投入品与有机生产兼容性的看法。如果一种物质对环境或人类健康存在科学上的不确定性，消费者可以合理地认为该物质与有机生产不相容。投入品应该尊重消费者对自然和有机的普遍看法。

附录 2：肥料和土壤调理剂

物质和成分	使用条件
1. 动植物来源	
农家肥、淤泥和尿液	农场在有其他补充氮的方法的情况下，不得使其成为氮的主要来源，并且未经监管机构允许，不得使用来自集约化畜牧生产系统的肥料
鸟粪	
人类排泄物分离物	仅在符合部分 B 的 4.4.5 条款要求时

物质和成分	使用条件
蚯蚓粪	
血粉、肉粉、骨头和骨头粉	
蹄粉、角粉、羽毛粉、鱼和贝壳类产品、皮毛、毛发、乳制品	
植物或动物来源，可生物降解的加工副产品（如食品、饲料、油籽、啤酒厂、酿酒厂或纺织加工的副产品）	无明显污染物；或在进入有机土地之前进行堆肥后确认无明显污染物
农作物残体、植物材料、覆盖物、绿肥、秸秆	
木料、树皮、锯屑、刨花、木灰、木炭	仅在未经化学处理的情况下使用
海藻和海藻制品	通过脱水、冷冻和研磨等物理方法，或用水、氢氧化钾溶液萃取（但应尽量将溶剂使用量降至最低）或发酵方法获取
腐殖土（禁止用于土壤调理）	不应含合成添加剂；仅允许用于园艺栽培（如花卉栽培、苗圃、盆栽配方土）
植物制剂和提取物	
由本附录所列成分制成的堆肥	
蘑菇培养废料，蚯蚓和昆虫产生的腐殖质	
不同来源经监测未受污染的城市堆肥和生活垃圾	
2. 矿物来源	
钙镁改良剂，如石灰石、石膏、泥灰岩、石蜡、白垩、氯化钙、镁岩、硫酸镁石、泻盐类（硫酸镁）、其他非合成钙质和镁改良剂	
黏土（如膨润土、珍珠岩、蛭石、沸石）	
矿物钾（如硫酸钾、氯化钾、钾盐镁矾、针碲金银矿、硫酸钾镁）	应通过物理方法获得，不得通过化学方法富集
非合成的磷酸盐（如磷酸盐、胶体磷酸盐、磷灰石）	镉含量 ≤ 90mg/kg P_2O_5
岩石粉	
氯化钠	
天然硫黄	
微量元素，如硼酸、硼酸钠、硼酸钙、硼乙醇胺、醋酸钴、硫酸钴、氧化铜、硫酸铜、氢氧化铜、硅酸铜、碳酸铜、柠檬酸铜、三氧化二铁、硫酸铁、硫酸亚铁、柠檬酸铁、酒石酸铁、一氧化锰、硫酸锰、碳酸锰硒酸、亚硒酸、钼酸钠、氧化钼、碳酸锌、氧化锌、硅酸锌和硫酸锌	仅限于通过土壤或植物组织测试记录或由独立专家诊断土壤/植物营养缺乏的情况下使用。禁止使用氯化物或硝酸盐形式的微量元素。微量元素不得用作脱叶剂、除草剂或干燥剂

物质和成分	使用条件
3. 微生物学	
微生物来源可生物降解的加工副产品，如啤酒厂或酿酒厂加工的副产品	
以天然生物为基质培育的微生物制剂	
4. 其他	
生物动力制剂	
木素磺酸钙	

附录 3：植物保护剂和生长调节剂

物质和成分	使用条件
1. 动植物来源	
藻类制品	仅允许采用物理方法（包括脱水、冷冻、研磨等）、水或氢氧化钾溶液提取（但所用的溶剂量应尽可能少）和发酵方法生产的产品
动物制剂和油脂	
蜂蜡	
几丁质杀线虫剂（天然来源）	不应采用酸水解制取
咖啡渣	
玉米蛋白粉	
乳制品（如牛奶、酪蛋白）	
明胶	
卵磷脂	
天然酸（如醋）	
印楝（*Azadirachta indica*）	
植物油	
植物制剂	
植物性驱虫剂	
蜂胶	
除虫菊（*Chrysanthemum cinerariaefolium*）	禁止使用增效醚（一种增效剂）
苦木科植物	
鱼藤酮类（毛鱼藤）	须经监管机构批准，不应在水体附近使用
鱼尼汀（*Ryania speciosa*）	
沙巴藜芦	

物质和成分	使用条件
2. 矿物来源	
漂白粉（氯化钙）	
黏土（如膨润土、珍珠岩、蛭石、沸石）	
铜盐（如硫酸盐、氢氧化物、氯氧化合物、辛酸酯类）	每年每公顷最多 6kg 铜（以移动平均法计算）
硅藻土	
轻质矿物油（石蜡）	
石硫合剂（多硫化钙）	
碳酸氢钾	
氢氧化钙（熟石灰）	仅适用于植物地上部
硅酸盐（如硅酸钠、石英）	
碳酸氢钠	
硫黄	
3. 微生物	
真菌制剂（如多杀菌素）	
细菌制剂（如苏云金芽孢杆菌）	
寄生性和捕食性天敌和绝育昆虫	
病毒制剂（如颗粒体病毒）	
4. 其他	
生物动力制剂	
二氧化碳	不应通过燃烧燃料仅生产二氧化碳，只允许作为其他工艺的副产品来制备
酒精	
顺势疗法和阿育吠陀制剂	
磷酸铁（用作软体动物杀灭剂）	
海盐和盐水	
软皂	
5. 引诱、阻隔和驱避	
物理方法（如色彩引诱、机械诱捕）	
覆盖物，纱网	
信息素	只在诱捕器和散发器中使用

附录 4：

如果在市场上可以买到，则必须使用经过认证的下列物质的有机来源，如果没有有机来源，则必须使用商业上可获得的自然来源。只有在没有有机和自然来源的情况下，才可以使用下列物质的合成来源。

表 1　核准的添加剂、加工助剂和采后处理剂清单

国际系统编号	产品名称	添加剂	加工助剂和采后处理剂	备注（限制条件）
INS 170	碳酸钙	X	X	不适用于上色
INS 184	丹宁酸		X	葡萄酒过滤剂
INS 220	二氧化硫	X		仅适用于酒
INS 224	硫酸钾	X		仅适用于酒
INS 270	乳酸	X	X	
INS 290	二氧化碳	X	X	
INS 296	苹果酸	X	X	
INS 300	维生素 C	X		
INS 306	维生素 E（混合天然浓缩物）	X		
INS 322	卵磷脂	X	X	不应从漂白剂中获得
INS 330	柠檬酸	X		
INS 331	柠檬酸钠	X		
INS 332	柠檬酸钾	X		
INS 333	柠檬酸钙	X		
INS 334	酒石酸	X	X	仅适用于酒
INS 335	酒石酸钠	X	X	
INS 336	酒石酸钾	X	X	
INS 341	磷酸二氢钙	X		只用于发面
INS 342	磷酸铵	X		酒中限制在 0.3g/L
INS 400	藻酸	X		
INS 401	海藻酸钠	X		
INS 402	海藻酸钾	X		
INS 406	琼脂	X		
INS 407	卡拉胶	X		
INS 410	槐树豆胶	X		
INS 412	瓜耳胶	X		
INS 413	黄芪胶	X		

国际系统编号	产品名称	添加剂	加工助剂和采后处理剂	备注（限制条件）
INS 414	阿拉伯树胶	X		
INS 415	黄原胶	X		
INS 428	明胶		X	
INS 440	果胶	X		未改性的
INS 500	碳酸钠	X	X	
INS 501	碳酸钾	X	X	
INS 503	碳酸铵	X		仅限用于谷物制品、糖果、蛋糕和饼干
INS 504	碳酸镁	X		
INS 508	氯化钾	X		
INS 509	氯化钙	X	X	
INS 511	氯化镁	X	X	只适用于豆制品
INS 513	硫酸	X	X	作为制糖过程中调节 pH 值的加工助剂、葡萄酒和苹果酒生产的添加剂
INS 516	硫酸钙	X		用于豆制品、糖果和面包酵母
INS 517	硫酸铵	X		仅用于葡萄酒，限 0.3mg/L
INS 524	氢氧化钠	X	X	用于糖加工和传统烘焙产品的表面处理
INS 526	氢氧化钙	X	X	玉米粉用食品添加剂和糖的加工助剂
INS 551	二氧化硅		X	
INS 553	滑石粉		X	
INS 558	皂土		X	只适用于水果和蔬菜产品
INS 901	蜂蜡		X	
INS 903	巴西棕榈蜡		X	
INS 938	氩气	X		
INS 941	氮气	X	X	
INS 948	氧气	X	X	
	乙烯		X	用于柑橘去绿和催熟
	活性炭		X	
	酪蛋白		X	仅适用于酒
	纤维素		X	
	硅藻土		X	
	乙醇		X	
	明胶		X	仅适用于酒

续表

国际系统编号	产品名称	添加剂	加工助剂和采后处理剂	备注（限制条件）
	高岭土		X	
	珍珠岩		X	
	植物和动物油		X	仅为提取用
	树皮制品		X	仅用于制糖

注1：调味剂可优先使用有机调味品提取物（包括精油类），没有时可使用经监管机构批准的天然香料制品。
天然香料应符合下列评估标准：
A. 来源于植物、动物或矿物；
B. 生产过程符合公认的有机标准；
C. 通过溶剂（植物油、水、乙醇、二氧化碳）萃取、机械和物理方法获取。

注2：
经监管机构批准，下列微生物和酶及其制品可作为加工食品成分或加工助剂使用（见部分 B 的 7.2.5 条款）：
A. 有机认证的微生物；
B. 微生物制剂；
C. 酶和酶制剂。

表2　设备清洁剂和设备消毒剂的指示性清单

产品	限制条件和说明
乙酸	
乙醇（酒精）	
乙醇、异丙醇（异丙基）	
氢氧化钙（消石灰）	
次氯酸钙	必须进行人为干预以消除污染风险
氧化钙（生石灰）	
漂白粉（次氯化钙、氯化钙和氢氧化钙）	
二氧化氯	必须进行人为干预以消除污染风险
柠檬酸	
甲酸	
过氧化氢	
乳酸	
天然植物香精	
草酸	
臭氧	
过氧乙酸	

续表

产品	限制条件和说明
磷酸	仅用于乳制品加工设备
植物提取物	
软皂	必须进行人为干预以消除污染风险
碳酸钠	
氢氧化钠（烧碱）	必须进行人为干预以消除污染风险
次氯酸钠	必须进行人为干预以消除污染风险
脂肪酸钠	必须进行人为干预以消除污染风险

附录 5：畜禽养殖场和设备病虫害控制和消毒用物质

产品	说明
碱金属碳酸盐	
氧化钙（石灰、生石灰）	
苛性钾（氢氧化钾）	
烧碱（氢氧化钠）	
柠檬酸、过氧乙酸、甲酸、乳酸、草酸、乙酸	
奶嘴及挤奶设备清洁及消毒用品	
乙醇和异丙醇	
过氧化氢	
碘	
石灰乳、熟石灰、氢氧化钙	
天然植物香精	
硝酸	用于乳制品加工设备
磷酸	用于乳制品加工设备
钾钠皂	
碳酸钠	
次氯酸钠（如液体漂白剂）	
水和蒸汽	

国际食品法典有机食品生产、加工、标识与销售导则

（GL 32-1999, Rev. 4-2007, Amended 5-2013）

目 录

前言

制定本导则的目的是提供协调一致的方法来满足有机食品生产、标识和声称的需求。

本导则旨在：

a）保护消费者免受市场假冒产品及没有依据的产品声称的欺骗。

b）保护有机产品生产者免受其他假冒有机产品的影响。

c）确保生产、加工、贮存、运输、销售各个阶段均处在检查监督之下，并完全符合本导则的规定。

d）协调有机产品的生产、认证、识别和标识的各项规定。

e）提供有机食品控制体系的国际导则，以促进国家控制体系的认同和共识，从而促进有机食品的进口。

f）维持并加强各国的有机农业体系，为当地和全球的可持续发展做出贡献。

在有机产品的生产和销售标准、监督以及标识要求等应具备的基本条件方面，本导则是目前官方国际协调工作的第一步。对于有机产品，制定及实施这些基本条件的经验十分有限。而且，全球各地消费者对有机产品生产过程中的某些重要细节的认同存在地区差异。但现阶段已有如下共识：

a）本导则是协助各国制定国家有机食品生产、销售、标识制度的有益工具。

b）考虑到技术进步及实施导则后所获得的经验，有机产品导则需要定期完善和更新。

c）这些导则不妨碍成员国为了维护消费者的信任和避免欺诈行为而实施更严格和详细的规定，并以等效原则对待具有更严格规定的其他国家的产品。

本导则为种植、制备、贮存、运输、标识和市场各阶段制定了有机生产的原则，并为土壤的施肥及改良、植物病虫害防治、食品添加剂和加工助剂使用的可接受用量提供了指标。可暗示该产品使用有机生产方式的术语，仅限用于在认证机构或主管部门的监管下生产的产品的标识。

有机农业是诸多有益于环境的农业生产方法之一。有机生产体系是以详细严格的生产标准为基础，这些标准的目的在于建立社会、生态及经济可持续发展的优化农业生态系统。为了更为清楚地描述有机系统，一些术语如"生物的""生态的"会被使用。认证、标识和声称源自生产过程，有机产品的生产要求与其他农产品不同。

"有机"是一个标识术语，用于表示产品是按照有机生产标准生产，并获得了正式授权的认证机构或监管当局的认证。有机农业基于尽量减少外部投入，避免使用合成肥料和农药。鉴于普遍存在环境污染，有机农业生产方式不能够确保产品毫无残留，但采用了尽量降低空气、土壤与水污染的生产方法。有机产品生产者、加工者及零售商均应遵守有机产品标准，以保持有机农产品的完整性。有机农业的主要目标是最大限度地优化相互依存的土壤、植物、动物和人类系统的健康和生产力。

有机农业是完整的生产管理系统，该系统能够促进并加强包括生物多样性、生态循环、土壤生物活性在内的农业生态系统的健康。有机农业考虑因地制宜地建立符合区域性条件的系统，优先强调管理实践，而不是非农业源投入物的使用。即在可能的情况下，通过利用耕作、生物和机械的方法，而不是使用合成物质，来实现系统内特定的功能。有机生产系统的建立是为了：

a）在整个系统内提高生物多样性。

b）增强土壤的生物活性。

c）保持土壤的长久肥力。

d）循环利用动植物的废弃物来补充土壤养分，最大限度地减少不可再生资源的使用。

e）依赖于当地有机农业系统内的可再生资源。

f）促进土壤、水与空气的健康利用，最大限度地减少因农业生产活动导致的任何污染。

g）强调采用谨慎的加工方法处理农产品，使各个加工环节均能保持有机完整性及其关键品质。

h）经过一段时间的转换，在现存的任何农场可建立有机农业。转换时间的长短取决于所在地点的特定因素，如土地耕作时间以及作物和家畜的类型。

生产者与消费者紧密联系的观念由来已久。但随着市场需求扩大、生产经济效益增加以及消费者与生产者距离越来越远，均刺激了控制和认证程序的引入。

认证的综合内容是对有机管理系统的监督。经营者的认证程序主要基于经营者在监督部门的配合下形成的农业企业年度记述。同样，就加工而言，也要针对加工操作和工厂条件制定标准，使之可以监督和验证。若由认证机构或主管部门实施检查，则必须清楚地区分监督与认证职能。为维护公正性，认证机构和认证当局的经济利益与经营者的认证不应关联。

除了小部分农业商品从农场直接销售给消费者外，大多数商品是经由已建立的贸易渠道销售给消费者的。为了最大限度地减少市场欺骗行为，必须制定特别措施，以确保对贸易及加工企业进行有效的审查。因此，针对过程而不是最终产品的管理，要求各相关方必须采取负责的行动。

对进口的要求应以"食品进出口检验及认证原则"中规定的等效与透明原则为基础。在接受有机产品的进口时，进口国通常会对出口国的监督与认证程序及使用的标准进行评估。

鉴于有机生产系统的持续进步，本导则的有机原则与标准也会不断发展，因此，食品标签法典委员会（CCFL）将定期对本导则进行再评估。CCFL将启动再评估程序，并于每次CCFL会议前邀请成员国政府及相关国际组织提出修订建议。

1. 范围

1.1 本导则适用于以下使用或准备使用有机标识的产品：

a）未经加工的植物及植物产品、牲畜和牲畜产品，其生产原则和专门的检查规则应符合附录Ⅰ和附录Ⅲ。

b）使用a）条款所述的农产品，加工成供人类食用的农畜产品。

1.2 在产品标识、声称以及广告或商业文件中，如果使用了"有机""生物动力学""生物学""生态学"等词，或包括在产品投放市场的所在国类似意思的词来描述某产品或其配料，向购买者示意该产品或其配料是采用有机生产方法获得的，即可认为该产品标识了有机生产方法。

1.3 如果所使用术语明显不表征有机生产方法，则不用使用第1.2条款的规定。

1.4 本导则的应用并不妨碍在第1.1条款中所规定产品的生产、制作、销售、标识及监督中应用国际食品法典委员会的其他管理规定。

1.5 所有通过转基因技术生产的产品和／或材料，均不符合有机生产的原则（无论是种植、制造或加工），因此不被本导则认可。

2. 描述和定义

2.1 描述

只有产自有机农业系统的食品方可表述为有机食品。有机农业系统的管理追求通过天然生态系统实现可持续性生产，包括采用相互依存的生物多样性来进行杂草及病虫害防治、循环利用植物与动物废弃物，以及作物选择与轮作、水管理、耕作与栽培措施等。通过优化土壤生物活性、土壤物理与矿物特性的系统方法维持并增强土壤肥力，为动物与植物提供均衡营养，同时保护土壤资源。使循环利用植物营养素成为土壤施肥策略的重要部分，实现可持续性生产。通过促进宿主/寄生间关系的平衡、增加益虫种群、生物与耕作控制以及机械去除害虫和植物受感染部分进行病虫害的防治。

有机畜牧业的基础是发展土地、植物和牲畜之间的和谐关系，尊重牲畜的生理和行为需要。通过提供优质有机饲料，保持适当的存栏率，建立满足牲畜行为需要的管理体系，并结合减少动物精神压力，增进健康，预防疾病和避免使用化学对抗性兽药（包括抗生素），可以实现畜禽的有机饲养。

2.2 定义

农产品/农业源产品（Agricultural product / product of agricultural origin）：是指任何通过市场销售的供人类食用或作为动物饲料的产品或商品（不包括水、盐和添加剂），这些产品或商品可以是原料或加工制品。

审查（Audit）：是指系统的和功能上独立的检查，以确定某些行为及结果与计划目标是否一致。

认证（Certification）：是指由官方的或官方认可的认证机构，对符合要求的食品或食品管理系统提供书面或等同形式的保证所需要的程序。适宜的食品认证应基于一系列的监督行为，包括持续在线监督、质量保证体系的审查及成品检验。

认证机构（Certification body）：是指负责验证出售或标识为"有机"的产品是否按照本导则生产、加工、制造、管理及进口的机构。

主管当局（Competent authority）：是指有管辖权的官方政府机构。

转基因生物（Genetically engineered/modified organisms）：转基因生物及其产品是借助改变其遗传物质的技术生产的。这种遗传物质的改变不能通过杂交和/或天然重组自然地发生。

转基因技术（Techniques of genetic engineering/modification）：是指包括但不仅限于重组 DNA、细胞融合、微观及宏观注入、封装、基因敲除及倍增。基因工程生物体不包括利用结合、转导和杂交之类技术生产的生物体。

配料（Ingredient）：是指在加工或制作食品时使用的并出现在最终产品中的任何物质，包括食品添加剂。在最终产品中配料可能以变化了的形式存在。

监督（Inspection）：是指对食品及其原料、加工和配送的整个食品控制系统进行的详细核查，包括对加工过程中的检验和成品的检验，进而确定是否符合要求。对有机食品的监督包括对其生产及加工系统的核查。

标识（Labelling）：是指为了销售或促销，附随食品或陈列于食品周边的识别标记，可以是文字或图形。

牲畜（Livestock）：是指家养或驯化的动物，包括用于食用和生产食品所饲养的牛（水牛和野牛）、羊、猪、山羊、马、家禽和蜜蜂。狩猎或捕鱼所得的野生动物不属此定义范围。

营销（Marketing）：是指销售或为销售进行的展示、回赠、出售、配送或任何与销售有关的市场形式。

官方认可（Official accreditation）：是指具有管辖权的政府机构对有能力提供监督和／或认证服务的机构进行正式确认的程序。对于有机生产，主管当局可将官方认可的职能授权给私营机构。

官方认可的监督制度／官方认可的认证制度（Officially recognized inspection systems/officially recognized certificationsystems）：是指有管辖权的政府部门证实批准或承认的制度。

经营者（Operator）：是指为营销目的而进行生产、制作或进口的任何人员，其中所营销的产品由第 1.1 条款规定。

植物保护产品（Plant protection product）：是指用于保护、杀灭、诱引、驱赶或控制有害生物的任何物质，有害生物也包括在食品、农产品或动物饲料的生产、贮存、运输、配送和加工过程中，不期望出现的动植物。

制造（Preparation）：是指农产品屠宰、加工、保鲜和包装的作业和为表明有机生产方式而进行的标识变更。

生产（Production）：是指为农产品供应在农场进行的操作，包括对产品的初级包装和标识。

兽药（Veterinary drug）：是指为了疾病治疗、预防、诊断或改善生理功能和行为，用于或给予食产动物（如产蛋、产肉或产奶的动物、鱼和蜜蜂等）的任何物质。

3. 标识与声称

一般条款

3.1 有机产品应按照《预包装食品标识通用标准》（CODEX STAN 1）进行标注。

3.2 第 1.1a）条款中规定的产品，仅在下述条件下可进行有机生产方式标识和声称：

a）明确标识与有机农业生产方式有关的指标。

b）产品应按照本导则第 4 章中的要求生产，或按照本导则第 7 章中的要求进口。

c）产品应由遵守本导则第 6 章监管要求的经营者生产或进口。

d）标识上应标注官方认可的监管或认证机构的名称和／或编码。这些机构应对经营者的生产或最近的加工操作履行监督职能。

3.3 只有符合下述要求，第 1.1b）条款中所指产品的标识和声称才可标注为有机生产方式：

a）除非在配料表中明确表述，否则应明确对与有机农业生产有关的，或与有疑问的有机农产品名称相关的指标进行表述。

b）所有农产配料及其衍生配料，按照本导则第 4 章的要求生产，或按照本导则第 7 章的规定进口。

c）被标识产品不应含有附录Ⅱ的表中未列出的非农业来源的任何配料。

d）同样的配料不应源于有机，又源于非有机。

e）产品及配料在制作过程中，不应经过离子辐射处理和使用在附录Ⅱ的表中未列入的物质处理。

f）产品制造和进口经营者应接受本导则第 6 章中所规定的监督制度。

g）应标识官方认可的，最近对该生产经营系统履行监督职能的认证机构或主管部门的名称和 / 或编码。

3.4 第 3.3 b）条款的变通条款。

a）制造第 1.1 b）条款提及的产品时，某些农产配料不能满足第 3.3 b）条款要求，但其总重不超过成品中除盐和水以外的总配料的 5%（质量分数）。

b）在某农产配料难以获得或数量不足时，可按照本导则第 4 章中的要求。

3.5 在进一步审核该导则之前，成员国可针对在其领土内销售的第 1.1 b）条款定义的产品考虑如下事宜：

a）为农产配料含量低于配料总量 95% 的产品制定专用标识。

b）以农产配料为基数（除盐分和水分外的配料总量）计算第 3.4 条款（5%）和第 3.5 条款（95%）配料的含量。

c）对转换期产品标识中含有一种以上农产配料产品的营销。

3.6 按照上述条款制定有机配料含量低于 95% 的产品标识条款时，成员国应考虑下列因素，其中特别要考虑有机配料含量为 95% 和 70% 的产品：

a）满足第 3.3 c）、d）、e）、f）条款和第 g）条款中要求的产品。

b）有机生产方式的指标应标注在正面，以占总配料含量的百分数表示，总配料包括添加剂，但不包括盐和水分。

c）配料表各种配料按"质量分数"递减顺序排列。

d）配料表有机配料指标应与其他配料指标一致，采用相同的颜色、字体和字号表示。

有机转换产品标识

3.7 采用有机方式生产 12 个月后并具备下述条件的转换期产品仅可标为有机转换产品：

a）完全满足第 3.2 和 3.3 条款的要求。

b）有机转换产品标识不应在其与完成转换的有机产品之间的差别方面误导产品的购买者。

c）采用如"正在向有机农业转换的产品"或类似的词语表述时，这些词语应被产品营销地所属国家的主管部门接受，且使用的颜色、字号、字体，不得比产品其他文字说明更突出。

d）由单一配料构成的食品，可以在其产品包装的正面标示"有机转换产品"。

e）标识应当指明最近对经营者的加工操作进行监督检测的官方或官方认可

的认证机构的名称和编码。

非零售产品包装标识

3.8 1.1 条款所指的产品非零售包装的标识应符合附录Ⅲ第 10 条的要求。

4. 生产和制造规则

4.1 第 1.1 a）条款中涉及的产品有机生产方式要求：

a）至少满足附录Ⅰ中规定的生产要求；

b）若上述第 a）条款不起作用时，附录Ⅱ中的表 1、表 2 所列的物质或已有国家批准符合第 5.1 条款中限制的物质，可作为植物保护产品、肥料、土壤改良剂使用，前提是这些物质在相关国家规定中，没有禁止在农业生产中使用。

4.2 有机加工方法对制造第 1.1 b）条款中所涉及产品的要求：

a）至少应满足附录Ⅰ的加工要求；

b）附录Ⅱ中表 3 和表 4 所列的物质或已有国家批准符合第 5.1 条款中限制的物质，可作为非农配料或加工助剂来使用，前提是这些物质未被相关国家禁止在食品生产中使用，并符合良好生产操作规范。

4.3 有机产品应按照附录Ⅰ的要求贮存和运输。

4.4 主管当局可放宽第 4.1 条款和第 4.2 条款限制，按照附录Ⅰ中对牲畜生产的规定，制定更详细的规则并缩短执行期，以允许有机农业实践逐步发展。

5. 附录Ⅱ中所列物质的要求及制定国家允许物质清单的标准

5.1 下述标准应当用于修改本导则第 4 章中允许使用物质的名单。应用这些标准评估有机生产中使用的新物质时，各国应当考虑到所适用的法律和法规规定，并使其可在其他需要的国家使用。

提议加入附录Ⅱ中的任何新物质，必须符合下述一般性要求：

ⅰ）与本导则中所列出的有机生产的原则相一致；

ⅱ）所使用物质在预期的用途中是必需的；

ⅲ）生产、使用和处置这些物质不会对环境有害；

ⅳ）对人类或动物的健康及生活质量的负面影响最小；

ⅴ）不存在可在数量和 / 或质量上满足需求的已获批准的其他备选物质。

上述标准应进行整体评估，保护有机生产的完整性。在评价过程中还应使用下述标准：

a）如果所使用的物质是用于土壤改良和增加土壤肥力的，则该物质应：

➢ 增强和保持土壤肥力，满足作物或特定土壤条件下的营养需求的，其作用不能由附录Ⅰ中方法，或附录Ⅱ中表 2 所列的其他产品来满足。

➢ 组分应来源于植物、动物、微生物或矿物质，可经过物理（例如：机械加工、热处理）、酶、微生物（例如：堆肥、发酵）加工处理，只有在上述处理无效时，方可考虑化学加工方式，但仅限于提取载体物和黏合物时，方可使用化学处理方法。

➢ 该组分的使用对土壤生态系统平衡、土壤物理特性、水和空气质量不会产生有害影响。

➢ 使用应限定在特定条件、特定区域并针对特定商品进行。

b）如果所使用物质以控制虫害及杂草为目的，则该物质应：

➢ 对控制有害生物体或特定病害是必不可少的，且不存在其他生物、物理或植物抗性品种等有效的管理方法。

➢ 已考虑到使用后对环境、生态系统（尤其是非靶标生物）、消费者健康、牲畜和蜜蜂的潜在危害。

➢ 源自植物、动物、微生物或矿物质，且可经过物理（例如：机械加工、热处理）、酶、微生物（例如：堆肥、消化）处理。

➢ 作为一种例外，用于诱捕目的（例如信息素）的，必须在天然产物不能满足需求，不会直接或间接残留在产品的可食部位时，方可考虑将这类化学合成物质纳入使用名单。

➢ 使用应限于特定条件、特定区域或产品。

c）如所使用的物质在食品制造或保存过程中被用作添加剂或加工助剂，则该物质：

➢ 已证明不使用这些物质作为添加剂或加工助剂，就不能生产特定的食品或生产出的食品难以保存，且没有能满足本导则要求的其他可利用的替代技术。

➢ 是在自然界可以发现的天然物质，且可经过机械/物理加工（如提取、沉淀）、生物或酶处理（如发酵）。

➢ 如果无法通过上述方法与技术获得，或不能满足数量上的要求，可以考虑将化学合成的该类物质作为例外情况纳入清单。

➢ 使用应维持产品的真实性和可靠性。

➢ 使用不会导致在食品性质、所含物质和食品质量方面欺骗消费者。

➢ 作为添加剂或加工助剂使用不能影响产品的整体质量。

在将物质列入允许使用清单的评估过程中，所有利益相关方均应有参与的机会。

5.2 各国应制定或采用符合第 5.1 条款标准的物质名单。

6. 检查与认证制度

6.1 检查与认证制度用于查证以有机方式生产的食品的标识和声称。制定该制度时，应考虑《食品进出口监督与认证原则》（CAC/GL 20）和《食品进出口监督及认证制度的设计、操作、评估和认可导则》（CAC/GL 26）及其他相关国际标准。

6.2 国家主管部门应制定监督制度，并由一个或多个指定的权威机构和/或官方认可的监督/认证机构对经营者生产、制造或进口的涉及第 1.1 条款的产品进行监督。

6.3 官方认可的监督与认证制度至少应包括附录Ⅲ中的措施和其他注意事项。

6.4 实施由官方机构或官方授权的机构进行监督的制度时，各国应确定一个国家主管部门负责批准并对这些机构进行监督。该主管部门在保留决策和管理职责的前提下，可以将对私营的检查和认证机构的评估和监督职责委托（或授权）给私立或公立的第三方。获得授权的第三方不应从事检查和／或认证业务。当出口国缺少国家主管部门和有机事务管理部门时，进口国可授权一个第三方认可机构。

6.5 为使认证机构或认证团体获得官方认可，国家主管部门或其授权机构在进行评估时应考虑如下情况：

a）遵循标准化的检查和认证程序，包括该机构承诺为对接受监督检查的经营者施加影响所采取的监督和预防措施的详细描述；

b）对发现未执行和／或违反规则的机构拟采取的处罚措施；

c）具有适当的资源保障，包括高素质的人员队伍、管理和技术设施、监督经验和可靠性；

d）该机构对接受检查的经营者的客观性。

6.6 国家主管部门或其授权机构应：

a）确保对检查和认证机构进行的监督是客观的；

b）查证监督的有效性；

c）对发现的任何不符合规则和／或违反规定的情况进行审理，并进行处罚；

d）当其不能满足第 a）和 b）条款的要求，不再履行第 6.5 条款中规定的标准，或不能满足第 6.7 和 6.9 条款的要求，则取消该认证机构的认可。

6.7 在第 6.2 条款中提到的官方和／或官方认可的认证机构应：

a）确保对接受检查的经营者至少实施附录Ⅲ规定的监督和预防措施；

b）不得向与监督检查相关人员和主管部门之外的人员泄露在监督或认证过程中获得的机密信息和数据。

6.8 官方或官方认可的监督和／或认证机构应：

a）允许主管部门或其授权方以审查为目的，进入其办公和设施场所，随机选取其认证的经营者进行审查，进入经营者的设施进行检查，并向主管部门或授权方提供任何必需信息和协助，用以确证本导则得到履行情况；

b）每年向主管部门或其授权方报送上年度接受检查认证的经营者名单及简明年度报告。

6.9 在 6.2 条款中涉及的国家指定的主管部门和官方或官方认可的认证机构应：

a）发现未按规定执行本导则第 3 和 4 章规定或附录Ⅲ中的措施时，要求未按规定检查其生产过程的全部产品必须停止按第 1.2 条款述及的有机生产方式进行的标识；

b）发现严重违规，或可导致不利影响的违规时，须禁止有关的经营者在一定期限内营销其具有有机标识的产品，禁止的期限由主管部门或其委派方确定。

6.10 当主管部门发现在执行本导则过程中存在不符合规定和／或违反规定的现象时，应执行《拒绝进口食品的国家间信息交换导则》（CAC/GL 25）规定的要求。

7. 进口

7.1 若在第 1.1 条款中指定的产品是进口的，则出口国主管部门或其指定的机构须签发检查证明书，说明证明书中所指的产品是按照本导则各条款及附录中生产、制造、营销及监督规定出口的，并且符合第 7.4 条款的等效原则。

7.2 前面 7.1 条款所指的证明书应伴随货物，以原件形式送交第一收货人；其后，进口商应保存该证书 2 年以上，以备监督和审查。

7.3 进口产品在交付给消费者前均应保持其有机的真实性。如进口的有机产品由于进口国的检疫法规要求采取的检疫处理与本导则的要求不符的，则这些有机产品会丧失其有机地位。

7.4 进口国可以：

a）要求出口国提供详细信息，包括进口国与出口国主管部门共同认可的独立专家撰写的报告，对与本导则规定一致的国家，出口国依据其法规进行的裁定和决议，进口国依据其法规也可做出；

b）与出口国共同进行实地考察，以检查出口国的生产和制造规则，包括生产和制造在内的监督 / 认证措施；

c）为避免使消费者产生任何混淆，标识应按本导则第 3 章的规定和该产品进口国的要求标注。

附录 I　有机生产的原则

A. 植物及植物产品

1. 对于第 1.1a）条款涉及的产品，本附录规定的原则应在产品生产地块、农场或农场中某生产单元实施，单年生作物播种前应有不少于 2 年的转换期，多年生作物（不包括牧草）则在第一次收获前，至少应有 3 年的转换期。主管部门或其授权机构以及获得官方认可的认证机构，可视地块使用的具体情况（如闲置 2 年或 2 年以上的地块），决定延长或缩短转换期，但转换期不得少于 12 个月。

2. 不论转换期多长，只要某生产单元开始在第 6.2 条款要求的监管体系下进行生产，且该生产单元开始执行本导则第 4 章中的规定，可认定为转换期开始。

3. 在整个农场不是一次性转换的情况下，转换过程可以逐步展开，转换的相关地块须从开始转换之时同步实施本导则。从常规生产向有机生产转换时，应使用本导则允许使用的技术。在整个农场不是同时转换的情况下，必须根据附录 III 中 A 部分第 3 条与第 11 条的规定，将农场划分成若干生产单元。

4. 已完成转换及正在向有机生产转换的区域，不可在有机与常规生产方式间来回转换（变来变去）。

5. 利用下述措施保持或增强土壤的肥力与生物活性：

a）制定一个适当的多年轮作计划，轮换栽培豆类、绿肥和深根植物。

b）向土壤施入按照本导则生产的有机物质，熟化（堆肥）或未熟化均可。也可施入按照本导则规定生产的畜牧场的副产品，例如农场厩肥。

只有在上述 a）和 b）条款陈述的方法不能充分达到为作物提供营养和土壤改良目的，又无法从有机农场获得更多农家肥料的情况下，附录Ⅱ表 1 中列出的特定物质才可用于有机农业生产。

c）可以适当地使用微生物或以植物为基础的肥料来活化堆肥。

d）用石粉、厩肥或植物制成的生物动力制剂也可用于本导则第 5 章中陈述的目的。

6. 病虫草害应采用下列措施来控制，可单一使用，也可组合使用：

➤ 选择适当的作物种类和品种；

➤ 适当的轮作计划；

➤ 机械耕作；

➤ 保护有害生物的天敌，可提供适宜的栖息地，如树篱与筑巢，保持原始植被的生态缓冲区。

➤ 维护生态系统的多样性，即在空间尺度上的变化，例如：抵抗侵蚀的缓冲带、农林交错带、作物轮作等。

➤ 焚烧荒草。

➤ 天敌，包括释放捕食性和寄生性天敌。

➤ 用石粉、厩肥或植物制作生物动力肥料。

➤ 地面覆盖和割草。

➤ 放牧。

➤ 机械控制方法，例如：诱杀、阻隔、光灯和声音。

➤ 当不能进行土壤恢复性轮作时，进行蒸汽消毒。

7. 只有在作物面临或遭受严重威胁，且上述第 6 条中的措施没有或可能没有效力时，方可使用附录Ⅱ中规定的产品。

8. 种子和植物繁殖材料应来自按照本导则第 4.1 条款规定的种植一代以上的作物（如果是多年生作物，则应种植 2 个生长季节以上）。若经营者能够向官方或官方认可的认证机构提供无法获得满足上述规定的证明时，认证机构可允许：

a）首先使用未经处理的种子或植物繁殖材料。

b）在未经处理的种子或植物繁殖材料难以获得时，使用未包括在附录Ⅱ中的物质（译者注：按照一般的有机原则，此处应为"使用附录Ⅱ中的物质"）处理过的种子或植物繁殖材料也可采用。

国家主管部门对以上第 8 条款可制定限制性标准。

9. 在天然区域、森林和农区采集的野生的可食植物及其可食部分，可以被认定为是有机生产方式，只要：

➤ 这些产品是来自受到本导则第 6 章中规定的检查认证制度明确界定的采集区。

➤ 这些区域在采集前 3 年内未接受过在附录Ⅱ中提到的产品之外的其他处理。

➤ 采集活动不干扰自然栖息地的稳定和影响采集区的物种保护。

➢ 产品是由了解、熟悉采集区情况，从事收获或收集的经营者提供。

B. 牲畜和牲畜产品

一般原则

1. 保持有机生产的牲畜应是完整有机农场的重要组成部分，须遵照本导则来饲养管理。

2. 牲畜可对有机农业系统做出重要贡献：

a）改善和保持土壤肥力。

b）通过放牧调节植物区系。

c）提高农场的生物多样性、增进相互补充。

d）增加农业系统的多样性。

3. 牲畜生产是与土地相关的活动。草食动物必须在牧场饲养，所有其他动物也必须露天活动；如果动物生理状态、恶劣的气候环境、土地许可状况，或一些传统农业系统的结构限制了牧场的使用时，主管部门可以允许适当的例外情况。

4. 牲畜的存栏率应与当地条件相适应，应考虑到地区的饲料生产力、牲畜健康、营养平衡和环境影响等。

5. 有机牲畜的饲养管理应着眼于运用自然养殖的方法，减少胁迫，预防疾病，逐渐排除使用化学的对抗性兽药（包括抗生素），减少动物饲料中的动物源成分（如肉粉），并维护动物的健康和福利。

牲畜的来源

6. 品种、品系和饲养方法的选择应考虑与有机农业原则的一致性，尤其应考虑到：

a）牲畜对当地条件的适应能力；

b）牲畜的生命力和对疾病的抵抗力；

c）是否有与品种和品系相关的特定疾病或健康问题（如猪的应激综合征、自发性流产等）。

7. 用于生产本导则第 1.1a）条款所指产品的牲畜，必须来自符合本导则规定的生产单元（从出生或孵化起），或者为在本导则规定条件下所饲养的种畜的后代，且其自身整个生命周期的饲养过程都必须符合导则的要求。

➢ 牲畜不能在有机和非有机单元之间变换饲养。主管部门应制定从其他符合本导则要求的单元购买牲畜的详细规则。

➢ 有机生产单元如出现不符合本导则要求的牲畜，应进行转换。

8. 如果经营者向官方认可的监督认证机构证明无法获得满足前面条款规定的牲畜，在下列情况下，官方或官方认可的监督认证机构可以允许不按照这些导则饲养牲畜：

a）农场大规模扩建，品种改变或发展了新的牲畜种类。

b）需要更新牧群，例如因灾难环境引起的动物高死亡率。

c）用于配种的雄性动物。

在特定条件下，主管部门可以规定允许或不允许非有机来源的动物，如可考虑是否允许引进刚断奶的幼小动物。

9. 前面规定的放宽限制性要求的牲畜，必须符合第 12 条中列出的条件。如果产品将作为有机产品销售，则必须按照本导则的第 3 章核查它们的转换期。

转换

10. 用于饲料作物生产或牧场的土地的转换，必须遵守本附录 A 部分的第 1、2、3 条中的规定。

11. 在以下情况下，主管部门可以缩短或改变第 10 条款（对土地）和 / 或第 12 条款（对牲畜和牲畜产品）中规定的转换期或转换条件：

a）用作非草食动物户外活动的牧场。

b）在主管部门指定的执行期间，来自广大农业区的牛、马、绵羊和山羊，或第一次进行转换的乳畜群。

c）同一生产单元的牲畜和放牧的土地同时进行转换时，只有当现有的牲畜及后代主要来自这一单元的产品饲养时，牲畜、牧场和 / 或种饲料的土地转换期可以减少为 2 年。

12. 当土地已达到有机的状态，又引进了非有机来源的牲畜时，如果其产品要按有机产品销售，则必须按照本导则饲养牲畜时间至少达到以下规定：

牲畜	产品	转换期要求
牛和马	肉制品	12 个月，且其生命周期的 3/4 处于有机管理体系
	小牛肉制品	断奶后即引进或不足 6 个月大时引进的，6 个月
	乳制品	主管部门指定的执行期为 90 天，此后为 6 个月
绵羊和山羊	肉制品	6 个月
	乳制品	主管部门指定的执行期为 90 天，此后为 6 个月
猪	肉制品	6 个月
家禽	肉制品	主管部门确定为整个生命期
	禽蛋	6 周

营养

13. 应为所有牲畜饲养系统提供最适宜的饲料，使用 100% 符合本导则要求的饲料（包括"转换期"的饲料）饲养。

14. 在主管部门指定的执行期内，牲畜产品应保持其有机完整性，提供的饲料应来源于按照本导则生产的有机产品，按干重计算，对于反刍动物至少应有 85% 为有机来源，对于非反刍动物至少应有 80% 为有机来源。

15. 虽有上述条款，若经营者能向官方或官方认可的监督认证机构提供令人信服的证据，如由不可预测的严重自然灾害、人为事件或恶劣的气候条件，导致无法满足前述第 13 条款列出的要求，则监督认证机构可以允许在有限时间内，使用一定比例的不按以上导则规定生产的饲料，前提是饲料中不含转基因生物体及其产品。此外，主管部门还应设定允许饲喂非有机饲料的最大比例及变通条件。

16. 应考虑特定牲畜的日粮配比：

➤ 考虑到幼小哺乳动物的自然需要，最好选择母乳进行喂养。

➤ 草食动物的每日配比中应有大量的由粗饲料、新鲜或晒干的草料或青贮饲料等组成的干物质。

➤ 反刍动物不能单一地饲喂青贮饲料。

➤ 正在增肥期的家禽需要谷物类饲料。

➤ 猪和家禽的日粮中都需要有粗饲料、新鲜或晒干的草料或青贮饲料。

17. 所有的牲畜必须供给足够的淡水，以维持牲畜的健康和强健活力。

18. 如果在饲料的生产阶段需要加入营养成分、饲料添加剂或者加工助剂等物质，主管部门应制定一份符合如下标准的允许添加物质名单。

一般标准

a）国家动物饲养法规中允许使用的物质。

b）维持牲畜健康、福利、活力所必需的物质。

c）某些动物为满足其生理和行为所必需的物质。

d）不应含有转基因生物及其产品。

e）主要源于植物、矿物和动物。

饲料和营养成分的特定标准

a）非有机来源的植物性饲料，只能在第 14 条款和第 15 条款规定的条件使用，且在生产过程中应未使用过化学溶剂或化学处理剂。

b）矿物质来源的饲料、微量元素、维生素或者维生素原，只有它们是天然来源的都可以使用。在缺少这些物质，或者在例外情况下，可以使用化学成分明确的类似物。

c）动物来源的饲料，除牛乳和乳制品、鱼类、其他海洋动物及其产品外，一般不应使用，或按照国家法律规定。任何情况下都不允许给反刍动物饲喂以哺乳动物为原料的饲料，牛乳和乳制品除外。

d）不能使用合成的或者非蛋白氮化合物。

添加剂和加工助剂的特定标准

a）黏合剂、抗结块剂、乳化剂、稳定剂、增稠剂、表面活性剂、凝固剂：只有天然来源的才允许使用。

b）抗氧化剂：只有天然来源的才允许使用。

c）防腐剂：只有天然的酸才允许使用。

d）着色剂（包括色素）、香料和增味剂：只有天然原料的才允许使用。

e）允许使用益生菌、酶和微生物。

f）在动物饲养过程中不允许使用抗生素、抗球虫剂、药物、生长促进剂或其他任何促进生长和生产的物质。

19. 青贮添加剂和加工助剂不能含有转基因生物及其产品，只能含有：

➢ 海盐；

➢ 粗制岩盐；

➢ 酵母；

➢ 酶；

➢ 乳清；

➢ 糖或糖类产品（如糖浆）；

➢ 蜂蜜；

➢ 乳酸细菌、乙酸细菌、蚁酸细菌和丙酸细菌，或者天气条件不允许充分发酵而产生的天然酸产物，以及经过主管部门批准的其他酸类物质。

卫生保健

20. 有机牲畜生产中的疾病预防应遵循以下原则：

a）选择适当的动物品种和品系（详见前面第6条）。

b）采用适于该牲畜品种要求的畜牧业操作规范，增强对疾病的抵抗力和预防传染病。

c）使用高质量的有机饲料，定期锻炼，提供牧场或户外活动场地，有助于提高动物的自然免疫力。

d）确保控制在一个适当的牲畜密度，以避免存栏过多导致动物疾病等问题。

21. 尽管有上述预防措施，如有动物生病或受伤，必须立即进行处理，必要时将其隔离，在适当的环境下喂养。饲养者应适当用药以减轻牲畜的痛苦，即使这些药物会使动物失去其有机特性。

22. 有机农场中使用兽药应遵循以下原则：

a）当出现或可能出现某种疾病或健康问题时，在没有可替代使用的治疗方法或管理办法的情况下，经法律允许，可以接种疫苗、使用驱虫剂或者兽药。

b）与化学对抗性兽药或者抗生素相比，如果有疗效，应优先使用植物疗法（除抗生素外）、顺势疗法或印度草药和微量元素。

c）如果上述药品对疾病和病情无效，兽医有权使用化学对抗性兽药或抗生素，停药期应是法定的2倍，在任何情况下至少48h。

d）禁止使用化学对抗性兽药和抗生素进行预防。

23. 激素治疗必须在兽医的监督下，以治疗疾病为目的时才可使用。

24. 不允许使用生长刺激剂或其他刺激生长或生产的物质。

牲畜饲养、运输和屠宰

25. 应以有爱心、负责任、尊重生命的态度来饲养牲畜。

26. 饲养方法应遵循有机农场原则，并考虑：

a）该品种或品系是否适应当地条件和有机管理体系。

b）虽然可以使用人工授精，但优先采用自然繁殖。

c）不应使用胚胎移植技术和激素刺激的繁殖方法。

d）不能使用基因工程的繁殖技术。

27. 在有机管理体系中，不允许使用诸如在绵羊尾部系橡皮筋、断尾、切牙、修喙和去角等操作。但在特殊情况下，考虑到安全因素或为保证牲畜的健康，主管部门或其授权机构可批准采取上述的一些措施（如给幼畜切去角）。这些操作必须在动物适当的年龄段进行，还应适当使用麻醉剂，以将痛苦减少到最低。允许进行阉割等传统方法（阉猪、阉牛、阉鸡等）以维持产品质量，但只有以这些为目的时才可使用。

28. 生活条件和环境管理应考虑牲畜的具体行为需要，并为它们提供：

a）充足的自由活动和表达正常行为的机会。

b）与其他动物为伴，尤其是相似的种类。

c）预防异常的行为、伤害和疾病。

d）对紧急情况的处理安排，例如：起火、主要机械设备出现故障和供给中断。

29. 应以平稳、温和的方式运输活牲畜，避免给牲畜造成精神压力、伤害和痛苦。主管部门应制定具体条件以实现这些目标，并制定最长的运输限期。不允许在运输牲畜过程中使用电刺激或镇定药物。

30. 屠宰牲畜时应尽量降低其精神压力和痛苦，并依照国家规定进行。

室内饲养和自由放养条件

31. 气候条件适宜的地方，不强制在室内饲养牲畜，使动物能在室外自由生活。

32. 场舍条件应满足牲畜的生物和行为需要，应为它们提供：

➢ 易获得饲料和饮水。

➢ 场舍配套绝缘、供热和通风设备，保证空气流通，尘土浓度、温度、相对湿度和气体浓度保持在对牲畜不会造成伤害的限度内。

➢ 充足的自然通风和阳光。

33. 在恶劣天气时，由于其健康、安全可能会受到危害，牲畜会被临时限制活动。出于保护植物、土壤和水质的原因，也会对其进行限制。

34. 场舍内存栏密度应符合：

➢ 考虑牲畜的物种、品种和年龄，使其感到舒适和安康。

➢ 牲畜种群的大小和性别组成应考虑牲畜行为的需要。

➢ 提供充足的自由活动空间，容易躺下、能够转身、进行所有的自然动作和活动，如伸展和拍动翅膀等。

35. 舍房、围栏、设备和器具等应适时清洗和消毒，预防交叉感染和产生携带菌的疾病。

36. 必要时，在自由放养场、户外活动区、户外运动场所，应根据当地气候和动物需求，提供足够的可预防雨水、大风、日照和高温的设施。

37. 在牧场、草原及其他天然或半天然栖息地上进行户外放牧，其密度应足够低，以防止土壤退化和植皮的过度放牧。

哺乳动物

38. 所有哺乳动物都必须有条件在牧场或户外活动场所（可以部分遮盖）活动，而且只要动物的自身生理状况、天气条件和场地状况允许，都应进行户外活动。

39. 在下列情况，主管部门可以允许例外：

➢ 冬季母牛在户外活动区时，公牛不能进入牧场。

➢ 最后的增肥阶段。

40. 牲畜饲养场舍的地面必须是平整但不会打滑、地面不能整个是板条或者栅格结构。

41. 场舍建筑结构必须坚固，提供足够大的舒适、干净和干燥的休息区。休息区必须铺有大量的干草垫。

42. 未经主管部门允许，不得单独隔离或拴着饲养的牲畜。

43. 母猪必须成群饲养，除了怀孕最后阶段和哺乳期。小猪不能被圈在地板上或猪笼中。活动区必须允许动物排便和拱土。

44. 不允许在笼中饲养兔子。

禽类

45. 禽类必须在户外空旷的条件下饲养，只要天气条件允许则可在户外自由活动。不允许在笼中饲养禽类。

46. 只要天气情况允许，水禽必须能在小河、池塘或湖中活动。

47. 所有禽类的场舍的建筑结构必须牢固，并用秸秆、木屑、沙子或草皮等材料铺地。必须为母鸡提供足够大的地方来收集粪便，要根据禽类的品种和群的大小提供栖息区和较高的睡眠区，还要有合适禽类身体大小的出入口。

48. 对母鸡而言，在要用人工光照来延长白天时间时，主管部门应根据品种不同、地理原因的考虑和动物健康的一般要求，设定不同的最长光照时间。

49. 出于健康原因，在每两批家禽饲养的间隔期间，场舍应清空，活动区也要空置一段时间，让植被恢复生长。

粪肥管理

50. 牲畜在场舍、圈养或放养区的粪肥管理应按照以下要求执行：

a）使土壤和水质退化的可能性降低到最低。

b）保证水源不受硝酸盐和致病菌的严重污染。

c）优化营养素的循环利用。

d）不进行包括燃烧或其他与有机操作不符合的活动。

51. 所有贮存和处理粪肥的设施，包括堆肥设施，在设计、修建和操作中应

防止对地面和 / 或地表水的污染。

52. 粪肥的使用应保持在不造成地面和 / 或地表水污染的水平。主管部门可以设定粪肥的最大使用量或养畜密度。使用时间和使用方法不应导致废水流入池塘、河流和小溪的可能性增加。

记录保存和确认

53. 经营者应按照附录Ⅲ中第 7～15 条款的规定，详细更新记录。

各品种的具体要求

养蜂和蜂产品

一般原则

54. 养蜂是一项重要的活动，通过蜜蜂的授粉活动有助于改善环境、提高农林产品的产量。

55. 蜂巢的处理和管理应遵循有机农场的原则。

56. 采集区必须足够大，以提供充足的营养和水。

57. 天然花蜜、蜜汁和花粉应主要来源于有机栽培的植物和 / 或野生植被。

58. 蜂的健康应以预防为主，例如：选择适当的品种、有利的环境、均衡的喂食和适当的饲养管理。

59. 蜂房应由天然材料构成，对环境和蜂产品不会造成污染。

60. 如果蜂群置于野外，要考虑对当地昆虫种群的影响。

蜂房的选址

61. 蜂房应设置在有栽培和 / 或野生植被的地方，这些植物必须符合本导则第 4 章中生产规则。

62. 官方认证机构应根据经营者提供的和 / 或通过检查获得的信息，批准那些能够保证有适当的蜜汁、花蜜和花粉来源的地区。

63. 官方认证机构可以指定在蜂房周围蜜蜂能够获得符合本导则要求的充足营养的特定区域。

64. 认证机构必须识别出存在禁用物质的潜在污染源、转基因生物或者环境污染物等不适于设置蜂房的地区。

饲料

65. 生产季节的最后阶段，蜂房必须贮备大量供蜂群休眠期使用的蜂蜜和花粉。

66. 为克服由气候或其他意外情况造成的暂时饲料短缺，可能需要对蜂群进行喂养。在这种情况下，如果能获得，应使用有机生产的蜂蜜或糖。但是，认证机构可能会允许使用非有机生产的蜂蜜或糖，但对此必须设定时间限制。只能在收获蜂蜜的最后阶段和下一轮采蜜开始之间进行喂养。

转换期

67. 按照本导则的规定进行养殖至少 1 年后所产的蜂产品，可视为有机产品进行销售。在转换期内必须更换为有机生产的蜂蜡。如果在 1 年内，不能更换所有的蜂蜡，认证机构可延长转换期。在无法获得有机生产的蜂蜡时，作为一种变通办法，认证机构可以核准使用不符合本导则要求但来自未使用过禁用物质的区域的蜂蜡。

68. 如果蜂房以前未用过禁用产品，不需更换蜂蜡。

蜂群的来源

69. 蜂群可转换成有机生产，如有可能，引进的蜂群应来自有机生产单位。

70. 在选择蜂群品种时，必须考虑其适应当地条件的能力以及生命力和抗病能力。

蜂群的健康

71. 应通过良好农业规范维持蜂群的健康，重点通过选种和蜂群管理来预防疾病。包括：

a）使用能够很好适应当地条件的抗逆性品种。

b）必要时，可以更新蜂皇。

c）定期清洁和消毒设备。

d）定期更新蜂蜡。

e）蜂房有足够的花粉和蜂蜜。

f）系统检查蜂房，及时发现异常现象。

g）系统地控制蜂房内的工蜂。

h）必要时，将出现疾病的蜂房转移到隔离区。

i）销毁受污染的蜂房和材料。

72. 允许使用以下方法控制有害生物和疾病：

➢ 乳酸、草酸、乙酸；

➢ 蚁酸；

➢ 硫黄；

➢ 天然醚油（例如：薄荷醇、桉油精、樟脑）；

➢ 苏云金杆菌；

➢ 蒸汽和明火。

73. 如果预防措施失败，在下列情况下，可以使用兽药产品：

a）优先使用植物源物质和顺势疗法处理。

b）如果使用化学合成的对抗药物，蜂产品就不得按有机产品出售。被处理过的蜂房必须隔离，并重新经历为期1年的转换，在转换期内，所有蜂蜡必须更换为符合本导则规定的蜂蜡。

c）每项兽药处理必须详细记录。

74. 只有在受大蜂螨（*Varroa jacobsoni*）感染时，才允许摧毁雄蜂蛹。

饲养管理

75. 基础蜂巢必须由有机生产的蜂蜡构成。

76. 在收取蜂产品时禁止灭杀蜂巢上的蜜蜂。

77. 禁止伤害蜜蜂（如剪掉蜂王翅膀等）。

78. 取蜜期不允许使用化学合成的驱避剂。

79. 应尽量减少烟熏。可以使用的烟熏材料必须是天然的，或来自符合本导则规定的材料。

80. 提取和处理蜂产品期间，应尽量保持低温。

记录保存

81. 经营者应按附录Ⅲ第 7 条规定，保持详细记录并不断更新，并且有所有蜂房的位置图。

处理、贮存、运输、加工和包装

82. 在整个加工阶段必须保证有机产品的有机完整性。可采用与特定的配料相适应的谨慎加工技术方法，限制使用精炼技术和添加剂及加工助剂。电离辐射不能用于有机产品的有害生物防治、食品保存、杀菌或食品卫生的目的。

有害生物防治

83. 有害生物防治可按如下优先选用：

a）预防应作为有害生物防治的主要方法，如：破坏和消除有害生物的栖息地及其进入生产设施的途径。

b）如果预防方法效果不显著，则应首先选择物理和生物的控制方法。

c）如果物理和生物方法仍不足以控制有害生物，可以使用附录Ⅱ中列出的有害生物控制物质（或主管部门依据第 5.2 条款的规定允许使用的其他物质），条件是要经主管部门同意在处理、贮存、运输或加工设施内使用，并要预防与有机产品接触。

84. 应通过良好生产操作规范防治有害生物。贮存区或运输容器内有害生物的控制可以采用物理屏障或声、超声、光、紫外线、诱捕（信息素诱捕和静态诱饵诱捕）、温度控制、空气成分控制（二氧化碳、氧气、氮气）及硅藻土等其他处理法。

85. 根据本导则，为了采后和检疫目的，也不应允许在产品上使用未在附录Ⅱ中列出的农药，使用将导致原来按有机方式生产的食品丧失其有机状态。

加工和制造

86. 应采用机械、物理或生物学（例如：发酵与熏制）的加工方法，并尽可能降低附录Ⅱ表中包括的非农业源配料和添加剂的用量。

包装

87. 应优先从可生物降解的、再生的或可再生的资源中选择包装材料。

贮存和运输

88. 在贮存、运输和处理的全过程中，应通过以下预防措施保持产品的有机完整性：

a）必须始终预防有机产品与非有机产品混合。

b）必须始终预防有机产品接触在有机生产中禁用的材料和物质。

89.若只有部分单元获得了有机认证，则与没有按照本导则生产的其他产品应分开贮存和处理，而且两种产品都应有明显的标识。

90.有机产品散装仓库应与常规产品仓库分开，并要有明显标识。

91.有机产品的贮存区和运输容器，应按在有机生产中允许使用的材料和方法清洗，在使用非有机产品专用的贮存区和容器之前，应采取措施防止农药或其他未在附录Ⅱ中列出的处理方式可能导致的任何污染。

附录Ⅱ　准许用于有机食品生产的物质

注意事项

1.在有机系统内，用于土壤培肥和改良及病虫害防治，牲畜保健和提高畜产品质量，食品制造和保存及贮存的任何物质应符合国家的有关规定。

2.认证机构可对下列名单中包括的某些物质的使用条件做具体规定，例如：用量、施用频率、具体目的等。

3.应谨慎地使用需要在初级生产阶段使用的物质，应认识到即使是允许使用的物质也可能被滥用，并可能影响土壤或农场的生态系统。

4.下列清单并没有试图提供一个完整、独有或限定的管理工具，而是将国际上已经认可的投入物信息提供给各国政府。各国政府应把本导则第5章详细说明的产品评估标准体系作为接受或拒绝某些物质的首要决定因素。

表1　土壤培肥和改良物质

物质	描述、成分要求、使用条件
厩肥和家禽粪肥	来自非有机生产系统的需认证机构认可，不允许来源于工厂化养殖
污泥或尿	若为非有机来源，则需经检查机构认可，经过控制的发酵和／或适当稀释后使用更为合理。不允许来源于工厂化养殖
包括家禽在内的混合动物排泄物	需认证机构或主管部门认可
粪肥和混合厩肥	不允许来源于工厂化养殖
干燥厩肥和脱水的家禽粪肥	需认证机构或主管部门认可，不允许来自工厂化养殖
海鸟粪	需认证机构或主管部门认可
秸秆	需认证机构或主管部门认可
种植蘑菇的废弃底料混合肥	需认证机构或主管部门认可，底料的基本配料必须限制在本表列出的产品范围内
分类的、混合的或发酵的家庭废物肥料	需认证机构或主管部门认可
植物残体堆肥	
屠宰厂和鱼类加工厂处理后的动物产品	需认证机构或主管部门认可

物质	描述、成分要求、使用条件
食品与纺织业的副产品，未经合成添加剂处理	需认证机构或主管部门认可
海藻与海藻产品	需认证机构或主管部门认可
锯屑、树皮及废木料	需认证机构或主管部门认可，木料在砍伐后不能用化学处理
木灰和木炭	需认证机构或主管部门认可，所用木料在砍伐后不能进行化学处理
天然磷酸岩	需认证机构或主管部门认可，镉含量不超过 90mg/kg（以 P_2O_5 计）
碱性矿渣	需认证机构或主管部门认可
碳酸钾岩、开采的钾盐（例如：钾盐镁矾、钾盐）	氯化物的含量不低于 60%
硫酸钾	通过物理而非化学过程强化增加可溶性。需认证机构或主管部门认可
天然碳酸钙（例如：白垩、石灰泥、石灰石、白垩磷酸盐）	
镁盐	
石灰质镁盐	
泻盐（硫酸镁）	
石膏（硫酸钙）	仅天然来源
酒糟与酒糟榨出物	不包括铵
氯化钠	仅矿盐
磷酸铝钙	镉含量不超过 90mg/kg（以 P_2O_5 计）
微量元素（例如：硼、铜、铁、锰、钼、锌）	需认证机构或主管部门认可
硫黄	需认证机构或主管部门认可
石粉	
黏土（例如：斑脱土、珍珠岩、沸石）	
自然出现的生物体（例如：蠕虫）	
蛭石	
泥炭	不允许添加合成添加剂；允许用作播种和盆栽堆肥，其他使用须认证机构或主管部门认可；不允许用作土壤改良剂
蚯蚓和昆虫腐殖质	
漂白粉	需认证机构或主管部门认可
人类排泄物	需认证机构或主管部门认可。来源应远离可造成化学污染的家庭和工业垃圾，并经过充分处理以消除携带虫害、寄生虫及致病性微生物的危险，不可用于预期供人类食用的作物或植物的可食部分
制糖业副产品（例如：糖渣）	需认证机构或主管部门认可

续表

物质	描述、成分要求、使用条件
油棕、椰子和可可副产品（包括空果串、棕榈油厂废水，可可泥灰和空可可豆荚）	需认证机构或主管部门认可
有机农业配料的工业加工副产品	需认证机构或主管部门认可
氯化钙溶液	在缺钙情况下进行叶面处理

表 2 用于控制植物病虫害的物质

物质	描述、成分要求和使用条件
Ⅰ 植物和动物来源	
以从除虫菊（*Chrysanthemum cinerariaefolium*）提取的除虫菊酯为主的制剂，可能含一种助剂	需认证机构或主管部门认可；2005 年后不允许用增效醚作为一种增效剂
从毛鱼藤（*Derris elliptica*）、*Lonchocarpus* 属和 *Thephrosia* 属植物中提取的鱼藤酮制剂	需认证机构或主管部门认可
苦木（*Quassia amara*）中提取的制剂	需认证机构或主管部门认可
大枫子科灌木尼亚那（*Ryaniaspeciosa*）制剂	需认证机构或主管部门认可
由印度苦楝（*Azadirachta indica*）提炼制成的商品制剂	需认证机构或主管部门认可
蜂胶	需认证机构或主管部门认可
动植物油	
海藻、海藻粉、海藻提取物、海盐和盐水	需认证机构或主管部门认可。不能使用化学方法处理
白明胶	
卵磷脂	需认证机构或主管部门认可
酪蛋白	
天然酸（例如：醋）	需认证机构或主管部门认可
曲霉菌的发酵产品	
菇类（香菇）提取物	需认证机构或主管部门认可
小球藻提取物	
几丁质杀线虫剂	天然产物
天然植物制剂（不包括烟草）	需认证机构或主管部门认可
烟草茶（除纯尼古丁外）	需认证机构或主管部门认可
沙巴藜芦	
蜂蜡	
多杀菌素	使用多杀菌素时应采取相应的措施尽量减少对非目标物种的影响及产生抗药性的风险

续表

物质	描述、成分要求和使用条件
Ⅱ矿物质	
以氢氧化铜、氯氧化铜、硫酸铜（三价）、氧化亚铜、波尔多液和伯更狄混合液	配方和剂量需认证机构或主管部门认可。在保证土壤中铜的累积量最小化的前提下，可作为杀真菌剂使用
硫黄	需认证机构或主管部门认可
矿物粉末（石粉、硅酸盐）	
硅藻土	需认证机构或主管部门认可
硅酸盐、黏土（斑脱土）	
硅酸钠	
碳酸氢钠	
高锰酸钾	需认证机构或主管部门认可
磷酸铁	作为灭螺剂
石蜡油	需认证机构或主管部门认可
碳酸氢钾	
Ⅲ用于害虫生物防治使用的微生物	
微生物（细菌、病毒、真菌），例如：苏云金杆菌、颗粒体病毒等	需认证机构或主管部门认可
Ⅳ其他	
二氧化碳与氮气	需认证机构或主管部门认可
钾皂（软皂）	
酒精	需认证机构或主管部门认可
顺势疗法及印度草药制剂	
草药与生物动力制剂	
不育处理后的雄性昆虫	需认证机构或主管部门认可
灭鼠剂	用于控制牲畜养殖场或设施中的有害生物；需认证机构或主管部门认可
乙烯	用于柑橘果实脱绿和预防果蝇，也可作为菠萝的促花剂。作为马铃薯和洋葱的发芽抑制剂：对不具有长期休眠特性或不适合当地生长条件的马铃薯和洋葱品种，在获得认证机构或主管部门认可时才能用于贮存期的发芽抑制。在使用过程中必须尽量减少操作人员的接触
Ⅴ诱捕物质	
信息素制剂	
以聚乙醛为主的制品，含有高等动物忌避剂，而且只用于诱捕器	需认证机构或主管部门认可

续表

物质	描述、成分要求和使用条件
矿物油	需认证机构或主管部门认可
机械控制设备，例如：庄稼保护网、螺旋障碍物、塑料诱虫粘胶板，胶带	

表 3　本导则第 3 章中规定的非农业源的配料

3.1 某些有机食品类型或种类在特定条件下允许使用的添加剂：下面是允许在有机食品生产中使用的食品添加剂及其助剂，每一种食品添加剂的允许功用和允许使用的食品类别（或种类）均需符合已被国际食品法典委员会采纳的"食品添加剂通用标准（GSFA）"中表 1～表 3 以及其他标准；本表是有机食品加工的指导性清单，各国可制定满足本导则 5.2 节要求的在本国使用的物质清单；下面的食品添加剂可用于特定食品的指定功用

INS 号	名称	允许功用	允许使用的食品类别	
			植物源	动物源
170i	碳酸钙	全部	允许，但 GSFA 中除外的情况仍然适用	01.0 奶制品及类似物，不包括食品类别 02.0
220	二氧化硫	全部	14.2.2 苹果酒和梨酒 14.2.3 葡萄酒 14.2.4 其他酒类（除葡萄酒）	14.2.5 蜂蜜酒
270	乳酸（L-D- 和 DL-）	全部	04.2.2.7 发酵蔬菜（包括真菌、根、块茎类、豆类、豆荚、芦荟制品），海藻产品，但食品种类 12.10中发酵的大豆产品除外	01.0 奶制品及类似物，除食品类别 02.0 08.4 可食的皮（例如：香肠外皮）
290	二氧化碳	全部	允许，但 GSFA 中除外的情况仍然适用	允许，但 GSFA 中除外的情况仍然适用
296	苹果酸（DL-）	全部	允许，但 GSFA 中除外的情况仍然适用	不允许
300	维生素 C	全部	天然含量不足时允许使用，但 GSFA 中除外的情况仍然适用	天然含量不足时可以使用 08.2 整片或切块的肉类、家禽和野生动物产品 08.3 肉类、家禽和野生动物制品
307	维生素 E（混合天然浓缩物）	全部	允许，但 GSFA 中除外的情况仍然适用	GSFA 和 CAC 采纳的其他标准允许的所有混合食品
322	卵磷脂（未使用漂白剂和有机溶剂）	全部	允许，但 GSFA 中除外的情况仍然适用	01.0 奶制品及类似物，但食品类别 02.0 除外；02.0 脂肪、油类和脂肪乳剂；12.6.1 乳化调味汁（例如：蛋黄酱、色拉调味品）；13.1 婴儿配方食品和较大婴儿配方食品；13.2 婴幼儿及小孩的辅助食品

INS 号	名称	允许功用	允许使用的食品类别	
			植物源	动物源
327	乳酸钙	全部	不允许	01.0 奶制品及类似物，食品类别 02.0 除外
330	柠檬酸	全部	水果和蔬菜（包括真菌、根、块茎类、豆类、豆荚、芦荟制品）、海藻类、坚果和种子	作为特殊奶酪产品和熟鸡蛋的凝结剂；01.6 奶酪及其类似物；02.1 无水油脂；10.0 蛋及蛋制品
331i	柠檬酸二氢钠	全部	不允许	01.1.1.2 纯酸奶（仅作为稳定剂）；01.1.2 乳品的饮料，调味和 / 或发酵制品（如巧克力奶，可可，蛋酒，酸奶，乳清蛋白型饮料）；01.2.1.2 纯发酵乳，发酵后热处理（仅作为稳定剂）；01.2.2 凝乳（仅作为稳定剂）；01.3 浓缩纯牛奶及其类似物（仅作为稳定剂）；01.4 纯奶酪等（仅作为稳定剂）；01.5.1 纯奶粉和奶酪粉（仅作为稳定剂）；01.6.1 未成熟干酪（仅作为稳定剂）；01.6.4 加工干酪（仅作为稳定剂）；01.8.2 干乳清和乳清制品，不包括乳清干酪；08.3 粉碎加工的肉类、家禽和野味，但限制用于香肠；10.2 蛋制品中的巴氏杀菌蛋清
332i	柠檬酸二氢钾	全部	不允许	允许，但 GSFA 中除外的情况仍然适用
333	柠檬酸钙	全部	允许，但 GSFA 中除外的情况仍然适用	01.0 奶制品及类似物，食品类别 02.0 除外
334	酒石酸	全部	允许，但 GSFA 中除外的情况仍然适用	不允许
335i	酒石酸钠 酒石酸二钠	全部	05.0 糖果 07.2.1 蛋糕	不允许
336i 336ii	酒石酸钾 酒石酸二钾	全部	05.0 糖果 06.2 面粉和淀粉 07.2.1 蛋糕	不允许
341i	正磷酸钙	全部	06.2.1 面粉	不允许
400	褐藻酸	全部	允许，但 GSFA 中除外的情况仍然适用	01.0 奶制品及类似物，食品类别 02.0 除外
401	藻酸钠	全部	允许，但 GSFA 中除外的情况仍然适用	01.0 奶制品及类似物，食品类别 02.0 除外；GSFA 和 CAC 采纳的其他标准允许的所有混合食品

INS 号	名称	允许功用	允许使用的食品类别	
			植物源	动物源
402	藻酸钾	全部	允许，但 GSFA 中除外的情况仍然适用	01.0 奶制品及类似物，食品类别 02.0 除外；GSFA 和 CAC 采纳的其他标准允许的所有混合食品
406	琼脂	全部	允许，但 GSFA 中除外的情况仍然适用	允许，但 GSFA 中除外的情况仍然适用
407	卡拉胶	全部	允许，但 GSFA 中除外的情况仍然适用	01.0 奶制品及类似物，食品类别 02.0 除外
410	角豆胶	全部	允许，但 GSFA 中除外的情况仍然适用	01.1 乳和含乳饮料；01.2 纯发酵乳和凝乳产品，不包括 01.1.2 乳制品型饮料；01.3 纯炼乳和类似物；01.4 纯奶酪等；01.5 纯奶粉和奶酪粉及其类似物；01.6 干酪及其类似物；01.7 含乳甜点（例如：布丁、水果或调味酸乳）；01.8.1 液体乳清和乳清制品，不包括乳清干酪；08.1.2 新鲜肉类、家禽及野味，粉末；08.2 整片或切块的肉类、家禽和野味；08.3 粉碎加工的肉类、家禽、野味；08.4 食用肠衣（如香肠肠衣）
412	瓜尔胶	全部	允许，但 GSFA 中除外的情况仍然适用	01.0 奶制品及类似物，但食品类别 02.0 除外；8.2.2 热处理加工的整片或切块的肉类、家禽和野味；8.3.2 热处理加工的粉碎肉类、家禽和野味；10.2 蛋制品
413	黄芪胶	全部	允许，但 GSFA 中除外的情况仍然适用	允许，但 GSFA 中除外的情况仍然适用
414	阿拉伯胶	全部	05.0 糖果	01.0 奶制品及类似物，但食品类别 02.0 除外；02.0 脂肪和油类，脂肪乳剂
415	黄原胶	全部	02.0 脂肪和油类，脂肪乳剂；04.0 水果和蔬菜（包括真菌、根、块茎类、豆类、豆荚、芦荟制品）、海藻类、坚果和种子；07.0 焙烤制品；12.7 沙拉（例如：通心粉沙拉、土豆沙拉）	不允许
416	梧桐胶	全部	允许，但 GSFA 中除外的情况仍然适用	不允许

INS 号	名称	允许功用	允许使用的食品类别	
			植物源	动物源
422	甘油	全部	植物源；以植物提取物为载体 04.1.1.1 没有处理过的新鲜水果；04.1.1.2 表面处理过的新鲜水果；04.1.2 加工水果；04.2.1.2 表面处理过的新鲜蔬菜（包括真菌、根、块茎类、豆类、豆荚、芦荟制品）、海藻类、坚果和种子；04.2.2.2 脱水蔬菜（包括真菌、根、块茎类、豆类、豆荚、芦荟制品）、海藻类、坚果和种子；04.2.2.3 用醋、油、盐水、酱油浸泡的蔬菜（包括真菌、根、块茎类、豆类、豆荚、芦荟制品）和海藻类；04.2.2.4 罐装（巴氏杀菌）或蒸煮袋蔬菜（包括真菌、根、块茎类、豆类、豆荚、芦荟制品）和海藻类；04.2.2.5 煮成浓汤或流质的蔬菜（包括真菌、根、块茎类、豆类、豆荚、芦荟制品）、海藻类、坚果和种子（如花生）；04.2.2.6 浆状蔬菜（包括真菌、根、块茎类、豆类、豆荚、芦荟制品）、海藻、坚果和种子（如蔬菜甜品、酱和蔬菜蜜饯），不包括食品类别 04.2.2.5；04.2.2.7 发酵蔬菜（包括真菌、根、块茎类、豆类、豆荚、芦荟制品）和海藻产品，不包括食品类别 12.10 中的大豆发酵制品；12.2 香草、香料、调味品和调料（如方便面佐料）	
440	果胶（非酰胺化）	全部	允许，但 GSFA 中除外的情况仍然适用	01.0 奶制品及类似物，食品类别 02.0 除外
500ii 500iii	碳酸氢钠 倍半碳酸钠	全部	05.0 糖果 07.0 面包制品	01.0 奶制品及类似物，食品类别 02.0 除外
501i	碳酸钾	全部	05.0 糖果 06.0 源自谷粒、根、块茎的谷类和谷物制品及豆类，不包括食品类别 07.0 的面包制品 07.2 精制面包制品（甜的、咸的、香的）及调拌料	不允许

INS号	名称	允许功用	允许使用的食品类别	
			植物源	动物源
503i 503ii	碳酸铵 碳酸氢铵	酸度调节剂和膨松剂	允许，但 GSFA 中除外的情况仍然适用	不允许
504i 504ii	碳酸镁 碳酸氢镁	全部	允许，但 GSFA 中除外的情况仍然适用	不允许
508	氯化钾	全部	04.0 水果、蔬菜（包括真菌、根、块茎类、豆类、豆荚、芦荟制品）、海藻类、坚果和种子；12.4 芥末；12.6.2 非乳化沙司（如番茄酱，奶酪酱，奶油酱汁，肉汁）	不允许
509	氯化钙	全部	04.0 水果、蔬菜（包括真菌、根、块茎类、豆类、豆荚、芦荟制品）、海藻类、坚果和种子；06.8 大豆制品（不包括食品类别 12.9 中的大豆制品和食品类别 12.10 中的发酵大豆制品）；12.9.1 大豆蛋白制品；12.10 发酵豆制品	01.0 奶制品及类似物，但食品类别 02.0 除外；08.2 整片或切块的肉类、家禽和野味；08.3 粉碎加工的肉类、家禽和野味；08.4 食用肠衣（如香肠肠衣）
511	氯化镁	全部	06.8 大豆制品（不包括食品类别 12.9 中的大豆制品和食品类别 12.10 中的发酵大豆制品）；12.9.1 大豆蛋白制品；12.10 发酵豆制品	不允许
516	硫酸钙	全部	06.8 大豆制品（不包括食品类别 12.9 中的大豆制品和食品类别 12.10 中的发酵大豆制品）；07.2.1 蛋糕、饼干和馅饼（例如：水果馅或奶油类）；12.8 酵母和类似产品；12.9.1 大豆蛋白制品；12.10 发酵豆制品	不允许
524	氢氧化钠	全部	06.0 源自谷粒、根、块茎的谷类和谷物制品及豆类，不包括食品类别 07.0 的面包制品；07.1.1.1 加酵母的面包和特色面包	不允许
551	二氧化硅 （无定形）	全部	12.2 香草、香料、调味品和调料（如方便面佐料）	不允许
941	氮	全部	允许，但 GSFA 中除外的情况仍然适用	允许，但 GSFA 中除外的情况仍然适用

INS 号	名称	允许功用	允许使用的食品类别	
			植物源	动物源

3.2 调味料：根据《天然调味品通用要求》（CAC/GL 29—1987）的定义标明为天然调味物质或天然调味制品的物质和产品

3.3 水和食盐：饮用水；食盐（以通常用于食品加工的氯化钠或氯化钾为基本成分）

3.4 微生物和酶：通常用于食品加工的任何微生物和酶，但转基因微生物体或来源于基因工程的酶除外

3.5 矿物质（包括微量元素）、维生素，必需脂肪酸和氨基酸以及其他含氮化合物：仅批准要求用于所加入食品中的这些合法物质

表 4　用于本导则第 3 章中涉及的农业来源产品的加工助剂

物质名称	具体条件
植物产品	
水	
氯化钙	凝固剂
碳酸钙	
氢氧化钙	
硫酸钙	凝固剂
氯化镁（或盐卤）	凝固剂
碳酸钾	葡萄干的干制
二氧化碳	
氮	
乙醇	溶剂
单宁酸	过滤助剂
卵清白蛋白	
酪蛋白	
明胶	
鱼胶	
植物油	润滑或脱模剂
二氧化硅	作为凝胶或胶体溶液
活性炭	
滑石粉	
膨润土	
高岭土	
硅藻土	

物质名称	具体条件
珍珠岩	
榛子壳	
蜂蜡	脱模剂
棕榈蜡	脱模剂
硫酸	糖生产中提取用水的 pH 调节
氢氧化钠	糖生产中的 pH 调节
酒石酸和盐	
碳酸钠	糖生产
树皮制剂成分	
氢氧化钾	糖加工时的 pH 调节
柠檬酸	pH 调整剂

微生物和酶制剂
通常用作食品加工助剂的任何微生物和酶制剂，但不包括转基因生物体及其酶制剂

牲畜和蜂产品
下列物质仅为用于加工牲畜和蜂产品的暂定名单。各国可按照第 5.2 条款的建议制定满足本导则要求的物质名单

碳酸钙	
氯化钙	乳酪制作过程中的固化剂和凝结剂
高岭土	蜂胶提炼
乳酸	乳制品：凝固剂，乳酪盐浴时 pH 的调节
碳酸钠	乳制品：中和物质
水	

附录Ⅲ　检查认证制度的最低检查要求和预防措施

1. 检查措施有必要覆盖整个食物链，以验证根据导则第 3 章规定标识的食品是否符合国际推荐的操作规范。官方或官方认可的认证机构或主管部门应根据本导则制定政策和程序。

2. 接受检查的经营者必须向检查部门提供各种书面文件和 / 或档案记录，还应为主管部门或其指定的检查机构提供准入权，并为进行审核目的的第三方提供必需的任何信息。

A. 生产单元

3. 按照本导则的生产应在一个单元内进行，此单元的场址、生产区域、农场

建筑和作物及牲畜贮存设施，与未按照本导则进行生产的其他单元应清楚隔开；制作和 / 或包装车间可成为该生产单元的一部分，但其活动只限于制作和包装该单元出产的农产品。

4. 在进行首次检查时，经营者与官方或官方认可的认证机构应起草并签署一份文件，该文件应包含以下内容：

a）对生产单元和 / 或收获区的全面描述，说明生产和房屋建筑及场址的情况，包括可进行某些制作和 / 或包装操作的厂房。

b）对于野生植物的采集，必要时，生产者可出具第三方提供的担保，以满足附录 I 中第 10 条款的规定。

c）生产单元应采取各种有效措施以保证遵守本导则。

d）在有关的地块和 / 或采集区域，最后一次使用不符合导则第 4 章规定产品的日期。

e）由经营者承担按照第 3 章及第 4 章的规定进行生产操作，一旦发生违反规定时间，接受按本导则第 6.9 条规定采取措施。

5. 每年在认证机构指定的日期之前，经营者应向官方或官方认可的认证机构通告其作物及牲畜生产计划，按场址、牧群、羊群或蜂房分别说明。

6. 书面材料、记录和账目应保存，使官方或官方认可的认证机构能够追溯所有采购原材料的来源、性质和数量，以及使用情况；此外，应保留关于所有已售出农产品的性质、数量和收货人的书面材料和记录的账目。直接出售给最终消费者的数量应按日记账。如果该生产单元自行加工农产品，其账目必须包括本附录 III 第 B2 条所要求的信息。

7. 所有牲畜应单独标记，如幼小的哺乳动物或家禽按照群标记，蜂类按照蜂房标记。应保留书面材料和记录，使之在接受审查时能够在该体系中一直追溯到每一牲畜和蜂群。操作者应保证详细和及时记录以下内容：

a）牲畜的品种和来源。

b）任何购买的记录。

c）预防和管理疾病、受伤和繁殖过程中使用的保健计划。

d）因任何目的进行的处理和药物管理，包括检疫期和对接受处理的动物和蜂箱的标记。

e）饲料供应和来源。

f）在地图中标明畜群在指定的放牧区内的转移和蜂房在指定采蜜区内的转移。

g）运输、屠宰和销售情况。

h）蜂产品的提取、加工和贮存。

8. 在有机单元内，禁止存放本导则第 4.1 b）条款允许使用物质之外的其他物质。

9. 官方或官方认可的认证机构每年应确保对该有机单元进行至少一次现场检

验。在怀疑使用了某些物质时，可以进行本导则中未列出的产品抽样检验。每检查后均应撰写检验报告。此外，还应根据需要或随机抽取进行临时增加的、预先未通知的检查。

10. 为了执行检查目的，经营者应向认证机构提供进入仓库、生产经营场所以及查阅账目和相关支持性文件的权利。只要检查部门认为是检查目的所必需时，经营者也应提供任何其他信息。

11. 在本导则第 1 章中提到的产品，如果未采用提供给最终消费者的包装时，其运输方式应能够防止污染，并能预防在不影响法律要求的其他标识的情况下，其内容物被不符合本导则和下列信息的物质或产品替换：

> 负责该产品生产或制作人员的姓名和地址；
> 产品名称；
> 产品具有的有机状态。

12. 若经营者在同一地区经营几个生产单元（平行生产），则在该区域内生产非第 1 章所涵盖的作物及其产品的生产单元，也应根据上述第 4 条以及第 6 条和第 8 条内容接受检查。在下列生产单元内不应种植与上述第 3 条涉及的作物不能明显区分的非有机生产的作物品种：

> 如果主管部门允许采取变通的方法，则必须明确规定生产的品种和允许变通的条件和补充检查要求，需要落实和执行无预先通知的实地检查、收获期间的额外检查、附加记录文件、经营者对防止相互混杂能力的评估等。
> 在对本导则进行进一步修订之前，即使是难以区分的品种，只要采取适当的检查措施，成员国也可接受相同品种的平行生产。

13. 在有机牲畜生产中，同一生产单元内的所有牲畜必须按照本导则的规定进行饲养。但是未按照本导则规定饲养的牲畜，如果与按照本导则饲养的牲畜能严格分开，也可放在有机区域内饲养。主管部门可以规定更加严格的限制性措施（如要求用不同品种等）。

14. 主管部门可以允许按照本导则规定饲养的动物在常规土地上放牧，只要：

a）这些土地至少在 3 年内没有使用过第 4.1a）和 b）条款允许使用的产品之外的产品；

b）能够将按照本导则规定饲养的动物与其他动物明确隔离。

15. 主管部门应在不影响本附录其他规定的情况下，保证牲畜产品从生产和制备直到销售给消费者的各个有关阶段得到检查，只要技术上允许，应保证对牲畜和牲畜产品的可追溯性，包括从牲畜养殖单元到加工和任何其他制作过程，直到最终的包装和标识。

B. 制备和包装单元

1. 生产经营者应提供：

> 对该生产单元的全面描述，包括说明农产品制备和包装以及操作前后的

存贮条件等；

➢ 生产单元为保证遵守本导则规定而采取的全部切实可行的措施。

生产单元与认证机构的负责人应在有关描述及措施上签名；报告中还应包括经营者关于按照导则第 4 章规定方式进行操作，一旦发生违反规定事件时，接受对其执行导则第 6.9 条款规定的措施，并由双方共同签署。

2. 应保留书面记录，使认证机构或主管部门能够追踪到下列情况：

➢ 已交到该单元的本导则第 1 章中涉及的农产品的来源、性质及数量。

➢ 已从该单元提走的本导则第 1 章中涉及的农产品性质、数量及收货人。

➢ 认证机构为了对操作进行适当检查要求提供的其他任何信息，如已交付至该单元的配料、添加剂及加工助剂的来源、性质和数量，以及加工产品的组分等。

3. 若本导则第 1 章中未涉及的产品也在该生产单元加工、包装或贮存，则：

➢ 在生产操作前后，该单元应有隔离区存放本导则第 1 章涉及的产品。

➢ 非本导则第 1 章规定范围之内的产品所涉及的类似操作，应连续进行直至全部完成，并应在时间或地点上保持间隔。

➢ 如果此类操作不是经常进行，则应预先通知，并有一个由认证机构同意的截止期。

➢ 应采取一切措施保证能够鉴别产品批次，避免与未按导则要求获得的产品混合。

4. 官方或官方认可的认证机构应确保每年对该单元至少进行一次全面检查。对未在本导则中列出的产品的用途产生怀疑时，可进行抽样检验。每次检查均应撰写检查报告，被检验单元的负责人应在报告上签名。还应根据需要或随机抽取进行无预先通知的检查。

5. 经营者应向官方或官方认可的认证机构提供因检查需要而进入该单元，以及查阅记录账目和相关支持文件的权利。经营者也应向检查部门提供检查所必需的任何信息。

6. 本附录Ⅲ第 A.10 条款规定的关于运输的要求，在此也适用。

7. 在收到本导则第 1 章中涉及的产品时，操作者应检查：

➢ 所要求的包装或容器是否封装完好；

➢ 是否有本附录第 A.10 条款要求的说明。核实的结果应在涉及本附录第 B.2 条款的记录中明确述及。根据本导则第 6 章提供的生产系统不能确证该产品时，投放市场时不能有涉及有机生产方式的说明。

C. 进口

进口国应对进口商和进口的有机产品制定适当的检查要求。

有机标准和技术法规的等同性评估指南

（联合国粮农组织、国际有机联盟、联合国贸易与发展会议联合倡议，
2012 年第 2 版）

目　录

序言

2003～2008 年，联合国粮农组织（FAO）、国际有机联盟（IFOAM）和联合国贸易与发展会议（UNCTAD）等国际组织组建了有机农业一致性和等同性国际工作小组（ITF）。它为私立和公立机构在有机农业贸易和管理活动中提供自由的对话平台。该国际工作小组的总体目标是推动有机产品贸易，因为世界范围内存在数以百计不同的关于有机产品的规章、标准和标签，这给有机产品生产商和出口商带来很多麻烦。

在有机生产、加工标准和技术规范方面的区域性差异往往是合理的，甚至是

可取的，因为世界范围内的有机农业存在不同的地理农艺条件、文化基础和发展阶段。但在另一方面，由于标准的差异，政府和认证机构在认证和接受其他系统或计划已经认证的有机产品时面临困难，因此也使得有机产品生产者难以使其产品在不同市场上得到认证。

推进等同性可以解决这一问题，于是 ITF 制定了一个指导性的文件——《有机标准和技术法规等同性评估指南》。这个指南的目的是促进和协调不同有机产品生产和加工标准及技术法规的等同性评估。该指南的范围仅限于等同性的评估过程。它不涉及等同性协议的编制和维护。这种协议往往既涉及一致性评价的等同性又涉及有机生产的标准和技术规范。在实践中，在没有正式的等同性协议框架的情况下，也可以实现等同性。

《有机标准和技术法规等同性评估指南》的第 2 版包含了一个经过修订的附件 2，名为《有机标准的共同目标和要求》（COROS），这是一个基于共同目标评估有机标准等同性的实用工具。《有机标准的共同目标和要求》附有可供下载的电子版工作表，以方便评估有机标准是否符合《有机标准的共同目标和要求》。

《有机标准和技术法规等同性评估指南》是一份公开文件，政府和私营机构不需申请即可使用。各国政府和私营利益相关方可以根据需要全部或部分使用该文件（比如可以用作参考的文献），但不得用于商业出版。

该评估指南的制定咨询了世界范围内私有及政府部门的利益相关者。资金来自于瑞典国际发展合作署（SIDA），挪威发展合作署（NORAD）和瑞士政府。

联合国粮农组织（FAO）、国际有机联盟（IFOAM）和联合国贸易与发展会议通过后续项目"全球有机市场准入"继续支持《有机标准和技术法规等同性评估指南》，并赞助出版了该指南的第 2 版。关于《有机标准和技术法规等同性评估指南》的更多信息，可在"全球有机市场准入"网站上获得，包括其所附的电子版工作表和联系信息等。

引言

等同性概念：有机农业是一种基于当地特定农业生态条件的系统方法，有机标准的制定通常涉及当地、国家和区域环境，包括发展状态和市场条件等。接受不同的有机农业标准或技术法规来实现共同的目标（或称等同性），可以减少因为标准和法规太多而产生的越来越多的贸易壁垒。在存在多个模式的情形下，等同性概念在国际贸易政策中很常见。在有机农业中使用等同性概念有利于推动全球有机产品贸易，扩大有机农业的收益。政府及私营机构使用共同的程序和评估工具，以此形成和承认等同的标准。这样有利于所有合法团体的市场行为，无论所在国是否有有机生产、加工或标签的法规。本文件及其相关附件所述的程序和工具是确定有机生产和加工不同标准等同性的建议性指南，适用于政府间以及政府与私营部门间的等同性判定（包括多边和单边）。这是根据世界贸易组织技术性贸易壁垒协议（WTO-TBT）和国际食品法典框架中有关等同性的内容（见附件 5）制定的，同时考虑了世界范围内等同性评估的经验，特别是国际有机联盟的经验。当然，等同性的判定不一定非要使用本指南，如也可以通过区域或双边的贸易协定（利用谈判定下的程序）或单方面确定。

国际标准的使用或参照：在等同性的确定过程中，建议使用国际标准。目前有两种有机农业国际参考标准，即国际食品法典标准《有机食品生产、加工、标识与销售导则》（CAC/GL 32）以及国际有机联盟的《有机生产与加工标准》（IBS）。

根据共同目标确定等同性：世界贸易组织和国际食品法典委员会均提出等同性的判定要以目标为基础。但是，许多法规和标准，无论有机与否，没有陈述设定要求的具体目标。然而，通过对这类标准或法规进行分析理解，可以确定有机标准所暗指的目标，甚至是共同目标。附件 2《有机标准的共同目标和要求》是根据是否实现共同的国际目标来评估标准等同性的工具。将标准与《有机标准的共同目标和要求》进行直接比较是评估等同性的一种可选择的方法。

清晰的程序（包括判别和查证标准）：等同性判定过程的关键要素包括相关文件的准备、全面对比、考虑在措施和要求方面差异的标准和程序等。这个文件包括有机标准法规具体要求方面变化的评估准则。这些具体要求可以是单独的要求，也可以是一系列相关的要求。最后，鉴于需要将有问题的要求排除在等同性范围之外，文件还提供了排除条款，以此来排除或减轻这些要求的影响。

排除条款：实践中未必总能获得完全的等同性。当在一些要素上难以获得一致或者评估过程受阻时，列举排除条款是允许的。例如，某一法规允许的有机农业投入物可能在另一法规下不被接受，在建立等同性时这类投入物可以列入排除条款。随后各方可以对这类条款进行审核，做必要的修改或校订。将一些投入物、产品种类或技术从等同性中予以排除并不意味着受以上因素影响的产品不能交易。这些产品可以通过其他途径进入市场，如用标签补充说明。

透明条款：建立在市场上的信任对等同性协议在市场上的接受尤为重要。透明性是建立信任的关键要求，需在等同性评估的全程中予以保证。

1. 范围

本指南提供一般的程序和评估工具，用于建立和认可有机生产、加工及标签方面标准的等同性。

本指南可供政府间或政府与私立部门间使用，既可以用于双边或多边谈判，也可以在对标准进行单方面的等同性评估中采用。

本指南也是今后推动等同性发展，进一步发展相关法规和程序的资源。

2. 定义

术语	定义
基础标准	构成等同性评估基础的标准或法规
基础标准当事方	构成等同性评估基础的标准或技术法规的主要当事方

续表

术语	定义
被评估的标准	等同性评估中基础标准的对应标准或法规
被评估的标准当事方	等同性评估中基础标准的对应标准或技术法规的代表方
参与方	彼此之间寻求等同性协议的各方
标准	由公认的机构批准，可供共同和重复使用，但非强制遵守的文件，包括产品或相关生产过程和生产方法方面的规则、指南或特征，也包括或者专门用来处理术语、符号、包装、标记或标签方面的要求
技术法规	用于说明产品特征或其相关过程和生产方法，要求强制性遵守的文件，包括管理规定，也包括或者专门用来处理术语、符号、包装、标记或标签方面的要求
符合性评估	直接或间接确定相关要求是否得到满足的活动
协调	由不同机构核准的同一主题的标准、技术法规和合格评定要求，建立起相应产品和过程可互换性的过程，旨在建立起等同的标准、技术规程和合格评定要求
等同性	接受同一主题的不同标准或技术法规来实现共同的目标
认可	对符合性评估结果予以使用或者接受的安排（包括单边、双边或多边安排）

3. 等同性评估要素

3.1　基础标准的选择

参与方需选择基础标准，其他标准 / 规范与基础标准的等同性是评估的基本内容。

在选择基础标准时，可能要考虑以下情形：

a. 多边等同性评估：基础标准可以是一个国际标准或者众多参与评估的标准 / 规范中的一个。每一个参与评估的标准都需依据基础标准进行评估。与被选为基础标准的等同性也认可了与所有其他参与标准 / 规范的等同性。

b. 双边等同性评估：基础标准可以是一个国际标准或者是两个参与评估的标准 / 规范之一。如果采用后一种，则二者互相依次进行评估。

c. 单边等同性评估：最好选择一个国际标准，或者对等的其他标准 / 规范为基础标准。

3.2　评估专家小组的任务及任命

公平的评估可以增强过程的可信性，有利于评估结果被参与方及其他利益相关方接受。除了各自的谈判代表，参与方还应考虑联合建立独立的评估专家小组，以便为各自的评估决策提供专业建议。

评估专家小组的成员选定需得到参与方的一致同意。

如参与方不愿建立独立的评估专家小组，则可由参与方的谈判代表组成评估小组。

3.3　参照目标的确定

在开始对具体的要求进行评估之前，需明确具体的参照目标，并达成一致。

在评估一开始，就应先确定基础标准所对应的目标，包括有机生产和加工涉及的不同方面所对应的具体目标，目标由基础标准方确定，并需获得被评估标准方的同意。

如基础标准描述了具体的目标，则这些具体目标优先成为参照目标。如未描述或者并不明确，则参与方应就具体参照目标协商一致。如选定了专家小组，则专家小组需努力协助促成明确参照目标，并协调参与方取得一致。

本指南编制的目的是判断某一套标准法规是否能够满足另一套标准法规所追求的有机生产和加工目标。有些有机标准法规首先就包括或者附带了规定的目标（如保护消费者）。在开始等同性评估之前，参与方需确定与评估有关的目标是否包括了可用的基础标准法规的目标。

3.4　对标准范围及其法律背景的说明

参与方首先应确立等同性评估的范围，包括适用的地理区域、产品范围和涉及的过程等。

参与方应公开各自的与执行基础标准和被评估标准相关的其他法律文本。如有机标准没有描述到的植物检疫要求，以及这些要求与基础标准和被评估标准的应用之间的关系等。

3.5　评估的方法

为获得等同性评估的结论，参与方在决策时应以专家小组的评估为基础。

必要时专家小组可以要求参与一方或多方就具体的要求予以说明和解释。

专家小组应考虑邀请公众对评估进行评论。

专家小组的评估意见宜一致，如不能达成一致，则需注明不同的观点。

3.6　依据设定标准进行等同性评估

被评估的标准能否与参照目标相符是等同性评估关注的焦点。评估过程和依据应包括以下几点：

a. 与某国际标准等同或相符可作为与基础标准等同的依据

总的来说，认可被评估的标准与国际食品法典和国际有机联盟的一个或两个国际有机标准均一致或等同，是与基础标准等同的依据。

b. 单项要求或／和成套要求的等同性

如上述评估还显不够，参与方可以考虑对相关标准下的要求做等同性评估，既可以是单项要求也可以是成套的相关联要求。

评估时，对指定的要求进行比较是有必要的。如参与方能一致同意，可以仅对相关标准法规及法律文本的简明版或者释义版进行比较，而不需要对实际的全部文本比较。简明版或者释义版强调的是结果，而不是标准法规的细节说明，因此评估起来更方便。

如果被评估标准中的要求与基础标准不同，在其能够在类似水平上实现基础标准所追求的目标的前提下，可以将它们视为具有等同性。

如果被评估的标准中有个别要求未能符合等同性，或者被评估标准中没有与基础标准对应的要求，在以下前提下可以确立等同性：被评估标准中的一系列相关联的要求（包括相关联的法律文本）能够在类似水平上实现基础标准所追求的目标，例如土壤肥力管理。

c. 具体要求差异的尺度

对标准要求（单个或成套要求）的等同性评估应包括被评估标准中要求差异的可接受性，所依据的原则如下：

①有合理的理由，包括气候、地理、技术问题等，以及经济、管理或文化因素，这些理由应能够使得与基础标准的差异合理化，即差异可以作为具有等同性的变异性要求；②能够证明被评估的标准反映了在特定问题上的有机一致性；③不同的标准都保持了区别于非有机农业的操作规范。详情参见差异准则（附件3）。

3.7　接受专家小组的评估结论并解决尚存的问题

专家小组的评估为参与方的决策提供依据。参与方应接受专家小组的等同性评估意见，并且着力解决存在的问题，以便形成等同性协议。

突出的问题可以通过以下方式解决：

a. 被评估一方（多方）对具体要求进行修订，并/或增加其他条款：有关修订或者增加条款的建议得到基础标准方接受即可，不需要由专家小组额外进行评估。

b. 基础标准方将涉及的具体要求放弃或者修改：由被评估方提出申请，基础标准方可以根据被评估标准所处的条件，放弃或者修改与突出问题相关的具体要求。

c. 范围的排除或缩小：如不能获得完全的等同性，需退一步考虑进行一些排除，如将一些具体要求、生产投入物或产品类别从等同性协议中排除，或者缩小等同性协议范围（如仅限于作物生产）。

3.8　透明度

参与方应确保等同性的确定过程尽可能透明，同时能照顾到合理的外交约束和商业机密。应对重要事件进行公告，公告内容至少应包括对开始阶段的描述和对最终协议的解释。公告应至少以所有参与方的官方语言公布，除此以外，建议使用其他语言（如英语），以增强透明性，并有利于非参与方查阅。

如果可能，应鼓励在等同性评估中增加利益相关方。

政府参与方可以依据WTO-TBT要求（见参考书目）在最终协议前发布决议公告。

4. 等同性评估程序

4.1　启动

在启动阶段，参与方应完成以下步骤：

a. 彼此知会对方寻求等同性的意向。

b. 对协议是多边、双边还是单边进行明确，并取得一致。

c. 明确以本指南和/或其他协议为确认等同性的工具。

d. 明确除了有机生产和加工标准的目标以外，是否考虑其他事项。

e. 对本指南进行回顾，并就修正和可选择的程序和工具达成一致，包括：基础标准的选择（见 3.1）；等同性评估的适用范围（见 3.4）；允许差异尺度等的等同性依据（见 3.6 及附件 3）；对程序、指南（第 4 部分）和备选方案做的修改；计划开始和完成的日期；费用来源；各方的负责人。

f. 明确透明程度并达成一致，包括哪些步骤和信息可以公开，哪些不能。

g. 任命专家小组（见 3.4），成员可由独立专家或参与方代表组成。

4.2 明确目标

无论是否有专家小组的支持，参与方均应继续做好以下工作：

a. 明确基础标准的目标（见 3.3），包括有机生产和加工不同方面的要求所要达到的具体目标，确定是否包含监管目标。

b. 披露所有相关的法律文本和文件（见 3.4）。

c. 在对具体要求进行评估前，理出一套共同的参考目标，并达成一致。

4.3 要求的比较和等同性评估

单个和 / 或成套要求之间的等同性评估应以对等同性和允许差异尺度的一致意见为基础。

在共同的参考目标确立以后，参与方应（或者委托专家小组）对标准（包括相关的法律文本）进行比较，辨别出被评估标准与基础标准不同的、遗漏的或者额外的具体要求（见附件 4 的比较模板）。

然后，专家小组应完成以下工作：

a. 将被评估标准与基础标准进行等同性评估（见 3.6）。

b. 形成初步的等同性结论。

c. 收集来自被评估标准方和基础标准方的意见，包括补充信息（此时还应考虑向公众发布初步的评估结果，以便收集公众意见）。

d. 根据收集的意见，对等同性评估及其初步结论做修改。

e. 将修改后的评估结论和建议提交给参与方。

各参与方提交文件时应同时抄送给其他参与方。

4.4 尚存问题的解决

根据专家小组的最终评估报告，可以通过以下方式解决尚存的问题（见 3.7）：

a. 被评估方对具体要求进行修订，并 / 或增加其他条款。

b. 基础标准方将涉及的具体要求放弃或者修改。

c. 范围的排除或缩小。

如果必要，为解决问题的讨论（包括面对面的讨论）可以持续下去，直到达成一致或决定终止讨论过程。

需告知公众最终的等同性决议或者终止过程的决定，包括过程摘要和最终结果的解释。

附件1：程序流程图

第一阶段：启动（公布意向并就程序术语和条件达成一致）

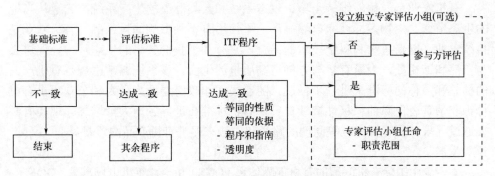

第二阶段：明确目标、相关法律文本和等同性范围

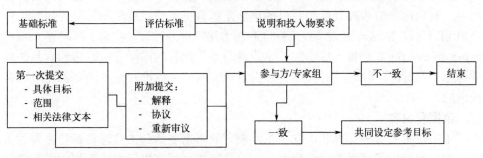

第三阶段：全面比较和等同性评估

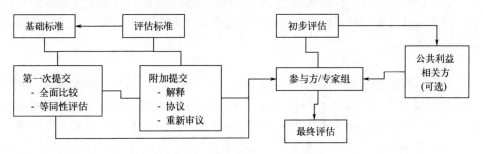

第四阶段：做出决定并解决突出问题

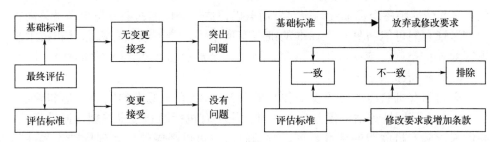

附件 2：有机标准的共同目标和要求（COROS）

引言

有机农业是一种能维持土壤、生态系统和人类健康的生产系统。它遵从当地的生态节律、生物多样性和自然循环，不使用有不利影响的投入品。有机农业是传统农业、创新思维和科学技术的结合，它有利于我们共享的生态环境，促进人与自然和谐相处，为所有参与方创造高质量的生活。该系统通常由规范有机产品的标签和声称的标准来进一步描述。随着民间和政府层面为私人和公众提供有机标识和消费者保障的积极性持续提升，有机标准在世界各地大量增加。现在有必要通过寻求评估有机标准等同性的路径和方法来促进有机产品的贸易。

发展

本附录由国际有机联盟的有机保障体系（OGS）和全球有机市场准入（GOMA）项目支助，由联合国粮农组织、国际有机联盟和联合国贸易与发展会议共同负责制定。有机标准的共同目标和要求的概念是由有机农业一致性和等同性国际工作小组（ITF）在 2008 年通过《有机标准和技术法规等同性评估指南》的附件（www.goma-organic.org）中首次提出的。本附录是基于现有的国际有机联盟和食品法典的国际有机标准，并通过对世界各地大量现有的相关标准和法规的评阅比较编制而成的。

范围和内容

本附录阐明有机标准和法规中生产规则通常需要达到的普遍目标，并对相关的不同目标提出了通用的详细要求。它只包括在全球有机标准和法规中常见的要求，如一般有机管理、作物和动物生产、养蜂、加工处理和社会正义等的相关要求；但不包括有机水产养殖、纺织品和化妆品加工等全球大多数有机标准法规尚未涵盖的新内容。

目的

制定本附录的目的是用于国际间有机标准和技术法规的等同性评估。在全球有机市场准入（GOMA）项目的背景下，有机标准的共同目标和要求可作为基本准则，指导政府和其他利益相关方对两个或两个以上有机生产加工标准进行基于目标的等同性评估。本附录鼓励使用基于参照目标的等同性评估，这种方法与 WTO 判断等同性的指导方针一致。通过基于目标的等同性评估，各方可以避免重复乏味地将各个标准逐一比对，而可以评估一个标准的细节是否满足共同目标，尽管它们可能与另一个标准的细节有所不同。要下载《有机标准和技术法规等效评估指南》或阅读更多信息，请访问全球有机市场准入（GOMA）网站（www.goma-organic.org）。

在国际有机联盟的有机保证体系的背景下，《有机标准的共同目标和要求》是作为一个等同性评估的国际参考标准，用于有机标准和技术法规等同性评估，并纳入国际有机联盟的标准系列。各国政府也可以考虑使用系列标准作为评估有机产品进口许可的基础，也可以利用国际有机联盟对照《有机标准的共同目标和要求》建立的等同性评估方法，作为促进其对等同性进行单方面或双边评估的资源。

《有机标准的共同目标和要求》的结构和功能

《有机标准的共同目标和要求》的高级功能以电子工作表的形式提供，包含 3 个工作表：

第一张表格是数据输入表：《有机标准的共同目标和要求》中的要求是按照最经典的有机标准结构布局的。对于每一项要求，执行评估的人员或小组可以在评估标准中输入相应的要求，并判断这些要求是等同的、增加的（积极的变化）还是缺失的 / 不完整的（消极的变化）。评估模型还为标准评估者提供空间，以便在适当的情况下可查阅到关于《有机标准的共同目标和要求》更改的理由，以及评估人员发表的是否同意的相关意见。

第二张表格是基于目标的评估模板：所有这些数据都自动地输入到第二张表格，然后根据有助于实现需求的更广泛目标要求重新组织分析。这张表使评估人员能够从基于目标的角度看待等同性评估结果，并判断评估标准在解决有机标准和法规的各种共同目标方面的表现力。

第三张表格便于总结：这张表格是为了帮助评估人员总结等同性评估的结果，以便做出最终决定和与其他各方或公众进行沟通。总结应提供评估标准与《有机标准的共同目标和要求》相比的优点和不足的快速视图。

《有机标准的共同目标和要求》还以《有机标准和技术法规等效评估指南》的印刷版标准文本的形式提供，便于阅读和理解与之相关的目标和要求。电子工作表和标准文本应被视为灵活的模板，评估标准等同性的各方可以共同理解和在确定评估方法等过程中灵活选用。

共同理解：《有机标准的共同目标和要求》作为通用的背景信息，以获得对有机标准的典型目标的共同理解，进而有助于各方确定自己标准中的内在目标（许多标准没有明确地说明这些目标）。这样一个共同的理解是开始等同性讨论的一个有用基础。

评估方法：将评估标准的规定目标（如有）和要求与《有机标准的共同目标和要求》进行比较，或与参与等同性讨论的各方同意的"定制"版本进行比较。通过比较相关要求来衡量一套标准是否能充分满足相应目标，作为认可实现相同的主要目标的依据。

《有机标准的共同目标和要求》的批准和维护

2010 年秋季和 2011 年初，《有机标准的共同目标和要求》草案分别进行了一轮又一轮的公众意见咨询。所有的意见都经过认真研究和审查，然后才分别提交全球有机市场准入指导委员会和国际有机联盟大会审核批准。

由国际有机联盟、联合国粮农组织和联合国贸易与发展会议在《有机标准和技术法规等同评估指南》的第 2 版中，首次以附录形式发布的《有机标准的共同目标和要求》，可在全球有机市场准入网站（www.goma-organic.org）上查阅其电子工作表版。它也由国际有机联盟在其 2011 年版的标准规范中发布，并供公众免费查阅使用。虽然国际有机联盟将使用已获批准版本的工具，但各国政府和其他利益相关方可以根据自己的需要使用和调整该工具。

　　《有机标准的共同目标和要求》反映了当时（2010～2011 年）被制定时的有机标准和法规的状况。然而，有机标准和法规并不是一成不变的，前一版标准制定时通常不包含的问题可能在几年后成为通用需求。因此，根据需要，国际有机联盟将在其有机保证体系的框架内对《有机标准的共同目标和要求》进行维护和更新，修订将按照国际有机联盟的政策和程序进行（见 www.ifoam.org/ogs）。

《有机标准的共同目标和要求》的主要目标和详细要求

1. 有机管理的长期、生态和系统属性	
1.1 农场管理系统的通用要求	不宜在有机管理和传统管理之间来回切换
1.2 作物生产管理系统	有机作物生产系统保护或改善土壤的结构、有机质、肥力和生物多样性
	有机作物生产管理包括作为可持续系统组成部分的多样化种植方案。对于多年生作物，这包括地面覆盖作物的种植；对于一年生作物，包括各种轮作、覆盖作物（绿肥）、间作或其他有类似作用的各种植物生产方案
	有机作物生产管理采用相互关联的有力措施和机制来管理病虫草害。这些措施包括但不限于适应当地条件和作物的肥力管理和土壤耕作，选择适宜的品种，增强功能性生物多样性，以及在需要采取额外措施时，限制使用作物保护剂和生长调节剂等
1.3 畜牧管理系统	有机畜牧业生产需要在农场或区域层级将作物和动物生产结合起来
1.4 野生采集管理系统	有机采集管理应确保采集量不超过所采集物种的可持续产量，并且不威胁当地生态系统
	有机产品经营者只能从明确规定的野生采集区内采集产品
1.5 有机生产系统的转换期要求	有机保障体系清楚地指出有机生产的开始时间以及在生产和产品被认为是有机生产之前需要多长时间。其中包括土地和动物同时转换的特定条件
	有机保障系统在认定一种作物生产为有机之前需要一定的时间转换，以便建立健康的土壤和可持续的生态系统。通常，转换期的最短时间期限为： （1）一年生作物至少 12 个月，多年生作物至少 18 个月； （2）至少 36 个月没有任何不符合有机原则和适用标准的投入品使用
	有机保障体系要求动物生产体系从动物出生或孵化时就以有机方式饲养动物。如果早期无法做到这一点，则应遵守最低限度的转换要求。通常，转换期的最短时间期限为： （1）乳制品：90 天； （2）禽蛋和禽肉：42 天； （3）其他肉类：12 个月； （4）蜂群：更换蜂蜡所需的时间至少为 12 个月
	有机养蜂在条件允许的情况下需引入来自有机生产单元的蜜蜂

	2. 土壤肥力的长期和生物属性
2.1 土壤肥力管理	有机作物生产系统主要通过加入肥料和其他可生物降解的投入品和 / 或植物的固氮来改善土壤肥力
	有机土壤肥力管理中的天然矿物肥料仅作为生物培肥方法的补充
	有机作物种植不可使用硝酸钠（智利硝石）
	3. 在有机产业链各个阶段避免或尽量减少人工合成物质的投入以及持久性和潜在有害化学品的人类和环境暴露
3.1 作物生产	有机土壤肥力管理只使用该标准引用的根据国际有机标准中清单和 / 或标准编制的清单上的作物肥料
	有机土壤肥力管理不使用合成肥料或通过化学方法制成的可溶肥料，如过磷酸钙等
	有机作物生产只使用根据国际有机标准中的清单和 / 或标准编制的标准清单中所列的活性物质进行有害生物和作物生长管理
	有机作物生产农业投入品的助剂（如填料和增效剂等）不应为致癌物、诱变剂、致畸剂或神经毒素
	有机土壤肥力管理不应在没有保护人类免受病原体侵害的情况下，在人类食用作物上使用人类排泄物作为肥料
3.2 动物生产	有机动物管理不使用氨基酸（包括分离物）、氮化合物（如尿素）、生长促进剂、兴奋剂、开胃剂、防腐剂、着色剂或溶剂提取物质等任何合成饲料
	有机动物管理中为动物提供的维生素、微量元素和补充剂只能是天然来源，除非它们的数量和 / 或质量不足
	有机动物管理不以预防为目的使用合成的对抗疗法类兽药
	有机动物管理严格限制对动物使用抗生素和其他对抗疾病的化学兽药。在专业人员的监督下用于治疗疾病和伤害时，应受规定的停药期的限制。通常的停药时间至少是法定停药时间的 2 倍或 48h（以较长的为准）
	当给蜜蜂使用兽药产品时，转换要求同样适用
	有机养蜂只能使用根据国际有机标准中的清单和 / 或标准编制的标准参照清单上的方法和物质对蜂房和蜂巢进行消毒
	有机养蜂不使用合成的化学驱虫剂
	有机养蜂尽量减少烟雾的使用，只使用天然的发烟材料
3.3 加工	对于食品和饲料生产，有机加工只允许使用生物和物理性质的加工方法
	有机加工只使用根据国际有机标准中的清单和 / 或标准编制的，标准引用的列表中的添加剂、加工助剂、其他修饰有机产品的物质和用于提取的溶剂
3.4 污染控制	有机管理应采取预防措施以避免污染，通常包括生产中的屏障和缓冲带、农业设备的清洗、加工中的分离和清洗等
	有机加工管理应识别和尽量减少产品污染的风险
	有机采集管理应确保野生采集区域不受不当处理或环境污染的影响
	有机养蜂管理将蜂箱放置在有机管理的农田或野生 / 自然区域，以一种将污染风险降至最低的方式将传统农田和其他污染源有效隔离
	4. 尽量减少因生产加工活动导致的生产加工区域及其周围环境的污染和退化

续表

4.1 农业生产和养蜂	有机管理维持或增强了管理单元中的农作物和非作物生境的生物多样性
	有机作物生产系统应采取措施防止土地退化，如侵蚀和盐渍化
	有机土壤肥力管理应防止来自投入品和农事活动带来的环境（包括土地和水体）污染
	有机管理应确保水资源的可持续利用
	有机管理不应采取任何对高保护价值地区造成负面影响的行动
	有机保障体系限制有机生产系统中合成覆盖物的使用
	有机动物管理系统应管控饲养密度，以确保土地和水的可持续利用
5. 有机系统应排除一些未经证实的、非自然的和有害的技术	
5.1 转基因生物	有机管理系统在有机生产加工的所有阶段不得使用转基因生物（GMO）或其衍生物，但疫苗除外
5.2 辐照	有机加工中不应使用辐照（电离辐射）技术
5.3 繁育技术	有机动物管理只能使用符合有机生产方式的繁育技术，可采用人工授精，但不应采用胚胎移植技术和克隆技术
	有机动物管理不应使用激素诱导排卵或分娩，除非有医疗需要
5.4 纳米技术	纳米技术正日益被有机标准所涵盖，但仍是新事物，且大多未被法规所涵盖。有机生产和加工系统不应有意制造或使用纳米材料（见注释工作表 2 第 76 行）
6. 动物福利	
6.1 生活条件	有机动物管理体系应确保为动物提供适当的生活条件（包括住所）： （1）提供舒适和安全条件； （2）允许表现出自然习性； （3）给予行动自由； （4）在天气允许的情况下，允许进入牧场、露天和 / 或运动区域，包括纳凉处
6.2 物理改变	有机动物管理通常不应对动物进行物理改造。但当良好管理规范不足以确保动物和 / 或操作者的健康和福利，或当对肉类质量有特殊要求时，允许采取特定的例外措施。在例外情况下进行的物理改变应采用减少痛苦的措施
	有机养蜂不可修剪蜂王的翅膀
6.3 繁殖	有机动物管理应使用在没有人工干预的自然条件下能成功繁殖的品种
6.4 运输和屠宰	有机动物管理应避免动物在运输、处理和屠宰过程中的压力和痛苦。不使用电戳、镇静剂和兴奋剂等任何有害措施
	有机养蜂在取蜜过程中不可故意杀死蜜蜂
7. 促进和维持动物的自然健康	
7.1 营养	有机动物管理系统为幼小的哺乳动物提供了一个断奶期，这是物种的自然行为
	有机动物管理包括满足物种营养和膳食需求的饲料配给，例如为反刍动物提供粗饲料
	有机动物管理不应用同一种动物的屠宰产品或任何类型的排泄物喂养动物，也不以屠宰废物喂养反刍动物
	有机养蜂管理应确保为休眠期蜂群留存足够的食料贮备
	在食料贮备不足的情况下，有机养蜂可提供有机补充饲料

7.2 卫生保健	有机动物管理系统遵循积极健康的原则，包括循序渐进的预防措施（包括接种疫苗和只有在必要时才进行的抗寄生虫治疗），然后是天然药物和治疗，最后是不可避免的对抗性化学药物治疗
	有机动物管理不应为维持动物的有机状态而拒绝被认为对动物福利有必要的医疗救治
	有机养蜂管理主要通过良好的管理和卫生手段来实现蜂群的健康和福利，必要时采用根据国际有机标准中的清单和 / 或标准编制的，并由这个标准所引用的清单上的物质进行物理疗法和 / 或顺势疗法
8. 全产业链的有机完整性	
8.1 作物生产	有机作物生产应使用有机种子和有机种植材料，除非这种有机种子和材料无法获得
	有机作物生产系统不应使用经化学处理的种子和种植材料
	有机管理通过并存或平行生产的管理规范（如设置物理屏障、过程管理、投入品和产品的存贮管理等），将非有机和有机的部分完整和清晰地分开
8.2 动物生产	有机动物管理在运输、处理和屠宰过程中采取措施，确保动物的有机完整性
	有机动物管理只有在无法获得有机饲料时才可以使用非有机饲料，有机保障系统对其使用时间进行限制并安排了审查期
8.3 加工与处理	有机加工管理应采取措施，防止有机产品与非有机产品在加工、包装、贮存和运输过程中混用
	除非有机原料不可获得，否则有机加工只使用有机原料
	有机加工不应在一个产品中同时使用同一成分的有机和非有机原料
	有机加工只在法律要求或强烈推荐的复合食品中使用矿物质（包括微量元素）、维生素、必需脂肪酸、氨基酸和其他单一的营养素
	有机管理只使用那些物体表面、机械和加工设施的清洁消毒系统，以防止有机产品受到污染
	有机加工管理系统根据预防优先的原则来控制有害生物，其次是采用根据国际有机标准中的清单和 / 或标准编制的，并由这个标准引用的清单上的物理、机械和生物方法以及物质处理。如果这些方法无效，需要使用清单之外的其他物质，则这些物质不应与有机产品接触
	有机加工在进行可能会与有机产品接触清洁消毒时，只能使用水及根据国际有机标准中的清单和 / 或标准编制的，并由这个标准引用的清单上的物质。在这些物质无效且必须使用其他物质的情况下，有机加工应确保这些其他物质不会与任何有机产品接触
9. 在供应链中提供有机标识	
9.1 有机标识	标签应充分披露成分，包括它们是否是有机的
	标签应标明对产品负有法律责任的个人或公司，以及认证符合适用有机标准的机构
	只有当产品含有至少 95% 的有机成分（按质量计，不包括水和盐）时，才能声称加工产品是"有机的"
	只有当产品含有至少 70% 的有机成分（按质量计，不包括水和盐）时，才能声称加工产品是"用有机成分制成的"或类似的术语

续表

9.1 有机标识	有机成分含量低于70%（按质量计，不包括水和盐）的产品，其标签不应标示"有机"或"有机成分制造"或类似的术语，也不应有任何有机认证的声称，但"有机"可用于描述成分表上的成分
	标签上应用"转换期产品"或类似术语来清楚地与有机产品区分
10. 对雇员和劳动者的公平、尊重、正义、平等机会、非歧视（通常在民间标准中解决，不纳入政府标准的范围）	
10.1 公平正义	在社会立法没有到位或没有得到执行的国家，有机经营活动应制定符合国际劳工组织《关于工作中的基本原则和权利宣言》的社会政策
	有机经营确保员工和合同工有结社的自由、组织的权利和集体谈判的权利
	有机运营为所有员工和承包商提供平等的机会，不使他们受到歧视
	有机经营不侵犯人权，并为雇员和合同工提供公平的工作条件
	有机经营不以任何形式强迫进行非自愿性劳动
	有机经营保障在其中工作的任何儿童的整体福利
附加评估（主要与目标3有关）	
物质清单	比较标准中批准的物质清单与参照的国际标准中的清单（同时查看标准正文中的允许/禁止物质）总体上是否等同
物质清单标准	比较标准制定者所使用的物质列入清单的标准（可以是标准制定者的标准或国际标准）与《有机标准的共同目标和要求》中的标准是否等同

有机生产和加工中使用物质的标准

这里总结了两个国际标准（IFOAM标准和国际食品法典有机标准）中提出的物质清单的标准。这些基本标准将有助于物质清单的等同性评估，尽管物质清单可能有所不同，但应该能够根据既定标准对清单进行等同性判定。

有机生产、加工和处理中使用的物质应符合有机农业的原则和目标。预防和责任是有机农业管理、发展和技术选择的关键问题。

标准制定机构在评价列入其标准的物质时，至少应符合下列有机生产和加工中使用物质的基本标准：

（1）该物质的使用应符合有机农业的原则和目标。

（2）这种物质的使用是必要的。

（3）无法获得足够数量和/或质量的核准使用替代品。

（4）该物质的生产、使用和处置不会对环境造成有害影响。

（5）与替代物质相比，该物质对人类和动物健康或环境的负面影响最低。

（6）在该物质的性质和质量方面没有误导消费者。

（7）已经充分考虑到了获取和生产该物质的社会和经济影响。

注：第（6）和（7）条通常主要用于民间的物质评估。

此外，在评价过程中还应采用下列标准：

A. 用于土壤培肥和/或调理的物质：

（1）对提升或保持土壤肥力，满足作物的特定营养需求，或其他有机培肥方法无法满足的特定土壤调理和轮作需要使用的物质。

（2）原料源自生物或矿物，并可经过物理（如机械、热等）、酶、微生物（如堆肥、发酵等）处理。在满足所有其他标准的前提下，如果没有足够数量和质量的天然来源，允许使用合成的相同产品。

（3）使用不会对土壤的生态系统平衡和物理特性及水和空气质量产生有害影响。

（4）可以限制在特定条件、特定地区或特定作物上使用。

B.用于病虫草害防治和生长调节的物质：

（1）必须对控制有害生物或某种疾病至关重要，而其他生物、物理或植物育种方面的替代方法和/或符合国际有机联盟基础标准的其他管理方法对其无效。

（2）与其他替代方法相比，其对环境、生态平衡（尤其是非目标生物）以及消费人群、牲畜、水生动物和蜜蜂健康的有害影响最小。

（3）应来源于生物或矿物，但可经物理（如机械、热力）、酶、微生物（如堆肥、消化）等方法处理。合成物质可以作为例外情况使用（如在诱捕器或分药器中使用，或与产品没有直接接触，或没有天然来源或天然的同类替代品难以获取时），但所有其他方面的标准要求均应符合。

（4）使用可限于特定目标生物、特定条件、特定区域或特定产品。

C.在产品加工或保存过程中用作添加剂和/或加工助剂的物质：

对特定产品的生产或保存不可缺少，且来源于自然界，但可经过机械/物理处理（如提取、沉淀等）、生化/酶处理和微生物处理（如发酵等）。在难以获得足够数量和质量的自然来源物质时，只要满足所有其他标准要求，就可以允许使用与该自然来源物质成分相同的合成物质。

附件3：标准差异准则

在一些情形下，气候、地理、技术问题以及经济、管理或文化因素可以将偏离基础标准的差异合理化。

在以下至少一种情况下，应认可标准差异的必要性：

a.被评估标准应用区域的气候、地理和/或结构条件无法有效实现基础标准要求。

b.应用被评估标准的生产经营者无法获得基础标准所要求的方法，或者方法不可行。

c.被评估标准应用区域采用基础标准要求的做法会阻碍有机农业的进一步发展。

d.被评估标准应用区域采用基础标准要求与当地的宗教或文化信仰有严重抵触。

e.被评估标准应用区域采用基础标准要求会导致违背现行法律要求或合法的部门规章。

f. 由于有机实践的发展历史不同，被评估标准应用区域采用基础标准要求会导致不能维持已经建立起来的对有机的一致理解或符合目前发展水平的理解。

为达成一致需进一步考虑的事项：

a. 被评估标准的制定过程需有相关文件证明，包括公共利益相关方的咨询。有关标准的制定可以依照世界贸易组织技术性贸易壁垒协议或者国际可持续标准联盟（ISEAL）规范。

b. 被评估的标准能够表明与国际标准的等同性，以及 / 或者能够被其他私立标准制定方或官方接受。

c. 被评估标准（包括差异）能够保持清晰地将有机规范与非有机生产和加工规范相区别。

d. 被评估标准（包括差异）不会与基础标准所追求的目标相违背。

e. 对标准差异的接受不会损害公平竞争、消费者对有机的信任以及国际贸易所需要的和谐一致。

注：摘自国际有机联盟政策 42 号——依据国际有机联盟基本标准来识别认证标准的政策。

附件 4：等同性比较、评估和结论模板（参见 3.6）

下述模板以矩阵工具为基础，用于国际有机联盟对其他标准进行等同性比较评估，实际模板为一个 Excel 文件。目的是提供一个怎样比较被评估标准与基础标准的方法概要（注：以下标准实例来自于 IFOAM 基本标准）。

尽管这个模板是为各项要求的对比而设计，但也可以用于对简明版和 / 或释义版的要求进行比较。在第 2 列中参照了国际有机联盟基本标准中的相关内容。

1	2	3	4	5					6
基础标准章节号	基础标准内容 以颁布的格式或者简明版本为准，顺序为： 一章标题 一具体目标 一节标题 一要求 一附加法律文本	被评估标准或相关法律文本内容依照基础标准的顺序	被评估标准章节号	评估 E：等同 N：不等同 A：附加 O：省略 U：不能决定					评估参与方的意见
				E	N	A	O	U	
	特定目标 保护和提高生物多样性								
2.	章标题 有机生态系统	被评估标准的相应内容							
2.1	节标题 生态系统管理（2） 括弧里的数字代表要求 在副标题中的编号	被评估标准的相应内容							

续表

1	2	3	4	5			6
2.1.1	具体要求 生产经营者应采取措施保持和改善景观并提高生物多样性	被评估标准的相应内容					对具体要求的评估进行解释
	进一步的说明、阐释或额外的法律文本	被评估标准的相应内容					
2.1.2	禁止破坏初始的生态系统	被评估标准的相应内容					对具体评估进行解释
	进一步的说明、阐释或额外的法律文本	附加的说明、阐释或法律文本（如果有的话）					
		被评估标准的额外要求（如果有的话）					
此部分中被评估的标准要求和相关法律文本作为整体是否能够等同地实现基础标准所追求的目标							对成套要求的等同性评估进行解释

栏目说明

序号	说明
1	基础标准内容所涉及的章节号
2	基础标准内容以颁布的版式或简明版本分级排列，顺序为： ——章标题； ——具体目标； ——节标题； ——要求； ——进一步的说明、释义或附加的法律文本（如可用的话）
3	将被评估标准的相应内容（依据颁布的版式或简明版本）与基础标准作比较
4	被评估标准内容所涉及的章节号
5	被评估标准与基础标准等同性评估的不同情形： E（等同）：标准要求等同，包括根据变异准则获得的等同。 N（不等同）：标准要求被判定为不等同，包括在评估标准中没有规定的情况。 A（附加）：被评估标准中有，但基础标准中未涉及的要求。基础标准对应处使用空白表示。 O（省略）：基础标准中有，但被评估标准中未涉及的要求。被评估标准对应处使用空白表示。 U（不能决定）：指评估当事人此时难以决定是否等同。 将不同的评估情形分列在不同的栏目中，以便于整理和编号
6	与所做评估相关的评估方意见

该模板中展示的是基本的栏目设置方法。需要时，可以增加栏目，加入其他注解与建议修订的目标和／或要求，以及随着时间推移，评估过程或者标准法规的变化等方面的信息。

附件 5：国际工作小组等同性指南框架引用

世界贸易组织技术性贸易壁垒协议

世界贸易组织（WTO）的技术性贸易壁垒协议（TBT 协议）在第 2.4 条中规定："在需制定技术法规时，有关的国际标准已经存在或即将形成，则各成员应使用这些国际标准或其中的相关部分作为其技术法规的基础，除非由于基本气候因素或地理因素或基本技术问题等类似因素，这些国际标准或其中的相关部分对达到其追求的合法目标无效或不适当。"

当一个国家不能采用国际标准或者以国际标准为基础来建立自己的技术法规时，世界贸易组织技术性贸易壁垒协议的 2.7 条规定："各成员应积极考虑将其他成员的技术法规作为等效法规加以接受，即使这些法规不同于自己的法规，只要它们确信这些法规足以实现与自己的法规相同的目标。"

国际食品法典

尽管 CAC/GL 34《食品进出口检验与认证体系等效协议制定导则》涉及的是一致性评价以及政府间订立的协议的问题，但是该标准的许多条款也可以为标准的等同性判定以及私立部门间订立协议提供实用指南。

该标准前言中提到"正如《食品进出口检验和认证原则》所规定的，设立进口方要求应遵循等同性和透明性原则。"

该标准包含以下适用条款：

章节号	条款内容
5.7	进口国考虑并确定对方的措施是否与进口国的要求相符。但是做任何决定均应以客观的标准为基础
5.10	进入等同性协议谈判以后，参与国家应在协议达成前和达成后做好相关准备，积极为评估和查证活动提供便利
7.16	作为咨询过程的第一步，进口国应准备好相关措施的文本资料，明确这些措施所追求的目标是什么
7.17	出口国应该提供相关证明信息，表明其安全控制系统能够保证进口国目标的实现，以及／或者确保能起到合适水平的保护作用
18	双方应使用法典的标准、建议和指南，这有利于推进等同性协议的达成
19	为推进咨询过程，应依据法律框架适当地进行信息交换，包括所有法律文书，以便为"食品控制系统的统一和一致的执行"这一协议的主题提供法律基础
20	相关国家可以编制并行的表格，用来对上述信息进行组织编排，识别措施／要求方面的差异
21	进口国和出口国应确定一个过程，用来供双方联合对措施／要求进行考虑
22	参与方应能够实现以下两点：a）使自己满意，并且验证等同性协议达成后，等同性将继续存在；b）解决审查和核实过程中出现的任何问题
28	当双方均对协议不满意时，协议参与方应对协议终止程序表示同意

有机认证机构的国际要求

（联合国粮农组织、国际有机联盟、联合国贸易与发展会议联合倡议，
2012 年第 2 版）

目　录

1. 引言

略。

2. 一般要求

2.1　职责

2.1.1　法律结构和金融稳定

认证机构的结构和资源应促进其认证行为的可信性。认证机构尤其要符合以下条件：

a. 有文件证明其法律实体的地位；

b. 以文件形式明确了与认证活动相关的权利和职责；

c. 要明确认证活动的主体（包括团体、组织或个人）对其认证活动负有全部的责任（包括财务方面）。

d. 具备认证体系有效运作所需的财务稳定性，包括在相关情况下管理责任风险的规定。

2.1.2　认证协议

认证机构需根据与申请者和生产经营者签订的协议来提供认证服务。协议特别应包括以下条款：

a. 包含对提出产品认证的申请者及生产经营者的权利和义务的描述，也包括遵守认证程序相关规定的承诺；

b. 应明确指定的认证标识语的使用要求和限制性条款，同时，也需明确对于已批准的认证的表述方式，以此来避免出现误导性的使用或声称；

c. 作为评定过程的一部分，需要进行信息验证（特别是产品认证的状态），因此需有允许认证机构与其他认证机构或者主管部门（审批或认可部门）进行信息交换的规定。

d. 认证机构或者主管部门有对所有相应设施（包括同一生产单元或相关生产单元中的非有机生产）、所有的相关文档和记录（包括财务记录）进行检查的权利。

2.1.3 对认证决定责任

认证机构需对认证的批准、持续、扩项、暂停和撤销负最终责任。

2.1.4 对先前认证的认可

如果生产链中的产品已经在其他认证机构获得认证，认证机构可以根据特定的程序确认先前的认证已经经过了等同的认证程序，然后可以认可先前的认证。

注：所谓认可，有不同的情形。比如，对处于同一个认证程序和同一个主管部门管理下的认证机构所提供的认证的认可；对不同认证程序和不同主管部门管理下的认证机构所提供的认证的认可；认证机构根据协议进行合作。

2.2 人员配备

2.2.1 概述

a. 认证机构需雇佣足够的人员，且这些人员能够胜任认证工作，熟练运作这一认证体系。

b. 认证机构需确保从业人员具备与认证相关的专业知识（如农业操作、加工设备、地理区域、团组认证等）。

c. 认证机构需对人员信息进行及时更新。

2.2.2 资格标准和记录

a. 认证机构需规定从业人员的最低能力标准。包括与认证范围相关的最低教育、培训、技术知识、工作经验等方面的详细信息。

b. 认证机构需对所指派的人员的相应职责做文档记录，并保持更新。

2.2.3 能力建设

认证机构需确保参与认证的人员（如检查员、技术委员会成员以及其他认证人员）具备相关领域的技术知识，并不断更新，以便这些人员能够有效和一致地从事评定和认证活动。认证机构尤其要做到以下 2 点：

a. 根据认证人员的表现来评估其能力，以便确定培训方向；

b. 确保新的参与人员具备足够的能力。

注：比如，可以要求新加入人员完成从事有机检查和评定的课程，或者采用学徒形式进行一定时期的现场实习。

2.2.4 认证人员任务

认证机构需对认证过程的参与人员（包括委员会成员）提出以下要求：

a. 严格遵守认证机构的政策和程序；

b. 如果认证人员与认证服务对象存在联系，则参与认证人员应以本人或者单位名义做出声明。

2.2.5 委员会的任务

针对参与认证过程的所有委员会的任命及其运作情况，认证机构均需有正式的规定和组织结构，且符合 2.2.1 和 2.2.2 所列的要求。

2.2.6 业务外包

如认证机构决定将与认证有关的业务外包给外部机构或个人，需与之签订协议，规定好各种安排，包括机密性和利益冲突。认证机构需做到以下几点：

a. 对此类外包业务承担责任；

b. 对认证的授权、延续、更新、扩项、暂停和撤销承担最终责任。认证决定的代理行为应遵循 ISO/IEC 指南 68:2002（E）规定的要求；

c. 确保外包机构或个人具备以下条件：有从事该外包业务的能力；不得直接或间接通过机构或个人的雇佣方，与相关的操作、过程或者产品发生违规的联系，以免损害真正的公正性；遵循认证机构确定的政策和程序。

d. 监督外包机构或个人的工作。

2.3 公正性和客观性

2.3.1 组织结构和利益相关方

认证机构应确保公正，不应在财政上依靠影响其认证公正性的任何一个生产经营主体。特别是，认证机构需有文件确保其公正性，该文件包含以下规定：

a. 确保认证机构认证行为的公正性规定；

b. 确保相关各方参与的规定：规定需能平衡各方利益，避免商业利益或其他利益对认证决定造成不当影响。

注：可以成立一个代表主要利益方的委员会，利益方包括客户、其他行业代表、政府部门代表、非政府组织（包括消费者组织）代表等。该委员会功能在于考察认证机构是否遵循体系要求。

2.3.2 公正性管理

认证机构需确定、分析并记录利益冲突的各种可能性，这些冲突产生的起因在于认证规定，同时还包括因关联产生的冲突。因此，需建立一定的规则和程序，防止利益冲突，或者将冲突威胁最小化。认证机构尤其需做到以下两点：

a. 要求认证人员、委员会和董事会成员就现有的或先前的与认证对象的联系做出声明。如果这种联系会影响认证的公正性，认证机构需在认证全过程中将这些人员排除在外，使其不得参与相关工作、讨论或决议；

b. 遵守有关规定，规范认证活动中委员会的任命和运作，确保决议的形成不受商业利益、财务利益或其他利益的影响。

2.3.3　职能分工

认证机构不得提供可能损害认证过程决议之机密性、客观性或公正性的任何产品或服务。如果认证机构除了认证以外还从事其他活动，则需采取附加措施，保证这些活动不会影响认证的机密性、客观性和公正性。尤其，认证机构不得有以下行为：

a. 生产或供应其认证的同类型产品；

b. 为申请者或生产经营者提供有关应对认证阻碍（比如在认证过程中发现的不一致性等）的建议或咨询服务。

注：有关生产标准的解释不属于建议或咨询服务，如果做到一视同仁，提供一般信息或培训也是被允许的。

2.3.4　可提供的服务范围

认证机构需在其声明的业务范围内平等地向所有申请者提供服务。

要遵守相关政策和程序，不得有歧视行为，禁止以不当的经济条件（如涉及费用结构）或其他条件作为开展工作的前提。

注：如服务的提供不应以供应商的规模、团体或组织会籍、已授予认证的数量为条件。

2.4　信息的获取

2.4.1　公共渠道信息

认证机构需提供信息获取渠道，以确保其认证的完整性和可信性。认证机构需按要求（通过出版物、电子媒体或其他方式）提供以下信息：

a. 生产经营者为取得或维持认证需满足的标准；

b. 有关判断经营者是否符合标准的评价程序信息；

c. 有关认证扩展的程序信息；

d. 当发现与标准不一致时，将采取的程序和制裁措施的相关信息；

e. 服务的费用构成；

f. 对生产经营者权利和义务的描述，包括认证标识的使用及表述获得认证等方面的要求和限制等。

g. 有关处理对认证结论的投诉或上诉的程序信息；

h. 认证程序和范围清单。

2.4.2　机密性

为确保获取信息的专有特权，认证机构需妥善安排来确保认证活动中所得信息的机密性，该项要求适用于认证组织的各个层面，包括为认证机构工作的各委员会、外部机构或个人。这些安排需能够保证以下两点：

a. 保护客户专有的信息不被误用和未经授权外泄；

b. 授予认证机构与其他认证机构或主管部门进行信息交换的权利，以便检验信息的真实性。

2.4.3　获得认证的表述和认证标识（标志）的使用

认证机构应：

a. 允许已获认证的生产经营者使用许可证、证书和标识，但需要对以上物件的所有权、使用和展示实施控制。

b. 能够要求生产经营者停止使用已授权使用的证书和标识。

c. 采取适当的行动，处理不当的表述行为或对许可证、证书、标识的误导性使用行为。

2.5　质量管理体系

2.5.1　概述

a. 认证机构需明确界定、形成文件并实施质量管理体系，该体系需根据相关要求制定，旨在树立机构对从事有机认证能力的信心。质量管理体系的执行在工作类型、工作范围和工作量方面应是有效而适当的。

b. 质量管理体系需能够在认证组织的各个层面上得到理解、实施和维持。

2.5.2　管理体系手册

a. 认证机构需将所有实施程序文件化，形式可以是手册或相关文件，以确保程序实施的一致性和连续性。

b. 手册和相关文件的制定需与工作类型、工作范围和工作量相适应，并考虑到参与人员的数量。内容应包含以下几点：①组织结构图，该图需显示权力、责任以及功能分配；②认证机构实施有机认证的程序描述，包括认证的授予、延续、更新、扩项、暂停和撤销；③认证人员的招聘、选择、培训、委派等程序（如2.2所述）；④处理投诉等问题的政策和程序；⑤质量检查方面的政策和程序（如内部审计，管理复核等）。

c. 认证机构需确保所有相关人员可以获得手册和相关文件。

2.5.3　文件管理

认证机构需建立并维护必要的程序对与其认证相关的文件进行控制，尤其要做到以下几点：

a. 由获得授权和有能力胜任的人员在文件初次颁布前或后续修订前，对文档进行复核审批，以确保准确性。

b. 对所有文件制作清单，列出颁布日期和修订情况。

c. 对这些文件的分发进行控制，确保将适当的文件提供给认证机构人员或者其分包者，避免误用已作废的文件。

2.5.4　记录的保存和管理

a. 认证机构需建立并维护记录系统（以电子文档或纸质文档形式），以便证明认证程序得到了有效实施，尤其需对以下文档进行记录：申请表格、评估或再评估报告，以及其他与认证的授予、延续、更新、暂停或撤销相关的文档。

b. 在对记录进行辨识、管理和处置时，应确保过程的整体性和信息的机密性。

c. 有关生产经营者的信息需及时更新，并且信息要完整，包括检查报告和认证历史。

d. 记录范围应涵盖准许的例外情况、上诉以及后续采取的行动。

e. 记录的保存至少需五年或者按照法规要求，目的是证明认证的实施情况。

2.5.5　内部审核和管理评审

认证机构应该展示寻求和实施持续的质量提升，并根据已完成认证的类型、范围和工作量，实施管理评审和内部审核。

a. 认证机构尤其应周期性地对所有控制程序进行有计划、系统性的复核，以便确定质量体系和各程序均得到了实施，具备实效性。周期性的绩效评审[1]也是整个评审的一部分。

b. 评审间隔时间应足够的短，以确保质量提升的目标得到实现，同时需对质量评审做好记录。

2.5.6　投诉和抱怨

认证机构需制定用于解决投诉和上诉的政策和程序。这些投诉和上诉可能来自生产经营者，也可能来自其他方面。认证机构尤其应：

a. 采取适当的行动来解决投诉和上诉。

b. 对行动和结果进行记录。

3. 有机认证过程中的要求

3.1　申请程序

3.1.1　给生产经营者的信息

认证机构需向生产经营者提供有关认证程序的最新信息，应告知生产经营者以下几点：

a. 合同条件，包括费用和可能发生的处罚。

b. 经营者的权利和义务，包括上诉程序。

c. 适用标准。

d. 计划变化，包括程序和标准的更新。

e. 认证过程中认证机构采用的评估和检查程序。

f. 经营者应保存的文档记录，以备认证机构查证是否与适用标准相符，确保从投入品或产品接收到产品输出的持续可追溯性。还应包括记录文件保存期限的说明。

3.1.2　申请表和生产经营者的义务

认证机构应要求生产经营者填写申请表，并由具备适当权限的生产经营者代表签字。为了能够对合格人员进行评估和指派，认证机构应要求生产经营者：

a. 提供需要认证的范围，包括要详细说明生产过程、产品和区域；

---

[1] 每年对负责评价、检查和认证的人员表现进行评审是业界的常见做法。

b. 申明是否有其他认证机构拒绝过该申请。

3.2　评估

3.2.1　范围

a. 认证机构应就所有的认证要求对生产经营者进行评估。评估活动既包括文件评审，也包括现场检查。

b. 如认证范围是对有机转换进行确认，则应在转换期间对是否符合这些要求进行评审。

3.2.2　申请评审和检查准备

a. 在检查之前，认证机构需先查验申请的文件材料，以确保认证活动能够进行，以及认证程序能够适用。其中尤其需注意以下几点：①生产经营者提交的文件是完整的；②生产经营者看起来能够符合所有认证要求（适用程序和标准）；③认证申请在认证机构服务范围内（认证机构很少涉及的地区也属于新范围）。

b. 认证机构需根据前述 2.2 和 2.3 的要求，指派有资格的人员去从事评估活动，并为他们提供相关工作的文档。

c. 认证机构需告知检查员先前是否存在与标准不一致的情况、有没有提出纠正要求，以便让检查员确认这些不一致问题是否已经解决。

3.2.3　检查协议

执行检查的目的在于对信息进行校验，并检验生产经营是否符合认证要求。检查行为需按计划执行，以确保非歧视性和客观性。

检查协议至少应包含以下内容：

a. 通过现场检查各种设施、农场和贮藏单元，对生产和加工系统进行评价（如需要，也包括对非有机区域的访问）；

b. 对记录和账目进行检查，以便检验商品的流通情况（包括农场生产和销售平衡，投入和产出的平衡，以及加工和处理设施的审查追溯）；

c. 确认那些损害有机完整性的风险区域；

d. 查证标准和认证机构要求方面的变化已经被有效地执行；

e. 确认纠正措施已经得以实施。

3.2.4　处理高风险情形的特别要求

认证机构应修订其认证程序以应对有机认证中发现的高风险情形。潜在的高风险情形以及相关的应对措施包括：

a. 部分转换和平行生产。为了防止有机产品与不符合标准的产品的混合或被其污染，认证机构需确认生产、加工、贮存和销售等环节操作和管理是否得当并明确区分已认证和未认证的产品。遇到产品区别不明显时，需在收获时和收获后采取措施，以便减少风险。

b. 集中生产、过分依赖外部投入、生产周期缩短。认证机构应根据风险情况确定是否增加检查频率。

c. 如生产经营者在相同的有机范围得到其他机构的认证，则应与该机构进行信息交流，以便避免误用证书。

3.2.5　团组认证体系要求

a. 如认证机构实施的是基于内部质量管理体系的团组认证，则应采用特定的团组认证程序。

b. 团组认证程序需明确团组认证的范围和对团组的要求，包括对内部质量管理体系的要求，以便确保所有团组成员都符合标准。这些操作需遵循通过协商议定的良好操作规范。

c. 对于团组认证，在评价内部质量管理体系实施的有效性时，认证机构应根据协商确定的良好操作规范，采取适当的措施实施现场检查。

3.2.6　报告

认证机构需根据文件确定的报告程序，对评估中发现的情况进行报告。

a. 检查报告需遵循一定的格式，格式要适合于所检查的类型。报告需有助于对相应生产系统的公正、客观、全面的分析。

b. 检查报告应涵盖标准的所有相关方面，并对经营者提供的信息进行充分验证。报告应包括以下几点内容：①对与认证标准相符情况的陈述；②检查的日期和持续时间、访问的对象、现场评审的田块和设施；③评审的文件类型。

c. 认证机构需及时通知生产经营者需要解决的不一致情况，以便达到认证要求。

d. 认证机构需记录并采取措施对生产经营者为达到标准要求所采取的纠正措施进行验证。

3.3　认证决定

3.3.1　职能分配

认证机构需确保每个有关认证的决定都是由实施检查以外的人员或委员会做出的。

3.3.2　决定的根据

要根据评估过程中获得的信息来做决定，判断的唯一依据是生产经营者的操作要与认证要求相一致。

3.3.3　文件记录

对认证决定的记录应包含决定的主要理由。

3.3.4　不符合情形的处理

a. 在认证决定中，可以包含次要的不符合要求的操作在一定时间内做出纠正的要求。但如遇到较为严重的不符合情形，则需暂停认证，直到有证据表明实施了纠正行为。严重情形下，则应不通过或撤销认证。

b. 对于不通过、撤销或暂停认证，需说明原因，并指出所违反的标准或认证要求。

3.3.5　认证要求的例外情形

a. 若准许例外情况，认证机构需有明确的标准和程序来核准。

b. 例外情形需有期限，不得永久有效。

c. 对例外情形的记录，需包括准许例外的基本依据和要点。

3.3.6　认证文件的发放

认证机构需向每个生产经营者发放正式认证文件。文件需包含以下信息：

a. 认证对象所有人（即生产经营者）的姓名和地址。

b. 颁发认证证书的机构名称和地址。

c. 通过认证的范围，包括：认证产品（可用产品类型或产品范围来识别）；生产标准（认证的基础）；认证生效期。

3.4　认证的扩项和更新

3.4.1　再评审

a. 认证机构需定期对生产经营者实施再评审，以便确定其是否继续遵循标准。还要建立实施相关机制，以便有效地监测是否实施了纠正行为。

b. 认证机构应报告和记录其再评审活动，并且将相关认证状态告知生产经营者。

c. 再评审一般应遵循 3.2 所述的程序（即评价部分）。然而，以更新认证为目的的评审活动可以集中关注与风险有关的措施，不一定要重复 3.2 所述的所有程序。

3.4.2　检查频率

a. 认证机构需确定常规检查的频率❶。

b. 除了常规现场检查，认证机构还需在不事先通知的情况下，进行现场检查。可以随机选择生产经营者，也可以根据生产或产品有机完整性所面临的风险，来选择经营者。

3.4.3　经营者需对变化情况进行通告

a. 认证机构应要求生产经营者把在 3.1.2 所述方面的变化情况告知认证机构。

b. 认证机构应决定是否对告知的变化情况进行调查。如需调查，则在获得认证机构的通知之前，生产经营者不得向市场投放在变化条件下生产的认证产品。

c. 对于认证范围变更的申请，认证机构需确定应采用何种评估程序，以便决定是否进行变更，继而采取相应的行动。

3.4.4　认证要求的变化

a. 认证机构应保证及时将认证要求的变化告知每个生产经营者。

b. 认证机构应在既定时间内及时查证生产经营者对要求变化的履行情况。

---

❶ 目前通常的做法是至少每年检查一次，无论是否存在风险。

第五章

中国有机产品标准与认证管理规范

有机产品生产、加工、标识与管理体系要求

（"GB/T 19630—2019"节选）

1 范围

略。

2 规范性引用文件

略。

3 术语和定义

略。

4 生产

4.1 基本要求

4.1.1 生产单元

有机生产单元的边界应清晰，所有权和经营权应明确，并且已按照本标准的要求建立并实施了有机生产管理体系。

4.1.2 转换期

由常规生产向有机生产发展需要经过转换，经过转换期后的产品才可作为有机产品销售。转换期内应按照本标准的要求进行管理。

4.1.3 基因工程生物

4.1.3.1 不应在有机生产中引入或在有机产品上使用基因工程生物 / 转基因生物及其衍生物，包括植物、动物、微生物、种子、花粉、精子、卵子、其他繁殖材料及肥料、土壤改良物质、植物保护产品、植物生长调节剂、饲料、动物生长调节剂、兽药、渔药等农业投入品。

4.1.3.2 同时存在有机和常规生产的生产单元，其常规生产部分也不应引入或使用基因工程生物。

4.1.4 辐照

不应在有机生产中使用辐照技术。

4.1.5 投入品

4.1.5.1 有机产品生产者应选择并实施栽培和 / 或养殖管理措施，以维持或改善土壤理化和生物性状，减少土壤侵蚀，保护植物和养殖动物的健康。

4.1.5.2 在栽培和 / 或养殖管理措施不足以维持土壤肥力和保证植物和养殖动物健康，需要使用生产单元外来投入品时，应使用附录 A 和附录 B 列出的投入品，并按照规定的条件使用。

在附录 A 和附录 B 涉及有机生产中用于土壤培肥和改良、植物保护、动物养殖的物质不能满足要求的情况下，可参照附录 C 描述的评估指南对有机农业中使用除附录 A 和附录 B 以外的其他投入品进行评估。

4.1.5.3 作为植物保护产品的复合制剂的有效成分应是表 A. 2 列出的物质，不应使用具有致癌、致畸、致突变性和神经毒性的物质作为助剂。

4.1.5.4 不应使用化学合成的植物保护产品。

4.1.5.5 不应使用化学合成的肥料和城市污水污泥。

4.1.5.6 有机产品中不应检出有机生产中禁用物质。

4.2 植物生产

4.2.1 转换期

4.2.1.1 一年生植物的转换期至少为播种前的 24 个月，草场和多年生饲料作物的转换期至少为有机饲料收获前的 24 个月，饲料作物以外的其他多年生植物的转换期至少为收获前的 36 个月。

4.2.1.2 新开垦的、撂荒 36 个月以上的或有充分证据证明 36 个月以上未使用本标准禁用物质的地块，也应经过至少 12 个月的转换期。

4.2.1.3 可延长本标准禁用物质污染的地块的转换期。

4.2.1.4 对于已经经过转换或正处于转换期的地块，若使用了禁用物质，应重新开始转换。当地块使用的禁用物质是当地政府机构为处理某种病害或虫害而强制使用时，可以缩短 4.2.1.1 规定的转换期，但应关注施用产品中禁用物质的降解情况，确保在转换期结束之前，土壤中或多年生作物体内的残留达到非显著水平，所收获产品不应作为有机产品销售。

4.2.1.5 芽苗菜生产可以免除转换期。

4.2.2 平行生产

4.2.2.1 在同一个生产单元中可同时生产易于区分的有机和常规作物，但该单元的有机和常规生产部分（包括地块、生产设施和工具）应能够完全分开，并采取适当措施避免与常规产品混杂和被禁用物质污染。

4.2.2.2 在同一生产单元内，一年生植物不应存在平行生产。

4.2.2.3 在同一生产单元内，多年生植物不应存在平行生产，除非同时满足以下条件：

a）生产者应制定有机转换计划，计划中应承诺在可能的最短时间内开始对同一单元中相关常规生产区域实施转换，该时间最多不能超过 5 年；

　　b）采取适当的措施以保证从有机和常规生产区域收获的产品能够得到严格分离。

　　4.2.3 产地环境要求

　　有机产品生产需要在适宜的环境条件下进行，生产基地应远离城区、工矿区、交通主干线、工业污染源、生活垃圾场等，并宜持续改进产地环境。

　　产地的环境质量应符合以下要求：

　　a）在风险评估的基础上选择适宜的土壤，并符合 GB 15618 的要求；

　　b）农田灌溉用水水质符合 GB 5084 的规定；

　　c）环境空气质量符合 GB 3095 的规定。

　　4.2.4 缓冲带

　　应对有机生产区域受到邻近常规生产区域污染的风险进行分析。在存在风险的情况下，则应在有机生产和常规生产区域之间设置有效的缓冲带或物理屏障，以防止有机生产地块受到污染。

　　注：缓冲带上种植的植物不能认证为有机产品。

　　4.2.5 种子和植物繁殖材料

　　4.2.5.1 应选择适应当地的土壤和气候条件、抗病虫害的植物种类及品种。在品种的选择上应充分考虑保护植物的遗传多样性。

　　4.2.5.2 应选择有机种子或植物繁殖材料。当从市场上无法获得有机种子或植物繁殖材料时，可选用未经禁止使用物质处理过的常规种子或植物繁殖材料，并制订和实施获得有机种子和植物繁殖材料的计划。

　　4.2.5.3 应采取有机生产方式培育一年生植物的种苗。

　　4.2.5.4 不应使用经禁用物质和方法处理过的种子和植物繁殖材料。

　　4.2.6 栽培

　　4.2.6.1 一年生植物应进行三种以上作物轮作，一年种植多季水稻的地区可以采取两种作物轮作，冬季休耕的地区可不进行轮作。轮作植物包括但不限于豆科植物、绿肥、覆盖植物等。

　　4.2.6.2 宜通过间套作等方式增加生物多样性、提高土壤肥力、增强植物的抗病能力。

　　4.2.6.3 应根据当地情况制定合理的灌溉方式（如滴灌、喷灌、渗灌等）。

　　4.2.7 土肥管理

　　4.2.7.1 应通过适当的耕作与栽培措施维持和提高土壤肥力，包括：

　　a）回收、再生和补充土壤有机质和养分来补充因植物收获而从土壤带走的有机质和土壤养分；

　　b）采用种植豆科植物、免耕或土地休闲等措施进行土壤肥力的恢复。

　　4.2.7.2 当 4.2.7.1 描述的措施无法满足植物生长需求时，可施用有机肥以维持和提高土壤的肥力、营养平衡和土壤生物活性，同时应避免过度施用有机肥，造成环境污染。应优先使用本单元或其他有机生产单元的有机肥。若外购商品有机肥，应经认证机构许可后使用。

4.2.7.3 不应在叶菜类、块茎类和块根类植物上施用人粪尿；在其他植物上需要使用时，应当进行充分腐熟和无害化处理，并不应与植物食用部分接触。

4.2.7.4 可使用溶解性小的天然矿物肥料，但不应将此类肥料作为系统中营养循环的替代物。矿物肥料只能作为长效肥料并保持其天然组分，不应采用化学处理提高其溶解性。不应使用矿物氮肥。

4.2.7.5 可使用生物肥料；为使堆肥充分腐熟，可在堆制过程中添加来自于自然界的微生物，但不应使用转基因生物及其产品。

4.2.7.6 植物生产中使用土壤培肥和改良物质时应符合表 A.1 的要求。

4.2.8 病虫草害防治

4.2.8.1 病虫草害防治的基本原则应从农业生态系统出发，综合运用各种防治措施，创造不利于病虫草害孳生和有利于各类天敌繁衍的环境条件，保持农业生态系统的平衡和生物多样化，减少各类病虫草害所造成的损失。应优先采用农业措施，通过选用抗病抗虫品种、非化学药剂种子处理、培育壮苗、加强栽培管理、中耕除草、耕翻晒垡、清洁田园、轮作倒茬、间作套种等一系列措施起到防治病虫草害的作用。尽量利用灯光、色彩诱杀害虫，机械捕捉害虫，机械或人工除草等措施，防治病虫草害。

4.2.8.2 当 4.2.8.1 提及的方法不能有效控制病虫草害，需使用植物保护产品时，应符合表 A.2 的要求。

4.2.9 设施栽培

4.2.9.1 应使用土壤或基质进行植物生产，不应通过营养液栽培的方式生产。不应使用禁用物质处理设施农业的建筑材料和栽培容器。转换期应符合 4.2.1 的要求。

4.2.9.2 使用土壤培肥和改良物质时，应符合表 A.1 的要求，不应含有禁用的物质。使用动物粪肥作为养分的来源时应堆制。

4.2.9.3 可采用以下措施和方法：

a）使用火焰、发酵、制作堆肥和使用压缩气体提高二氧化碳浓度；

b）使用加热气体或水的方法取得辅助热源；

c）使用辅助光源；

d）通过控制温度和光照或使用天然植物生长调节剂调节生长和发育。

4.2.9.4 应采用土壤再生和循环使用措施。在生产过程中，可采用以下方法替代轮作：

a）与抗病植株的嫁接栽培；

b）夏季和冬季耕翻晒垡；

c）通过施用可生物降解的植物覆盖物（如作物秸秆和干草）来使土壤再生；

d）部分或全部更换温室土壤，但被替换的土壤应再用于其他的植物生产活动。

4.2.9.5 宜使用可回收或循环使用的栽培容器。对栽培容器进行清洁和消毒时，应使用蒸汽或表 A.3 列出的清洁剂和消毒剂。

4.2.10 芽苗菜生产

4.2.10.1 应使用有机种子生产芽苗菜。

4.2.10.2 生产用水水质应符合 GB 5749。

4.2.10.3 应采取预防措施防止病虫害，可使用蒸汽，必要时使用表 A.3 列出的清洁剂和消毒剂对培养容器和生产场地进行清洁和消毒。

4.2.11 分选、清洗及其他收获后处理

4.2.11.1 植物收获后在场的清洁、分拣、脱粒、脱壳、切割、保鲜、干燥等简单加工过程应采用物理、生物的方法。必要时，应使用附录 E 中列出的物质进行处理。

4.2.11.2 用于处理常规产品的设备应在处理有机产品前清理干净。对不易清理的处理设备可采取冲顶措施。

4.2.11.3 设备器具应保证清洁，避免对产品造成污染。

4.2.11.4 对设备设施进行清洁、消毒时，应按照表 A.3 的要求使用清洁剂和消毒剂，并避免对产品的污染。

4.2.11.5 收获后处理过程中的有害生物防治，应遵守 5.2.3 的规定。

4.2.12 污染控制

4.2.12.1 应采取措施防止常规农田的水渗透或漫入有机地块。

4.2.12.2 应避免因施用外部来源的肥料造成禁用物质对有机产品的污染。

4.2.12.3 常规农业系统中的设备在用于有机生产前，应采取清洁措施，避免常规产品混入和禁用物质污染。

4.2.12.4 在使用保护性的建筑覆盖物、塑料薄膜、防虫网时，宜选择聚乙烯、聚丙烯或聚碳酸酯类产品，并且使用后应从土壤中清除，不应焚烧。不应使用聚氯类产品。

4.2.13 水土保持和生物多样性保护

4.2.13.1 应采取措施，防止水土流失、土壤沙化和盐碱化。应充分考虑土壤和水资源的可持续利用。

4.2.13.2 应采取措施，保护天敌及其栖息地。

4.2.13.3 应充分利用作物秸秆，不应焚烧处理，除非因控制病虫害的需要。

4.3　野生采集

4.3.1 野生采集区域应边界清晰，并处于稳定和可持续的生产状态。

4.3.2 野生采集区应远离排污工厂、矿区、垃圾处理场地、常规农田、公路干线等污染源。野生采集区应是在采集之前的 36 个月内没有受到本标准允许使用

投入品之外的物质和重金属污染的地区。

4.3.3 野生采集区应保持有效的缓冲带。

4.3.4 采集活动不应对环境产生不利影响或对生物物种造成威胁，采集量不应超过生态系统可持续生产的产量。

4.3.5 应制定和提交野生采集区域可持续生产的管理方案。

4.3.6 野生采集后的处理应符合 4.2.11 的要求。

4.3.7 野生采集可免除转换期。

4.4 食用菌栽培

4.4.1 在同一生产单元内，不应存在平行生产。

4.4.2 与常规农田邻近的食用菌栽培区应设置缓冲带或物理屏障，以避免禁用物质的影响。水源水质应符合 GB 5749 的要求。

4.4.3 应采用有机菌种。如无法获取有机来源的菌种，可以使用未被禁用物质处理的常规菌种。

4.4.4 应使用天然材料或有机生产的基质，并可添加以下辅料：

a）来自有机生产单元的农家肥和畜禽粪便；当无法得到来自有机生产单元的农家肥和动物粪便时，应按照表 A.1 的要求使用土壤培肥和改良物质，但不应超过基质总干重的 25%，且不应含有人粪尿和集约化养殖场的畜禽粪便；

b）农业来源的产品应是除 4.4.4 a）所涉及的产品外的其他有机生产的产品；

c）未经化学处理的泥炭；

d）砍伐后未经化学产品处理的木材；

e）表 A.1 中列出的矿物来源的物质。

4.4.5 食用菌栽培（土培和覆土栽培除外）可以免除转换期。土培或覆土栽培食用菌的转换期同一年生植物的转换期，应符合 4.2.1 的要求。

4.4.6 木料和接种位使用的涂料应是食品级的产品，不应使用石油炼制的涂料、乳胶漆和油漆等。

4.4.7 应采用预防性的管理措施，保持清洁卫生，进行适当的空气交换，去除受感染的菌簇。

4.4.8 在非栽培期，可使用蒸汽对培养场地进行清洁和消毒，应按照表 A.3 的要求使用清洁剂和消毒剂。

4.4.9 食用菌收获后的处理应符合 4.2.11 的要求。

4.5 畜禽养殖

4.5.1 转换期

4.5.1.1 饲料生产基地的转换期应符合 4.2.1 的要求；如牧场和草场仅供非草食动物使用，则转换期可缩短为 12 个月。如有充分证据证明 12 个月以上未使用禁用物质，则转换期可缩短到 6 个月。

4.5.1.2 畜禽应经过以下的转换期：

a）肉用牛、马属动物、驼，12 个月；

b）肉用羊和猪，6 个月；

c）乳用畜，6 个月；

d）肉用家禽，10 周；

e）蛋用家禽，6 周；

f）其他种类的转换期长于其养殖期的 3/4。

4.5.2 平行生产

若一个养殖场同时以有机及常规方式养殖同一品种或难以区分的畜禽品种，则应满足下列条件，其有机畜禽或其产品才可以作为有机产品销售：

a）有机畜禽和常规畜禽的圈栏、运动场地和牧场完全分开，或者有机畜禽和常规畜禽是易于区分的品种；

b）贮存饲料的仓库或区域应分开并设置了明显的标记；

c）有机畜禽不能接触常规饲料。

4.5.3 畜禽的引入

4.5.3.1 应引入有机畜禽。当不能得到有机畜禽时，可引入常规畜禽，但应符合以下条件：

a）肉牛、马属动物、驼，不超过 6 月龄且已断乳；

b）猪、羊，不超过 6 周龄且已断乳；

c）乳用牛，不超过 4 周龄，接受过初乳喂养且主要是以全乳喂养的犊牛；

d）肉用鸡，不超过 2 日龄（其他禽类可放宽到 2 周龄）；

e）蛋用鸡，不超过 18 周龄。

4.5.3.2 可引入常规种母畜，牛、马、驼每年引入的数量不应超过同种成年有机母畜总量的 10%，猪、羊每年引入的数量不应超过同种成年有机母畜总量的 20%。以下情况，经认证机构许可该比例可放宽到 40%：

a）不可预见的严重自然灾害或人为事故；

b）养殖场规模大幅度扩大；

c）养殖场发展新的畜禽品种。

所有引入的常规畜禽都应经过相应的转换期。

4.5.3.3 可引入常规种公畜，引入后应立即按照有机生产方式饲养。

4.5.4 饲料

4.5.4.1 畜禽应以有机饲料饲养。饲料中至少应有 50% 来自本养殖场饲料种植基地或本地区有合作关系的有机生产单元。饲料生产、收获及收获后处理、包装、贮藏和运输应符合 4.2 和 4.8 的要求。

4.5.4.2 养殖场实行有机管理的前 12 个月内，本养殖场饲料种植基地按照本标准要求生产的饲料可以作为有机饲料饲喂本养殖场的畜禽，但不应作为有机饲料销售。

饲料生产基地、牧场及草场与周围常规生产区域应设置有效的缓冲带或物理屏障，避免受到污染。

4.5.4.3 当有机饲料短缺时，可饲喂常规饲料。但每种动物的常规饲料消费量在全年消费量中所占比例不应超过以下比例：

a）草食动物（以干物质计），10%；

b）非草食动物（以干物质计），15%。

畜禽日粮中常规饲料的比例不得超过总量的25%（以干物质计）。

出现不可预见的严重自然灾害或人为事故时，可在一定时间期限内饲喂超过以上比例的常规饲料。饲喂常规饲料应事先获得认证机构的许可。

4.5.4.4 应保证草食动物每天都能得到满足其基础营养需要的粗饲料。在其日粮中，粗饲料、鲜草、青干草或者青贮饲料所占的比例不能低于60%（以干物质计）。对于泌乳期前3个月的乳用畜，此比例可降低为50%（以干物质计）。在杂食动物和家禽的日粮中应配以粗饲料、鲜草或青干草，或者青贮饲料。

4.5.4.5 初乳期幼畜应由母畜带养，并能吃到足量的初乳。可用同种类的有机奶喂养哺乳期幼畜。在无法获得有机奶的情况下，可以使用同种类的常规奶。

不应早期断乳，或用代乳品喂养幼畜。在紧急情况下可使用代乳品补饲，但其中不应含有抗生素、化学合成的添加剂（表 B.1 中允许使用的物质除外）或动物屠宰产品。哺乳期至少需要：

a）牛、马属动物、驼，3 个月；

b）山羊和绵羊，45 日；

c）猪，40 日。

4.5.4.6 在生产饲料、饲料配料、饲料添加剂时均不应使用基因工程生物 / 转基因生物或其产品。

4.5.4.7 不应使用以下方法和物质：

a）以动物及其制品饲喂反刍动物，或给畜禽饲喂同种动物及其制品；

b）动物粪便；

c）经化学溶剂提取的或添加了化学合成物质的饲料，但使用水、乙醇、动植物油、醋、二氧化碳、氮或羧酸提取的除外。

4.5.4.8 使用的饲料添加剂应在农业主管部门发布的饲料添加剂品种目录中，同时应符合本标准的相关要求。

4.5.4.9 饲料不能满足畜禽营养需求时，使用表 B.1 中列出的矿物质和微量元素。

4.5.4.10 添加的维生素应来自发芽的粮食、鱼肝油、酿酒用酵母或其他天然物质；不能满足畜禽营养需求时，使用表 B.1 中列出的人工合成的维生素。

4.5.4.11 不应使用以下物质（表 B.1 中允许使用的物质除外）：

a）化学合成的生长促进剂（包括用于促进生长的抗生素、抗寄生虫药和激素）；

b）化学合成的调味剂和香料；

c）防腐剂（作为加工助剂时例外）；

d）化学合成或提取的着色剂；

e）非蛋白氮（如尿素）；

f）化学提纯氨基酸；

g）抗氧化剂；

h）黏合剂。

4.5.5 饲养条件

4.5.5.1 畜禽的饲养环境（圈舍、围栏等）应满足下列条件，以适应畜禽的生理和行为需要：

a）家畜的畜舍和活动空间应符合表 D.1 的要求，家禽的禽舍和活动空间应符合表 D.2 的要求；

b）畜禽运动场地可以有部分遮蔽，空气流通，自然光照充足，但应避免过度的太阳照射；

c）水禽应能在溪流、水池、湖泊或池塘等水体中活动；

d）足够的饮水和饲料，畜禽饮用水水质应达到 GB 5749 要求；

e）保持适当的温度和湿度，避免受风、雨、雪等侵袭；

f）如垫料可能被养殖动物啃食，则垫料应符合 4.5.4 对饲料的要求；

g）保证充足的睡眠时间；

h）不使用对人或畜禽健康明显有害的建筑材料和设备；

i）避免畜禽遭到野兽的侵害。

4.5.5.2 饲养蛋禽可用人工照明来延长光照时间，但每天的总光照时间不应超过 16h。生产者可根据蛋禽健康情况或所处生长期（如新生禽取暖）等原因，适当增加光照时间。

4.5.5.3 应使所有畜禽在适当的季节能够到户外自由运动。特殊的畜禽舍结构使得畜禽暂时无法在户外运动时，应限期改进。

4.5.5.4 肉牛最后的育肥阶段可采取舍饲，但育肥阶段不应超过其养殖期的 1/5，且最长不超过 3 个月。

4.5.5.5 不应采取使畜禽无法接触土地的笼养和完全圈养、舍饲、拴养等限制畜禽自然行为的饲养方式。

4.5.5.6 群居性畜禽不应单栏饲养，但患病的畜禽、成年雄性家畜及妊娠后期的家畜例外。

4.5.5.7 不应强迫喂食。

4.5.6 疾病防治

4.5.6.1 疾病预防应依据以下原则进行：

a）根据地区特点选择适应性强、抗性强的品种；

b）提供优质饲料、适当的营养及合适的运动等饲养管理方法，增强畜禽的非特异性免疫力；

　　c）加强设施和环境卫生管理，并保持适宜的畜禽饲养密度。

　　4.5.6.2 使用的消毒剂应符合表 B.2 的要求。消毒处理时，应将畜禽迁出处理区。应定期清理畜禽粪便。

　　4.5.6.3 可采用植物源制剂、微量元素、微生物制剂和中兽医、针灸、顺势治疗等疗法防治畜禽疾病。

　　4.5.6.4 可使用疫苗预防接种，不应使用基因工程疫苗（国家强制免疫的疫苗除外）。当养殖场有发生某种疾病的危险而又不能用其他方法控制时，可紧急预防接种（包括为了促使母源体抗体物质的产生而采取的接种）。

　　4.5.6.5 不应使用抗生素或化学合成的兽药对畜禽进行预防性治疗。

　　4.5.6.6 当采用多种预防措施仍无法控制畜禽疾病或伤痛时，可在兽医的指导下对患病畜禽使用常规兽药，但应经过该药物的休药期的 2 倍时间（若 2 倍休药期不足 48h，则应达到 48h）之后，这些畜禽及其产品才能作为有机产品出售。

　　4.5.6.7 不应为了刺激畜禽生长而使用抗生素、化学合成的抗寄生虫药或其他生长促进剂。不应使用激素控制畜禽的生殖行为（例如诱导发情、同期发情、超数排卵等），但激素可在兽医监督下用于对个别动物进行疾病治疗。

　　4.5.6.8 除法定的疫苗接种、驱除寄生虫外，养殖期不足 12 个月的畜禽只可接受一个疗程的抗生素或化学合成的兽药治疗；养殖期超过 12 个月的，每 12 个月最多可接受三个疗程的抗生素或化学合成的兽药治疗。超过可接受疗程的，应重新进行转换。

　　4.5.6.9 对于接受过抗生素或化学合成的兽药治疗的畜禽，大型动物应逐个标记，家禽和小型动物则可按群批标记。

　　4.5.7 非治疗性手术

　　4.5.7.1 有机养殖强调尊重动物的个性特征。应尽量养殖不需要采取非治疗性手术的品种。在尽量减少畜禽痛苦的前提下，可对畜禽采用以下非治疗性手术，必要时可使用麻醉剂：

　　a）物理阉割；

　　b）断角；

　　c）在仔猪出生后 24h 内对犬齿进行钝化处理；

　　d）羔羊断尾；

　　e）剪羽；

　　f）扣环。

　　4.5.7.2 不应进行以下非治疗性手术：

　　a）断尾（除羔羊外）；

　　b）断喙、断趾；

　　c）烙翅；

d）仔猪断牙；

e）其他没有明确允许采取的非治疗性手术。

4.5.8 繁殖

4.5.8.1 宜采取自然繁殖方式。

4.5.8.2 可采用人工授精等不会对畜禽遗传多样性产生严重影响的各种繁殖方法。

4.5.8.3 不应使用胚胎移植、克隆等对畜禽的遗传多样性会产生严重影响的人工或辅助性繁殖技术。

4.5.8.4 除非为了治疗，不应使用生殖激素促进畜禽排卵和分娩。

4.5.8.5 如母畜在妊娠期的后 1/3 时段内接受了抗生素或化学合成的兽药（驱虫药除外）处理，其后代应经过相应的转换期。

4.5.9 运输和屠宰

4.5.9.1 畜禽在装卸、运输、待宰和屠宰期间都应有清楚的标记，易于识别；其他畜禽产品在装卸、运输、出入库时也应有清楚的标记，易于识别。

4.5.9.2 畜禽在装卸、运输和待宰期间应有专人负责管理。

4.5.9.3 应提供适当的运输条件，例如：

a）避免畜禽通过视觉、听觉和嗅觉接触到正在屠宰或已死亡的动物；

b）避免混合不同群体的畜禽，有机畜禽产品应避免与常规产品混杂，并有明显的标识；

c）提供缓解应激的休息时间；

d）确保运输方式和操作设备的质量和适合性，运输工具应清洁并适合所运输的畜禽，并且没有尖突的部位，以免伤害畜禽；

e）运输途中应避免畜禽饥渴，如有需要，应给畜禽喂食、喂水；

f）考虑并尽量满足畜禽的个体需要；

g）提供合适的温度和相对湿度；

h）装载和卸载时对畜禽的应激应最小。

4.5.9.4 运输和宰杀动物的操作应力求平和，并合乎动物福利原则。不应使用电棍及类似设备驱赶动物。不应在运输前和运输过程中对动物使用化学合成的镇静剂。

4.5.9.5 应在具有资质的屠宰场进行屠宰，且应确保良好的卫生条件。

4.5.9.6 应就近屠宰。除非从养殖场到屠宰场的距离太远，一般情况下运输畜禽的时间不超过 8h。

4.5.9.7 不应在畜禽失去知觉之前就进行捆绑、悬吊和屠宰，小型禽类和其他小型动物除外。用于使畜禽在屠宰前失去知觉的工具应随时处于良好的工作状态。如因宗教或文化原因不允许在屠宰前先使畜禽失去知觉，而直接屠宰，则应在平和的环境下以尽可能短的时间进行。

4.5.9.8 有机畜禽和常规畜禽应分开屠宰，屠宰后的产品应分开贮藏并清楚标记。用于畜体标记的颜料应符合国家的食品卫生规定。

4.5.10 有害生物防治

有害生物防治应按照优先次序采用以下方法：

a）预防措施；

b）机械、物理和生物控制方法；

c）可在畜禽饲养场所使用表 A.2 中的物质。

4.5.11 环境影响

4.5.11.1 应充分考虑饲料生产能力、畜禽健康和对环境的影响，保证饲养的畜禽数量不超过其养殖范围的最大载畜量。应采取措施，避免过度放牧对环境产生不利影响。

4.5.11.2 应保证畜禽粪便的贮存设施有足够的容量，并得到及时处理和合理利用，所有粪便储存、处理设施在设计、施工、操作时都应避免引起地下及地表水的污染。养殖场污染物的排放应符合 GB 18596 的规定。

4.6 水产养殖

4.6.1 转换期

4.6.1.1 非开放性水域养殖场从常规生产过渡到有机生产至少应经过 12 个月的转换期。

4.6.1.2 位于同一非开放性水域内的生产单元的各部分不应分开认证，只有整个水体都完全符合本标准后才能获得认证。

4.6.1.3 若一个生产单元不能对其管辖下的各水产养殖水体同时实行转换，则应制订严格的平行生产管理体系。该管理体系应满足下列要求：

a）有机和常规养殖单元之间应采取物理隔离措施；对于开放水域生长的固着性水生生物，其有机生产区域应和常规生产区域、常规农业或工业污染源之间保持一定的距离；

b）有机生产体系的要素应该能被检查，包括但不限于水质、饵料、药物等投入品及其他与标准相关的要素；

c）常规生产体系和有机生产体系的文件和记录应分开设立；

d）有机转换养殖场应持续进行有机管理，不应在有机和常规管理之间变动。

4.6.1.4 开放水域采捕区的野生固着生物，在下列情况下可以直接被认证为有机水产品：

a）水体未受本标准中禁用物质的影响；

b）水生生态系统处于稳定和可持续的状态。

4.6.1.5 可引入常规养殖的水生生物，但应经过相应的转换期。引进非本地种的生物品种时应避免外来物种对当地生态系统的永久性破坏。不应引入转基因生物。

4.6.1.6 所有引入的水生生物至少应在后 2/3 的养殖期内采用有机生产方式养殖。

4.6.2 养殖场的选址

4.6.2.1 养殖场选址时，应考虑到维持养殖水域生态环境和周围水生、陆生生态系统平衡，并有助于保持所在水域的生物多样性。有机生产养殖场应不受污染源和常规水产养殖场的不利影响。

4.6.2.2 有机生产的水域范围应明确，以便对水质、饵料、药物等要素进行检查。

4.6.3 水质

有机生产的水域水质应符合 GB 11607 的规定。

4.6.4 养殖基本要求

4.6.4.1 应采取适合养殖对象生理习性和当地条件的养殖方法，保证养殖对象的健康，满足其基本生活需要。不应采取永久性增氧养殖方式。

4.6.4.2 应采取有效措施，防止其他养殖体系的生物进入有机生产体系及捕食有机生物。

4.6.4.3 不应对养殖对象采取任何人为伤害措施。

4.6.4.4 可人为延长光照时间，但每日的光照时间不应超过 16h。

4.6.4.5 在水产养殖用的建筑材料和生产设备上，不应使用涂料和合成化学物质，以免对环境或生物产生有害影响。

4.6.5 饵料

4.6.5.1 投喂的饵料应是有机的或野生的。在有机的或野生的饵料数量或质量不能满足需求时，可投喂最多不超过总饵料量5%（以干物质计）的常规饵料。在出现不可预见的情况时，可在获得认证机构评估同意后在该年度投喂最多不超过 20%（干物质计）的常规饵料。

4.6.5.2 饵料中的动物蛋白至少应有 50% 来源于食品加工的副产品或其他不适于人类消费的产品。在出现不可预见的情况时，可在该年度将该比例降至30%。

4.6.5.3 可使用天然的矿物质添加剂、维生素和微量元素；水产动物营养不足而需使用人工合成的矿物质、微量元素和维生素时，应按照表 B.1 的要求使用。

4.6.5.4 不应使用人粪尿。不应不经处理就直接使用动物粪肥。

4.6.5.5 不应在饵料中添加或以任何方式向水生生物投喂下列物质：

a）合成的促生长剂；

b）合成诱食剂；

c）合成的抗氧化剂和防腐剂；

d）合成色素；

e）非蛋白氮（尿素等）；

f）与养殖对象同科的生物及其制品；

g）经化学溶剂提取的饵料；

h）化学提纯氨基酸；

i）转基因生物或其产品。

特殊天气条件下，可使用合成的饵料防腐剂，但应事先获得认证机构许可，并由认证机构根据具体情况规定使用期限和使用量。

4.6.6 疾病防治

4.6.6.1 应通过预防措施（如优化管理、饲养、进食）来保证养殖对象的健康。所有的管理措施应旨在提高生物的抗病力。

4.6.6.2 养殖密度不应影响水生生物的健康，不应导致其行为异常。应定期监测生物的密度，并根据需要进行调整。

4.6.6.3 可使用生石灰、漂白粉、二氧化氯、茶籽饼、高锰酸钾和微生物制剂对养殖水体和池塘底泥消毒，以预防水生生物疾病的发生。

4.6.6.4 可使用天然药物预防和治疗水生动物疾病。

4.6.6.5 在预防措施和天然药物治疗无效的情况下，可对水生生物使用常规渔药。水生生物在 12 个月内只可接受一个疗程常规渔药治疗。超过允许疗程的，应再经过规定的转换期。

使用过常规药物的水生生物经过所使用药物的休药期 2 倍时间后方能被继续作为有机水生生物销售。

4.6.6.6 不应使用抗生素、化学合成药物和激素对水生生物实行日常的疾病预防处理。

4.6.6.7 当有发生某种疾病的危险而不能通过其他管理技术进行控制，或国家法律有规定时，可为水生生物接种疫苗，但不应使用转基因疫苗。

4.6.7 繁殖

4.6.7.1 应尊重水生生物的生理和行为特点，减少对它们的干扰。宜采取自然繁殖方式，不宜采取人工授精和人工孵化等非自然繁殖方式。不应使用孤雌繁殖、基因工程和人工诱导的多倍体等技术繁殖水生生物。

4.6.7.2 应尽量选择适合当地条件、抗性强的品种。如需引进水生生物，在有条件时应优先选择来自有机生产体系的。

4.6.8 捕捞

4.6.8.1 开放性水域的有机生产的捕捞量不应超过生态系统的再生产能力，应维持自然水域的持续生产和其他物种的生存。

4.6.8.2 尽可能采用温和的捕捞措施，以使对水生生物的应激和不利影响降至最小程度。

4.6.8.3 捕捞工具的规格应符合国家有关规定。

4.6.9 鲜活水产品的运输

4.6.9.1 在运输过程中应有专人负责管理运输对象，使其保持健康状态。

4.6.9.2 运输用水的水质、水温、含氧量、pH 值，以及水生动物的装载密度应适应所运输物种的需求。

4.6.9.3 应尽量减少运输的频率。

4.6.9.4 运输设备和材料不应对水生动物有潜在的毒性影响。

4.6.9.5 在运输前或运输过程中不应对水生动物使用化学合成的镇静剂或兴奋剂。

4.6.9.6 运输时间尽量缩短，运输过程中，不应对运输对象造成可以避免的影响或物理伤害。

4.6.10 水生动物的宰杀

4.6.10.1 宰杀的管理和技术应充分考虑水生动物的生理和行为，并合乎动物福利原则。

4.6.10.2 在水生动物运输到达目的地后，应给予一定的恢复期，再行宰杀。

4.6.10.3 在宰杀过程中，应尽量减少对水生动物的胁迫和痛苦。宰杀前应使其处于无知觉状态。要定期检查设备是否处于良好的功能状态，确保在宰杀时让水生动物快速丧失知觉或死亡。

4.6.10.4 应避免让活的水生动物直接或间接接触已死亡的或正在宰杀的水生动物。

4.6.11 环境影响

4.6.11.1 非开放性水域的排水应得到当地环保行政部门的许可。

4.6.11.2 鼓励对非开放性水域底泥的农业综合利用。

4.6.11.3 在开放性水域养殖有机水生生物应避免或减少对水体的污染。

4.7 蜜蜂养殖

4.7.1 转换期

4.7.1.1 蜜蜂养殖至少应经过 12 个月的转换期。

4.7.1.2 处于转换期的养蜂场，若不能从市场或其他途径获得有机蜂蜡加工的巢础，经批准可使用常规蜂蜡加工的巢础，但应在 12 个月内更换所有的巢础，若不能更换，则认证机构可以决定延长转换期。

4.7.2 采蜜范围

4.7.2.1 养蜂场应设在有机生产区域内或至少 36 个月未使用过禁用物质的区域内。

4.7.2.2 在生产季节里，距蜂场半径 3 km 范围（采蜜半径）内应有充足的蜜源植物，包括有机生产的作物和至少 36 个月未使用禁用物质处理的植被，以及清洁的水源。

4.7.2.3 蜂箱半径 3 km 范围内不应有任何可能影响蜂群健康的污染源，包括使用过禁用物质的花期的作物、花期的转基因作物、高尔夫球场、垃圾场、大型居民点、繁忙路段等。

4.7.2.4 当蜜蜂在天然（野生）区域放养时，应考虑对当地昆虫种群的影响。

4.7.2.5 应明确划定蜂箱放置区域和采蜜范围。

4.7.3 蜂蜡和蜂箱

4.7.3.1 蜂蜡应来自有机蜂产品的生产单元。

4.7.3.2 加工的蜂蜡应能确保供应有机养蜂场的巢础。

4.7.3.3 在新组建蜂群或转换期蜂群中优先使用有机蜂蜡，若必须使用常规蜂蜡，应满足以下条件：

a）无法从市场上获得有机蜂蜡；

b）有证据证明常规蜂蜡未受有机生产中禁用物质的污染，并且来源于蜂盖蜡。

4.7.3.4 不应使用来源不明的蜂蜡。

4.7.3.5 蜂箱应用天然材料（如未经化学处理的木材等）或涂有有机蜂蜡的塑料制成，不应用木材防腐剂及其他禁用物质处理过的木料来制作和维护蜂箱。

4.7.3.6 蜂箱表面不应使用含铅油漆。

4.7.4 蜜蜂引入

4.7.4.1 为了蜂群的更新，有机生产单元可以每年引入 10% 的常规蜂王和蜂群，但放置蜂王和蜂群的蜂箱中的巢脾或巢础应来自有机生产单元。在这种情况下，可以不经过转换期。

4.7.4.2 由健康问题或灾难性事件引起蜜蜂大量死亡，且无法获得有机蜂群时，可以利用常规来源的蜜蜂补充蜂群，且应满足 4.7.1 的要求。

4.7.5 蜜蜂的饲喂

4.7.5.1 采蜜期结束时，蜂巢内应存留足够的蜂蜜和花粉，以备蜜蜂过冬。

4.7.5.2 非采蜜季节，应为蜜蜂提供充足的有机蜂蜜和花粉。

4.7.5.3 在蜂群由于气候条件或其他特殊情况缺少蜂蜜面临饥饿时，可以进行蜜蜂的人工饲喂，但只可在最后一次采蜜期和在下次流蜜期开始前 15 日之间进行。若能够购得有机蜂蜜或有机糖浆，应饲喂有机生产的蜂蜜或糖浆。若无法购得有机蜂蜜和有机糖浆，经认证机构许可可以在规定的时间内饲喂常规蜂蜜或糖浆。

4.7.6 蜂王和蜂群的饲养

4.7.6.1 鼓励交叉繁育不同种类的蜂群。

4.7.6.2 可进行选育，但不应对蜂王人工授精。

4.7.6.3 可为了替换蜂王而杀死老龄蜂王，但不应剪翅。

4.7.6.4 不应在秋天捕杀蜂群。

4.7.7 疾病和有害生物防治

4.7.7.1 应主要通过蜂箱卫生和管理来保证蜂群健康和生存条件，以预防寄生螨及其他有害生物的发生。具体措施包括：

a）选择适合当地条件的健壮蜂群，淘汰脆弱蜂群；

b）采取适当措施培育和筛选抗病和抗寄生虫的蜂王；

c）定期对设施进行清洗和消毒；

d）定期更换巢脾；

e）在蜂箱内保留足够的花粉和蜂蜜；

f）蜂箱应逐个标号，以便于识别，而且应定期检查蜂群。

4.7.7.2 在已发生疾病的情况下，应优先采用植物或植物源制剂治疗或顺势疗法；不应在流蜜期之前 30 日内使用植物或植物源制剂进行治疗，也不应在继箱位于蜂箱上时使用。

4.7.7.3 在植物或植物源制剂治疗和顺势疗法无法控制疾病的情况下，按照表 B.3 的要求控制病害，并按照表 B.2 的要求对蜂箱或养蜂工具进行消毒。

4.7.7.4 应将有患病蜜蜂的蜂箱放置到远离健康蜂箱的医治区或隔离区。

4.7.7.5 应销毁受疾病严重感染的蜜蜂生活过的蜂箱及材料。

4.7.7.6 不应使用抗生素和其他未列入表 B.3 的物质，但当整个蜂群的健康受到威胁时例外。经处理后的蜂箱应立即从有机生产中撤出并作标识，同时应重新经过 12 个月的转换期，当年的蜂产品也不能被认证为有机产品。

4.7.7.7 只有在被蜂螨感染时，才可杀死雄蜂群。

4.7.8 蜂产品收获与处理

4.7.8.1 蜂群管理和蜂蜜收获方法应以保护蜂群和维持蜂群为目标，不应为提高蜂产量而杀死蜂群或破坏蜂蛹。

4.7.8.2 在蜂蜜提取操作中不应使用化学驱除剂。

4.7.8.3 不应收获未成熟蜜。

4.7.8.4 在去除蜂蜜中的杂质时，加热温度不应超过 47℃，应尽量缩短加热过程。

4.7.8.5 不应从正在进行孵化的巢脾中摇取蜂蜜（中蜂除外）。

4.7.8.6 应尽量采用机械性蜂房脱盖，避免采用加热性蜂房脱盖。

4.7.8.7 应通过重力作用使蜂蜜中的杂质沉淀出来，若使用细网过滤器，其孔径应大于或等于 0.2mm。

4.7.8.8 接触取蜜设施的所有材料表面应是不锈钢或涂有有机蜂蜡。

4.7.8.9 盛装蜂蜜容器的表面应使用食品和饮料包装中许可的涂料涂刷，并用有机蜂蜡覆盖。不应使蜂蜜接触电镀的金属容器或表面已氧化的金属容器。

4.7.8.10 防止蜜蜂进入蜂蜜提取设施。

4.7.8.11 提取设施应每天用热水清洗以保持清洁。

4.7.8.12 不应使用氰化物等化学合成物质作为熏蒸剂。

4.7.9 蜂产品贮存

4.7.9.1 成品蜂蜜应密封包装并在稳定的温度下贮存，以避免蜂蜜变质。

4.7.9.2 提蜜和储存蜂蜜的场所，应防止虫害和鼠类等的入侵。

4.7.9.3 不应对贮存的蜂蜜和蜂产品使用萘等化学合成物质来控制蜡螟等害虫。

4.8 包装、贮藏和运输

4.8.1 包装

4.8.1.1 宜使用可重复、可回收和可生物降解的包装材料。

4.8.1.2 包装应简单、实用。

4.8.1.3 不应使用接触过禁用物质的包装物或容器。

4.8.2 贮藏

4.8.2.1 应对仓库进行清洁，并采取有害生物控制措施。

4.8.2.2 可使用常温贮藏、气调、温控、干燥和湿度调节等贮藏方法。

4.8.2.3 有机产品尽可能单独贮藏。若与常规产品共同贮藏，应在仓库内划出特定区域，并采取必要的包装、标识等措施，确保有机产品和常规产品可清楚识别。

4.8.3 运输

4.8.3.1 应使用专用运输工具。若使用非专用的运输工具，应在装载有机产品前对其进行清洁，避免在运输过程中与常规产品混杂或受到禁用物质污染。

4.8.3.2 在容器和 / 或包装物上，应有清晰的有机标识及有关说明。

5 加工

5.1 基本要求

5.1.1 应对本标准所涉及的加工及其后续过程进行有效控制，具体表现在如下方面：

a）主要使用有机配料，尽可能减少使用常规配料，有法律法规要求的情况除外；

b）加工过程应最大限度地保持产品的营养成分和 / 或原有属性；

c）有机产品加工及其后续过程在空间或时间上与常规产品加工及其后续过程分开。

5.1.2 有机食品加工厂应符合 GB 14881 的要求，其他有机产品加工厂应符合国家及行业部门的有关规定。

5.1.3 有机产品加工应考虑不对环境产生负面影响或将负面影响减少到最低。

5.2 食品和饲料

5.2.1 配料、添加剂和加工助剂

5.2.1.1 有机料所占的质量或体积不应少于配料总量的 95%。

5.2.1.2 应使用有机配料。当有机配料无法满足需求时，可使用常规配料，其比例应不大于配料总量的 5%，且应优先使用农业来源的。

5.2.1.3 同一种配料不应同时含有有机和常规成分。

5.2.1.4 作为配料的水和食用盐应分别符合 GB 5749 和 GB 2721 的要求，且不计入 5.2.1.1 所要求的配料中。

5.2.1.5 食品加工中使用的食品添加剂和加工助剂应符合表 E.1 和表 E.2 的要求，使用条件应符合 GB 2760 的规定。使用表 E.1 和表 E.2 以外的食品添加剂和加工助剂时，应参见附录 G 对其进行评估。

5.2.1.6 食品加工中使用的调味品、微生物制品及酶制剂和其他配料应分别满足表 E.4、表 E.5 和表 E.6 的要求（适用时）。

5.2.1.7 饲料加工中使用的饲料添加剂，应符合附录 F 中表 F.1 的要求。

5.2.1.8 不应使用来自转基因的配料、添加剂和加工助剂。

5.2.2 加工过程

5.2.2.1 宜采用机械、冷冻、加热、微波、烟熏等处理方法及微生物发酵工艺；采用提取、浓缩、沉淀和过滤工艺时，提取溶剂仅限于水、乙醇、动植物油、醋、二氧化碳、氮或羧酸，在提取和浓缩工艺中不应添加其他化学试剂。

5.2.2.2 应采取必要的措施，防止有机产品与常规产品混杂或被禁用物质污染。

5.2.2.3 加工用水应符合 GB 5749 的要求。

5.2.2.4 在加工和贮藏过程中不应采用辐照处理。

5.2.2.5 不应使用石棉过滤材料或可能被有害物质渗透的过滤材料。

5.2.3 有害生物防治

5.2.3.1 应优先采取以下管理措施来预防有害生物的发生：

a）消除有害生物的孳生条件；

b）防止有害生物接触加工和处理设备；

c）通过对温度、湿度、光照、空气等环境因素的控制，防止有害生物的繁殖。

5.2.3.2 可使用机械类、信息素类、气味类、黏着性的捕害工具、物理障碍、硅藻土、声光电器具等设施或材料防治有害生物。

5.2.3.3 可使用蒸汽，必要时使用表 E.3 列出的清洁剂和消毒剂。

5.2.3.4 在加工或贮藏场所遭受有害生物严重侵袭的紧急情况下，宜使用中草药进行喷雾和熏蒸处理；不应使用硫黄熏蒸。

5.2.4 包装

5.2.4.1 宜使用由木、竹、植物茎叶和纸制成的包装材料。

5.2.4.2 食品原料及产品应使用食品级包装材料。

5.2.4.3 原料和产品的包装应符合 GB 23350 的要求，并应考虑包装材料的生物降解和回收利用。

5.2.4.4 使用包装填充剂时，宜使用二氧化碳、氮等物质。

5.2.4.5 不应使用含有合成杀菌剂、防腐剂和熏蒸剂的包装材料。

5.2.4.6 不应使用接触过禁用物质的包装袋或容器盛装有机产品及其原料。

5.2.5 贮藏

5.2.5.1 贮藏产品的仓库应干净、无虫害，无有害物质残留。

5.2.5.2 有机产品在贮藏过程中不应受到其他物质的污染。

5.2.5.3 除常温贮藏外，可采用以下贮藏方法：

a）贮藏室空气调控；

b）温度控制；

c）湿度调节。

5.2.5.4 有机产品及其包装材料、配料等应单独存放。若不得不与常规产品及其包装材料、配料等共同存放，应在仓库内划出特定区域，并采取必要的措施确保有机产品不与其他产品及其包装材料、配料等混放。

5.2.6 运输

5.2.6.1 运输工具在装载有机产品前应清洁。

5.2.6.2 有机产品在运输过程中应避免与常规产品混杂或受到污染。

5.2.6.3 在运输和装卸过程中，外包装上的有机产品认证标识及有关说明不应被玷污或损毁。

5.3 纺织品

略。

6　标识和销售

6.1 标识

6.1.1 有机产品应按照国家有关法律法规、标准的要求进行标识。

6.1.2 中国有机产品认证标志仅应用于按照本标准的要求生产或加工并获得认证的有机产品的标识。

6.1.3 有机配料含量等于或者高于 95% 并获得有机产品认证的产品，方可在产品名称前标识"有机"，在产品或者包装上加施中国有机产品认证标志。不应误导消费者将常规产品和有机转换期内的产品作为有机产品。

6.1.4 标识中的文字、图形或符号等应清晰、醒目。图形、符号应直观、规范。文字、图形、符号的颜色与背景色或底色应为对比色。

6.1.5 进口有机产品的标识也应符合本标准的规定。

6.2 有机配料百分比的计算

6.2.1 有机配料百分比的计算不包括加工过程中及以配料形式添加的水和食盐。

6.2.2 对于固体形式的有机产品，其有机配料百分比按照式（1）计算：

$$Q = \frac{m_1}{m} \times 100\% \tag{1}$$

式中　Q——有机配料百分比；

　　m_1——产品有机配料的总质量，单位为千克（kg）；

　　m——产品总质量，单位为千克（kg）。

　　注：计算结果均向下取整数。

6.2.3 对于液体形式的有机产品，其有机配料百分比按照式（2）计算（对于由浓缩物经重新组合制成的，应在配料和产品成品浓缩物的基础上计算其有机配料的百分比）：

$$Q = \frac{V_1}{V} \times 100\% \tag{2}$$

式中　Q——有机配料百分比；

　　V_1——产品有机配料的总体积，单位为升（L）；

　　V——产品总体积，单位为升（L）。

注：计算结果均向下取整数。

6.2.4 对于包含固体和液体形式的有机产品，其有机配料百分比按照式（3）计算：

$$Q = \frac{m_1 + m_2}{m} \times 100\% \qquad (3)$$

式中　Q——有机配料百分比；

　　　m_1——产品中固体有机配料的总质量，单位为千克（kg）；

　　　m_2——产品中液体有机配料的总质量，单位为千克（kg）；

　　　m——产品总质量，单位为千克（kg）。

注：计算结果均向下取整数。

6.3 中国有机产品认证标志

6.3.1 中国有机产品认证标志的图形与颜色有严格要求。

6.3.2 标识为"有机"的产品应在获证产品或者产品的最小销售包装上加施中国有机产品认证标志及其有机码（每枚有机产品认证标志的唯一编号）、认证机构名称或者其标识。

6.3.3 中国有机产品认证标志可以根据产品的特性，采取粘贴或印刷等方式直接加施在产品或产品的最小销售包装上。不直接零售的加工原料，可以不加施。

6.3.4 印制的中国有机产品认证标志应当清楚、明显。

6.3.5 印制在获证产品标签、说明书及广告宣传材料上的中国有机产品认证标志，可以按比例放大或者缩小，但不应变形、变色。

6.4 销售

6.4.1 为保证有机产品的完整性和可追溯性，销售者在销售过程中应采取但不限于下列措施：

a）应避免有机产品与常规产品的混杂；

b）应避免有机产品与本标准禁止使用的物质接触；

c）建立有机产品的购买、运输、储存、出入库和销售等记录。

6.4.2 有机产品销售时，采购方应索取有机产品认证证书、有机产品销售证等证明材料。

注：使用了有机码的产品销售时，可不索取销售证。

6.4.3 有机产品加工者和有机产品经营者在采购时，应对有机产品认证证书的真伪进行验证，并留存认证证书复印件。

6.4.4 对于散装或裸装产品，以及鲜活动物产品，应在销售场所设立有机产品销售专区或陈列专柜，并与非有机产品销售区、柜分开。应在显著位置摆放有机产品认证证书复印件。

7　管理体系

7.1 基本要求

7.1.1 有机产品生产者、有机产品加工者、有机产品经营者（简称有机产品生产、加工、经营者）应有合法的土地使用权和 / 或合法的经营证明文件。

7.1.2 有机产品生产、加工、经营者应按本标准的要求建立和保持管理体系，该管理体系应形成 7.2 要求的系列文件，加以实施和保持。

7.2 文件要求

7.2.1 文件内容

管理体系的文件应包括：

a）生产单元或加工、经营等场所的位置图；

b）管理手册；

c）操作规程；

d）系统记录。

7.2.2 文件的控制

管理体系所要求的文件应是最新有效的，应确保在使用时可获得适用文件的有效版本。

7.2.3 生产单元或加工、经营等场所的位置图

应按比例绘制生产单元或加工、经营等场所的位置图，至少标明以下内容：

a）种植区域的地块分布，野生采集区域、水产养殖区域、蜂场及蜂箱的分布，畜禽养殖场及其牧草场、自由活动区、自由放牧区、粪便处理场所的分布，加工、经营区的分布；

b）河流、水井和其他水源；

c）相邻土地及边界土地的利用情况；

d）畜禽检疫隔离区域；

e）加工、包装车间、仓库及相关设备的分布；

f）生产单元内能够表明该单元特征的主要标示物。

7.2.4 管理手册

应编制和保持管理手册，该手册至少应包括以下内容：

a）有机产品生产、加工、经营者的简介；

b）有机产品生产、加工、经营者的管理方针和目标；

c）管理组织机构图及其相关岗位的责任和权限；

d）有机标识的管理；

e）可追溯体系与产品召回；

f）内部检查；

g）文件和记录管理；

h）客户投诉的处理；

i）持续改进体系。

7.2.5 操作规程

应制定并实施操作规程，操作规程中至少应包括：

a）作物种植、食用菌栽培、野生采集、畜禽养殖、水产养殖／捕捞、蜜蜂养殖、产品加工等技术规程；

b）防止有机产品受禁用物质污染所采取的预防措施；

c）防止有机产品与常规产品混杂所采取的措施（必要时）；

d）植物产品、食用菌收获规程及收获、采集后运输、贮藏等环节的操作规程；

e）动物产品的屠宰、捕捞、提取、运输及贮藏等环节的操作规程；

f）加工产品的运输、贮藏等各道工序的操作规程；

g）运输工具、机械设备及仓储设施的维护、清洁规程；

h）加工厂卫生管理与有害生物控制规程；

i）标签及生产批号的管理规程；

j）员工福利和劳动保护规程。

7.2.6 记录

有机产品生产、加工、经营者应建立并保持记录。记录应清晰准确，为有机生产、有机加工、经营活动提供有效证据。记录至少保存 5 年并应包括但不限于以下内容：

a）生产单元的历史记录及使用禁用物质的时间及使用量；

b）种子、种苗、种畜禽等繁殖材料的使用记录（品种、来源、时间、数量等）；

c）自制堆肥记录（必要时）；

d）土壤培肥物质的使用记录（名称、时间、数量等）；

e）病、虫、草害控制物质的使用记录（名称、成分、时间、数量等）；

f）动物养殖场所有引入、离开该单元动物的记录（品种、时间、数量等）；

g）动物养殖场所有药物的使用记录（名称、成分、时间、数量等）；

h）动物养殖场所有饲料和饲料添加剂的使用记录（种类、成分、时间、数量等）；

i）所有生产投入品的台账记录（来源、数量、去向、库存等）及购买单据；

j）植物收获记录（品种、时间、数量等）；

k）动物（蜂）产品的屠宰、捕捞、提取记录；

l）加工记录，包括原料购买、入库、加工过程、包装、标识、贮藏、出库、运输记录等；

m）加工厂有害生物防治记录和加工、贮存、运输设施清洁记录；

n）销售记录及有机标识的使用管理记录；

o）培训记录；

p）内部检查记录。

7.3 资源管理

7.3.1 有机产品生产、加工、经营者应具备与其规模和技术相适应的资源。

7.3.2 应配备有机生产、加工、经营的管理者并具备以下条件：

a）本单位的主要负责人之一；

b）了解国家相关的法律、法规及相关要求；

c）了解本标准要求；

d）具备农业生产和／或加工、经营的技术知识或经验；

e）熟悉本单位的管理体系及生产和／或加工、经营过程。

7.3.3 应配备内部检查员并具备以下条件：

a）了解国家相关的法律、法规及相关要求；

b）相对独立于被检查对象；

c）熟悉并掌握本标准的要求；

d）具备农业生产和／或加工、经营的技术知识或经验；

e）熟悉本单位的管理体系及生产和／或加工、经营过程。

7.4 内部检查

7.4.1 应建立内部检查制度，以保证管理体系及有机生产、有机加工过程符合本标准的要求。

7.4.2 内部检查应由内部检查员来承担，每年至少进行一次内部检查。

7.4.3 内部检查员的职责是：

a）按照本标准对本企业的管理体系进行检查，并对违反本标准的内容提出修改意见；

b）按照本标准的要求，对本企业生产、加工过程实施内部检查，并形成记录；

c）配合认证机构的检查和认证。

7.5 可追溯体系与产品召回

有机生产、加工、经营者应建立完善的可追溯体系，保持可追溯的生产全过程的详细记录（如地块图、农事活动记录加工记录、仓储记录、出入库记录、销售记录等）以及可跟踪的生产批号系统。

有机生产、加工、经营者应建立和保持有效的产品召回制度，包括产品召回的条件、召回产品的处理、采取的纠正措施、产品召回的演练等，并保留产品召回过程中的全部记录，包括召回、通知、补救、原因、处理等。

7.6 投诉

有机生产、加工、经营者应建立和保持有效的处理客户投诉的程序，并保留投诉处理全过程的记录，包括投诉的接受、登记、确认、调查、跟踪、反馈。

7.7 持续改进

有机生产、加工、经营者应持续改进其管理体系的有效性，促进有机生产、加工和经营的健康发展，以消除不符合或潜在不符合有机生产、有机加工和经营的因素。有机生产、加工和经营者应：

a）确定不符合的原因；

b）评价确保不符合不再发生的措施的需求；

c）确定和实施所需的措施；

d）记录所采取措施的结果；

e）评审所采取的纠正或预防措施。

附录 A
（规范性附录）
有机植物生产中允许使用的投入品

有机植物生产中允许使用的土壤培肥和改良物质见表 A.1。

有机植物生产中允许使用的植物保护产品见表 A.2。

有机植物生产中允许使用的清洁剂和消毒剂见表 A.3。

表 A.1　有机植物生产中允许使用的土壤培肥和改良物质

类别	名称组分	使用条件
植物和动物来源	植物材料（秸秆、绿肥等）	
	畜禽粪便及其堆肥（包括圈肥）	经过堆制并充分腐熟
	畜禽粪便和植物材料的厌氧发酵产品（沼肥）	
	海草或海草产品	仅直接通过下列途径获得：物理过程，包括脱水、冷冻和研磨；用水或酸和 / 或碱溶液提取；发酵
	木料、树皮、锯屑、刨花、木灰、木炭	来自采伐后未经化学处理的木材，地面覆盖或经过堆制
	腐殖酸类物质（天然腐殖酸如：褐煤、风化褐煤等）	天然来源，未经化学处理；未添加化学合成物质
	动物来源的副产品（血粉、肉粉、骨粉、蹄粉、角粉等）	未添加禁用物质，经过充分腐熟和无害化处理
	鱼粉、虾蟹壳粉、皮毛、羽毛、毛发粉及其提取物	仅直接通过下列途径获得物理过程；用水或酸和 / 或碱溶液取；发酵
	牛奶及乳制品	
	食用菌培养废料和蚯蚓培养基质	培养基的初始原料限于本附录中的产品，经过堆制
	食品工业副产品	经过堆制或发酵处理
	草木灰	作为薪柴燃烧后的产品
	泥炭	不含合成添加剂，不应用于土壤改良，只允许作为盆栽基质使用
	饼粕	不能使用经化学方法加工的

续表

类别	名称组分	使用条件
矿物来源	磷矿石	天然来源，镉含量小于或等于 90mg/kg（五氧化二磷）
	钾矿粉	天然来源，未通过化学方法浓缩，氯含量少于 60%
	硼砂	天然来源，未经化学处理、未添加化学合成物质
	微量元素	天然来源，未经化学处理、未添加化学合成物质
	镁矿粉	天然来源，未经化学处理、未添加化学合成物质
	硫黄	天然来源，未经化学处理、未添加化学合成物质
	石灰石；石膏和白垩	天然来源，未经化学处理、未添加化学合成物质
	黏土（如珍珠岩、蛭石等）	天然来源，未经化学处理、未添加化学合成物质
	氯化钠	天然来源，未经化学处理、未添加化学合成物质
	石灰	仅用于茶园土壤 pH 值调节
	窑灰	未经化学处理、未添加化学合成物质
	碳酸钙镁	天然来源，未经化学处理、未添加化学合成物质
	泻盐类	未经化学处理、未添加化学合成物质
微生物来源	可生物降解的微生物加工副产品，如酿酒和蒸馏酒行业的加工副产品	未添加化学合成物质
	微生物及微生物制剂	非转基因，未添加化学合成物质

表 A.2 有机植物生产中允许使用的植物保护产品

类别	名称和组分	使用条件
植物和动物来源	楝素（苦楝、印楝等提取物）	杀虫剂
	天然除虫菊素（除虫菊科植物提取液）	杀虫剂
	苦参碱及氧化苦参碱（苦参等提取物）	杀虫剂
	鱼藤酮类（如毛鱼藤）	杀虫剂
	茶皂素（茶籽等提取物）	杀虫剂
	皂角素（皂角等提取物）	杀虫剂、杀菌剂
	蛇床子素（蛇床子提取物）	杀虫剂、杀菌剂
	小檗碱（黄连、黄柏等提取物）	杀菌剂
	大黄素甲醚（大黄、虎杖等提取物）	杀菌剂
	植物油（如薄荷油、松树油、香菜油）	杀虫剂、杀螨剂；杀真菌剂；发芽抑制剂
	寡聚糖（甲壳素）	杀菌剂、植物生长调节剂
	天然诱集和杀线虫剂（如万寿菊、孔雀草、芥子油）	杀线虫剂
	天然酸（如食醋、木醋和竹醋）	杀菌剂

类别	名称和组分	使用条件
植物和动物来源	菇类蛋白多糖	杀菌剂
	水解蛋白质	引诱剂，只在批准使用的条件下，并与本附录的适当产品结合使用
	牛奶	杀菌剂
	蜂蜡	用于嫁接和修剪
	蜂胶	杀菌剂
	明胶	杀虫剂
	卵磷脂	杀真菌剂
	具有驱避作用的植物提取物（大蒜、薄荷、辣椒、花椒、薰衣草、柴胡、艾草的提取物）	驱避剂
	昆虫天敌（如赤眼蜂、瓢虫、草蛉等）	控制虫害
矿物来源	铜盐（如硫酸铜、氢氧化铜、氯氧化铜、辛酸铜等）	杀真菌剂，每12个月铜的最大使用量每公顷不超过6kg
	石硫合剂	杀真菌剂、杀虫剂、杀螨剂
	波尔多液	杀真菌剂，每12个月铜的最大使用量每公顷不超过6kg
	氢氧化钙（石灰水）	杀真菌剂、杀虫剂
	硫黄	杀真菌剂、杀螨剂、驱避剂
	高锰酸钾	杀真菌剂、杀细菌剂；仅用于果树和葡萄
	碳酸氢钾	杀真菌剂
	石蜡油	杀虫剂、杀螨剂
	轻矿物油	杀虫剂、杀真菌剂；仅用于果树、葡萄和热带作物（例如香蕉）
	氯化钙	用于治疗缺钙症
	硅藻土	杀虫剂
	黏土（如斑脱土、珍珠岩、蛭石、沸石等）	杀虫剂
	硅酸盐（如硅酸钠、硅酸钾等）	驱避剂
	石英砂	杀真菌剂、杀螨剂、驱避剂
	磷酸铁（3价铁离子）	杀软体动物剂
微生物来源	真菌及真菌制剂（如白僵菌、绿僵菌、轮枝菌、木霉菌等）	杀虫剂、杀菌剂、除草剂
	细菌及细菌制剂（如苏云金芽孢杆菌、枯草芽孢杆菌、蜡质芽孢杆菌、地衣芽孢杆菌、荧光假单胞杆菌等）	杀虫剂、杀菌剂、除草剂
	病毒及病毒制剂（如核型多角体病毒、颗粒体病毒等）	杀虫剂

类别	名称和组分	使用条件
其他	二氧化碳	杀虫剂，用于贮存设施
	乙醇	杀菌剂
	海盐和盐水	杀菌剂，仅用于种子处理，尤其是稻谷种子
	明矾	杀菌剂
	软皂（钾肥皂）	杀虫剂
	乙烯	
	昆虫性外激素	仅用于诱捕器和散发皿内
	磷酸氢二铵	引诱剂，只限用于诱捕器中使用
诱捕器、屏障	物理措施（如色彩/气味诱捕器、机械诱捕器等）	
	覆盖物（如秸秆、杂草、地膜、防虫网等）	

表 A.3　有机植物生产中允许使用的清洁剂和消毒剂

名称	使用条件
醋酸（非合成的）	设备清洁
醋	设备清洁
乙醇	消毒
异丙醇	消毒
过氧化氢	仅限食品级的过氧化氢，设备清洁剂
碳酸钠、碳酸氢钠	设备消毒
碳酸钾、碳酸氢钾	设备消毒
漂白剂	包括次氯酸钙、二氧化氯或次氯酸钠，可用于消毒和清洁食品接触面。直接接触植物产品的冲洗水中余氯含量应符合 GB 5749 的要求
过氧乙酸	设备消毒
臭氧	设备消毒
氢氧化钾	设备消毒
氢氧化钠	设备消毒
柠檬酸	设备清洁
肥皂	仅限可生物降解的。允许用于设备清洁
皂基杀藻剂/除雾剂	杀藻、消毒剂和杀菌剂，用于清洁灌溉系统，不含禁用物质
高锰酸钾	设备消毒

附录 B
（规范性附录）
有机动物养殖中允许使用的物质

动物养殖允许使用的添加剂和用于动物营养的物质见表 B.1。

动物养殖场所允许使用的清洁剂和消毒剂见表 B.2。

蜜蜂养殖允许使用的控制疾病和有害生物的物质见表 B.3。

表 B.1　动物养殖中允许使用的添加剂和用于动物营养的物质

序号	名称	来源和说明	国际编码（INS）
1	铁	硫酸亚铁、碳酸亚铁、三氧化二铁	
2	碘	碘酸钙、碘化钠、碘化钾	
3	钴	硫酸钴、氯化钴、碳酸钴	
4	铜	硫酸铜、氧化铜（反刍动物）	
5	锰	碳酸锰、氧化锰、硫酸锰、氯化锰	
6	锌	氧化锌、碳酸锌、硫酸锌	
7	铝	铝酸钠	
8	硒	亚硒酸钠	
9	钠	氯化钠、硫酸钠、碳酸钠、碳酸氢钠	
10	钾	碳酸钾、碳酸氢钾、氯化钾	
11	钙	碳酸钙（石粉、贝壳粉）、乳酸钙、硫酸钙、氯化钙	
12	磷	磷酸氢钙、磷酸二氢钙、磷酸三钙	
13	镁	氧化镁、氯化镁、硫酸镁	
14	硫	硫酸钠	
15	维生素	来源于天然生长的饲料源的维生素。在饲喂单胃动物时可使用与天然维生素结构相同的合成维生素。若反刍动物无法获得天然来源的维生素，可使用与天然维生素一样的合成的维生素 A、维生素 D 和维生素 E	
16	微生物	畜牧技术用途，非转基因/基因工程生物或产品	
17	酶	青贮饲料添加剂和畜牧技术用途，非转基因/基因工程生物或产品	
18	防腐剂和青贮饲料添加剂	山梨酸、甲酸、乙酸、乳酸、柠檬酸，只可在天气条件不能满足充分发酵的情况下使用	
19	黏结剂和抗结块剂	硬脂酸钙、二氧化硅	
20	食品、食品工业副产品	如乳清、谷物粉、糖蜜、甜菜渣等	

表 B.2　动物养殖场所允许使用的清洁剂和消毒剂

名称	使用条件
钾皂和钠皂	
水和蒸汽	
石灰水（氢氧化钙溶液）	
石灰（氧化钙）	
熟石灰（氢氧化钙）	
次氯酸钠	用于消毒设施和设备
次氯酸钙	用于消毒设施和设备
二氧化氯	用于消毒设施和设备
高锰酸钾	可使用 0.1% 高锰酸钾溶液，以免腐蚀性过强
氢氧化钠	
氢氧化钾	
过氧化氢	仅限食品级，用作外部消毒剂。可作为消毒剂添加到家畜的饮水中
植物源制剂	
柠檬酸	
过氧乙酸	
甲酸（蚁酸）	
乳酸	
草酸	
异丙醇	
乙酸	
乙醇（酒精）	供消毒和杀菌用
碘（如碘酒、碘伏、聚维酮碘等）	作为清洁剂时，应用热水冲洗
硝酸	用于牛奶设备清洁，不应与有机管理的畜禽或者土地接触
磷酸	用于牛奶设备清洁，不应与有机管理的畜禽或者土地接触
甲醛	用于消毒设施和设备
用于乳头清洁和消毒的产品	符合相关国家标准
碳酸钠	

表 B.3　蜜蜂养殖允许使用的控制疾病和有害生物的物质

名称	使用条件
甲酸（蚁酸）	控制寄生螨。这种物质可以在该季最后一次蜂蜜收获之后并且在添加贮蜜继箱之前 30 天停止使用
乳酸、醋酸、草酸	控制病虫害

续表

名称	使用条件
薄荷醇	控制蜜蜂呼吸道寄生螨
天然香精油（麝香草酚、桉油精或樟脑）	驱避剂
氢氧化钠	控制病害
氢氧化钾	控制病害
氯化钠	控制病害
草木灰	控制病害
氢氧化钙	控制病害
硫黄	仅限于蜂箱和巢脾的消毒
苏云金杆菌	非转基因
漂白剂（次氯酸钙、二氧化氯或次氯酸钠）	养蜂工具消毒
蒸汽和火焰	蜂箱的消毒
琼脂	仅限水提取的
杀鼠剂（维生素 D）	用于控制鼠害，以对蜜蜂和蜂产品安全的方式使用

附录 C～F 略。

有机产品认证管理办法

（2022 年 9 月 29 日国家市场监督管理总局令第 61 号第二次修订）

第一章　总则

第一条　为了维护消费者、生产者和销售者合法权益，进一步提高有机产品质量，加强有机产品认证管理，促进生态环境保护和可持续发展，根据《中华人民共和国产品质量法》《中华人民共和国进出口商品检验法》《中华人民共和国认证认可条例》等法律、行政法规的规定，制定本办法。

第二条　在中华人民共和国境内从事有机产品认证以及获证有机产品生产、加工、进口和销售活动，应当遵守本办法。

第三条　本办法所称有机产品，是指生产、加工和销售符合中国有机产品国家标准的供人类消费、动物食用的产品。

本办法所称有机产品认证，是指认证机构依照本办法的规定，按照有机产品认证规则，对相关产品的生产、加工和销售活动符合中国有机产品国家标准进行的合格评定活动。

第四条　国家市场监督管理总局负责全国有机产品认证的统一管理、监督和综合协调工作。

地方市场监督管理部门负责所辖区域内有机产品认证活动的监督管理工作。

第五条　国家推行统一的有机产品认证制度，实行统一的认证目录、统一的标准和认证实施规则、统一的认证标志。

国家市场监督管理总局负责制定和调整有机产品认证目录、认证实施规则，并对外公布。

第六条　国家市场监督管理总局按照平等互利的原则组织开展有机产品认证国际合作。

开展有机产品认证国际互认活动，应当在国家对外签署的国际合作协议内进行。

第二章　认证实施

第七条　有机产品认证机构（以下简称认证机构）应当依法取得法人资格，并经国家市场监督管理总局批准后，方可从事批准范围内的有机产品认证活动。

认证机构实施认证活动的能力应当符合有关产品认证机构国家标准的要求。

从事有机产品认证检查活动的检查员，应当经国家认证人员注册机构注册后，方可从事有机产品认证检查活动。

第八条　有机产品生产者、加工者（以下统称认证委托人），可以自愿委托认证机构进行有机产品认证，并提交有机产品认证实施规则中规定的申请材料。

认证机构不得受理不符合国家规定的有机产品生产产地环境要求，以及有机产品认证目录外产品的认证委托人的认证委托。

第九条　认证机构应当自收到认证委托人申请材料之日起10日内，完成材料审核，并作出是否受理的决定。对于不予受理的，应当书面通知认证委托人，并说明理由。

认证机构应当在对认证委托人实施现场检查前5日内，将认证委托人、认证检查方案等基本信息报送至国家市场监督管理总局确定的信息系统。

第十条　认证机构受理认证委托后，认证机构应当按照有机产品认证实施规则的规定，由认证检查员对有机产品生产、加工场所进行现场检查，并应当委托具有法定资质的检验检测机构对申请认证的产品进行检验检测。

按照有机产品认证实施规则的规定，需要进行产地（基地）环境监（检）测的，由具有法定资质的监（检）测机构出具监（检）测报告，或者采信认证委托人提供的其他合法有效的环境监（检）测结论。

第十一条　符合有机产品认证要求的，认证机构应当及时向认证委托人出具有机产品认证证书，允许其使用中国有机产品认证标志；对不符合认证要求的，应当书面通知认证委托人，并说明理由。

认证机构及认证人员应当对其作出的认证结论负责。

第十二条　认证机构应当保证认证过程的完整、客观、真实，并对认证过程作出完整记录，归档留存，保证认证过程和结果具有可追溯性。

产品检验检测和环境监（检）测机构应当确保检验检测、监测结论的真实、准确，并对检验检测、监测过程作出完整记录，归档留存。产品检验检测、环境监测机构及其相关人员应当对其作出的检验检测、监测报告的内容和结论负责。

本条规定的记录保存期为5年。

第十三条　认证机构应当按照认证实施规则的规定，对获证产品及其生产、加工过程实施有效跟踪检查，以保证认证结论能够持续符合认证要求。

第十四条　认证机构应当及时向认证委托人出具有机产品销售证，以保证获证产品的认证委托人所销售的有机产品类别、范围和数量与认证证书中的记载一致。

第十五条　有机配料含量（指重量或者液体体积，不包括水和盐，下同）等于或者高于95%的加工产品，应当在获得有机产品认证后，方可在产品或者产品包装及标签上标注"有机"字样，加施有机产品认证标志。

第十六条　认证机构不得对有机配料含量低于95%的加工产品进行有机认证。

第三章　有机产品进口

第十七条　向中国出口有机产品的国家或者地区的有机产品主管机构，可以向国家市场监督管理总局提出有机产品认证体系等效性评估申请，国家市场监督管理总局受理其申请，并组织有关专家对提交的申请进行评估。

评估可以采取文件审查、现场检查等方式进行。

第十八条　向中国出口有机产品的国家或者地区的有机产品认证体系与中国有

机产品认证体系等效的，国家市场监督管理总局可以与其主管部门签署相关备忘录。

该国家或者地区出口至中国的有机产品，依照相关备忘录的规定实施管理。

第十九条 未与国家市场监督管理总局就有机产品认证体系等效性方面签署相关备忘录的国家或者地区的进口产品，拟作为有机产品向中国出口时，应当符合中国有机产品相关法律法规和中国有机产品国家标准的要求。

第二十条 需要获得中国有机产品认证的进口产品生产商、销售商、进口商或者代理商（以下统称进口有机产品认证委托人），应当向经国家市场监督管理总局批准的认证机构提出认证委托。

第二十一条 进口有机产品认证委托人应当按照有机产品认证实施规则的规定，向认证机构提交相关申请资料和文件，其中申请书、调查表、加工工艺流程、产品配方和生产、加工过程中使用的投入品等认证申请材料、文件，应当同时提交中文版本。申请材料不符合要求的，认证机构应当不予受理其认证委托。

认证机构从事进口有机产品认证活动应当符合本办法和有机产品认证实施规则的规定，认证检查记录和检查报告等应当有中文版本。

第二十二条 进口有机产品申报入境检验检疫时，应当提交其所获中国有机产品认证证书复印件、有机产品销售证复印件、认证标志和产品标识等文件。

第二十三条 自对进口有机产品认证委托人出具有机产品认证证书起 30 日内，认证机构应当向国家市场监督管理总局提交以下书面材料：

（一）获证产品类别、范围和数量；

（二）进口有机产品认证委托人的名称、地址和联系方式；

（三）获证产品生产商、进口商的名称、地址和联系方式；

（四）认证证书和检查报告复印件（中外文版本）；

（五）国家市场监督管理总局规定的其他材料。

第四章 认证证书和认证标志

第二十四条 国家市场监督管理总局负责制定有机产品认证证书的基本格式、编号规则和认证标志的式样、编号规则。

第二十五条 认证证书有效期为 1 年。

第二十六条 认证证书应当包括以下内容：

（一）认证委托人的名称、地址；

（二）获证产品的生产者、加工者以及产地（基地）的名称、地址；

（三）获证产品的数量、产地（基地）面积和产品种类；

（四）认证类别；

（五）依据的国家标准或者技术规范；

（六）认证机构名称及其负责人签字、发证日期、有效期。

第二十七条 获证产品在认证证书有效期内，有下列情形之一的，认证委托人应当在 15 日内向认证机构申请变更。认证机构应当自收到认证证书变更申请之日起 30 日内，对认证证书进行变更：

（一）认证委托人或者有机产品生产、加工单位名称或者法人性质发生变更的；

（二）产品种类和数量减少的；

（三）其他需要变更认证证书的情形。

第二十八条　有下列情形之一的，认证机构应当在 30 日内注销认证证书，并对外公布：

（一）认证证书有效期届满，未申请延续使用的；

（二）获证产品不再生产的；

（三）获证产品的认证委托人申请注销的；

（四）其他需要注销认证证书的情形。

第二十九条　有下列情形之一的，认证机构应当在 15 日内暂停认证证书，认证证书暂停期为 1 至 3 个月，并对外公布：

（一）未按照规定使用认证证书或者认证标志的；

（二）获证产品的生产、加工、销售等活动或者管理体系不符合认证要求，且经认证机构评估在暂停期限内能够采取有效纠正或者纠正措施的；

（三）其他需要暂停认证证书的情形。

第三十条　有下列情形之一的，认证机构应当在 7 日内撤销认证证书，并对外公布：

（一）获证产品质量不符合国家相关法规、标准强制要求或者被检出有机产品国家标准禁用物质的；

（二）获证产品生产、加工活动中使用了有机产品国家标准禁用物质或者受到禁用物质污染的；

（三）获证产品的认证委托人虚报、瞒报获证所需信息的；

（四）获证产品的认证委托人超范围使用认证标志的；

（五）获证产品的产地（基地）环境质量不符合认证要求的；

（六）获证产品的生产、加工、销售等活动或者管理体系不符合认证要求，且在认证证书暂停期间，未采取有效纠正或者纠正措施的；

（七）获证产品在认证证书标明的生产、加工场所外进行了再次加工、分装、分割的；

（八）获证产品的认证委托人对相关方重大投诉且确有问题未能采取有效处理措施的；

（九）获证产品的认证委托人从事有机产品认证活动因违反国家农产品、食品安全管理相关法律法规，受到相关行政处罚的；

（十）获证产品的认证委托人拒不接受市场监督管理部门或者认证机构对其实施监督的；

（十一）其他需要撤销认证证书的情形。

第三十一条　有机产品认证标志为中国有机产品认证标志。

中国有机产品认证标志标有中文"中国有机产品"字样和英文"ORGANIC"字样。图案如下：

C:100　M:0　Y:100　K:0
C:0　M:60　Y:100　K:0

第三十二条　中国有机产品认证标志应当在认证证书限定的产品类别、范围和数量内使用。

认证机构应当按照国家市场监督管理总局统一的编号规则，对每枚认证标志进行唯一编号（以下简称有机码），并采取有效防伪、追溯技术，确保发放的每枚认证标志能够溯源到其对应的认证证书和获证产品及其生产、加工单位。

第三十三条　获证产品的认证委托人应当在获证产品或者产品的最小销售包装上，加施中国有机产品认证标志、有机码和认证机构名称。

获证产品标签、说明书及广告宣传等材料上可以印制中国有机产品认证标志，并可以按照比例放大或者缩小，但不得变形、变色。

第三十四条　有下列情形之一的，任何单位和个人不得在产品、产品最小销售包装及其标签上标注含有"有机""ORGANIC"等字样且可能误导公众认为该产品为有机产品的文字表述和图案：

（一）未获得有机产品认证的；

（二）获证产品在认证证书标明的生产、加工场所外进行了再次加工、分装、分割的。

第三十五条　认证证书暂停期间，获证产品的认证委托人应当暂停使用认证证书和认证标志；认证证书注销、撤销后，认证委托人应当向认证机构交回认证证书和未使用的认证标志。

第五章　监督管理

第三十六条　国家市场监督管理总局对有机产品认证活动组织实施监督检查和不定期的专项监督检查。

第三十七条　县级以上地方市场监督管理部门应当依法对所辖区域的有机产品认证活动进行监督检查，查处获证有机产品生产、加工、销售活动中的违法行为。

第三十八条　县级以上地方市场监督管理部门的监督检查的方式包括：

（一）对有机产品认证活动是否符合本办法和有机产品认证实施规则规定的

监督检查；

（二）对获证产品的监督抽查；

（三）对获证产品认证、生产、加工、进口、销售单位的监督检查；

（四）对有机产品认证证书、认证标志的监督检查；

（五）对有机产品认证咨询活动是否符合相关规定的监督检查；

（六）对有机产品认证和认证咨询活动举报的调查处理；

（七）对违法行为的依法查处。

第三十九条　国家市场监督管理总局通过信息系统，定期公布有机产品认证动态信息。

认证机构在出具认证证书之前，应当按要求及时向信息系统报送有机产品认证相关信息，并获取认证证书编号。

认证机构在发放认证标志之前，应当将认证标志、有机码的相关信息上传到信息系统。

县级以上地方市场监督管理部门通过信息系统，根据认证机构报送和上传的认证相关信息，对所辖区域内开展的有机产品认证活动进行监督检查。

第四十条　获证产品的认证委托人以及有机产品销售单位和个人，在产品生产、加工、包装、贮藏、运输和销售等过程中，应当建立完善的产品质量安全追溯体系和生产、加工、销售记录档案制度。

第四十一条　有机产品销售单位和个人在采购、贮藏、运输、销售有机产品的活动中，应当符合有机产品国家标准的规定，保证销售的有机产品类别、范围和数量与销售证中的产品类别、范围和数量一致，并能够提供与正本内容一致的认证证书和有机产品销售证的复印件，以备相关行政监管部门或者消费者查询。

第四十二条　市场监督管理部门可以根据国家有关部门发布的动植物疫情、环境污染风险预警等信息，以及监督检查、消费者投诉举报、媒体反映等情况，及时发布关于有机产品认证区域、获证产品及其认证委托人、认证机构的认证风险预警信息，并采取相关应对措施。

第四十三条　获证产品的认证委托人提供虚假信息、违规使用禁用物质、超范围使用有机认证标志，或者出现产品质量安全重大事故的，认证机构5年内不得受理该企业及其生产基地、加工场所的有机产品认证委托。

第四十四条　认证委托人对认证机构的认证结论或者处理决定有异议的，可以向认证机构提出申诉。

第四十五条　任何单位和个人对有机产品认证活动中的违法行为，可以向市场监督管理部门举报。市场监督管理部门应当及时调查处理，并为举报人保密。

第六章　罚则

第四十六条　伪造、冒用、非法买卖认证标志的，县级以上地方市场监督管理部门依照《中华人民共和国产品质量法》《中华人民共和国进出口商品检验法》

及其实施条例等法律、行政法规的规定处罚。

第四十七条　伪造、变造、冒用、非法买卖、转让、涂改认证证书的，县级以上地方市场监督管理部门责令改正，处 3 万元罚款。

违反本办法第三十九条第二款的规定，认证机构在其出具的认证证书上自行编制认证证书编号的，视为伪造认证证书。

第四十八条　违反本办法第三十四条的规定，在产品或者产品包装及标签上标注含有"有机""ORGANIC"等字样且可能误导公众认为该产品为有机产品的文字表述和图案的，县级以上地方市场监督管理部门责令改正，处 3 万元以下罚款。

第四十九条　认证机构有下列情形之一的，国家市场监督管理总局应当责令改正，予以警告，并对外公布：

（一）未依照本办法第三十九条第三款的规定，将有机产品认证标志、有机码上传到国家市场监督管理总局确定的信息系统的；

（二）未依照本办法第九条第二款的规定，向国家市场监督管理总局确定的信息系统报送相关认证信息或者其所报送信息失实的；

（三）未依照本办法第二十三条的规定，向国家市场监督管理总局提交相关材料备案的。

第五十条　违反本办法第十六条的规定，认证机构对有机配料含量低于95%的加工产品进行有机认证的，县级以上地方市场监督管理部门责令改正，处 3 万元以下罚款。

第五十一条　认证机构违反本办法第二十九条、第三十条的规定，未及时暂停或者撤销认证证书并对外公布的，依照《中华人民共和国认证认可条例》第五十九条的规定处罚。

第五十二条　认证机构、获证产品的认证委托人拒绝接受国家市场监督管理总局或者县级以上地方市场监督管理部门监督检查的，责令限期改正；逾期未改正的，处 3 万元以下罚款。

第五十三条　有机产品认证活动中的其他违法行为，依照有关法律、行政法规、部门规章的规定处罚。

第七章　附则

第五十四条　有机产品认证收费应当依照国家有关价格法律、行政法规的规定执行。

第五十五条　出口的有机产品，应当符合进口国家或者地区的要求。

第五十六条　本办法所称有机配料，是指在制造或者加工有机产品时使用并存在（包括改性的形式存在）于产品中的任何物质，包括添加剂。

第五十七条　本办法由国家市场监督管理总局负责解释。

第五十八条　本办法自 2014 年 4 月 1 日起施行。国家质检总局 2004 年 11 月 5 日公布的《有机产品认证管理办法》（国家质检总局第 67 号令）同时废止。

有机产品认证实施规则

（"CNCA-N-009：2019"节选）

目　录

1. 目的和范围

1.1 为规范有机产品认证活动，根据《中华人民共和国认证认可条例》《认证机构管理办法》和《有机产品认证管理办法》等有关规定制定本规则。

1.2 本规则规定了有机产品认证程序与管理的基本要求。

1.3 在中华人民共和国境内从事有机产品认证以及有机产品生产、加工和经营的活动，应遵守本规则的规定。

未与国家认证认可监督管理委员会（以下简称认监委）就有机产品认证体系等效性方面签署相关备忘录的国家（或地区）的进口有机产品认证，应遵守本规则要求；已与认监委签署相关备忘录的国家（或地区）的进口有机产品认证，应遵守备忘录的相关规定。

1.4 遵守本规则的规定，并不意味着可免除其所承担的法律责任。

2. 认证机构要求

2.1 认证机构应具备《中华人民共和国认证认可条例》规定的条件和从事有机产品认证的技术能力，并获得认监委的批准。

2.2 认证机构应建立内部制约、监督和责任机制，使受理、培训（包括相关增值服务）、检查和认证决定等环节相互分开、相互制约和相互监督。

2.3 认证机构不得将认证结果与参与认证检查的检查员及其他人员的薪酬挂钩。

3. 认证人员要求

3.1 从事认证活动的人员应具有相关专业教育和工作经历，接受过有机产品生产、加工、经营、食品安全和认证技术等方面的培训，具备相应的知识和技能。

3.2 有机产品认证检查员应取得中国认证认可协会的执业注册资质。

3.3 认证机构应对本机构的各类认证人员的能力做出评价，以满足实施相应认证范围的有机产品认证活动的需要。

4. 认证依据

GB/T 19630《有机产品生产、加工、标识与管理体系要求》。

5. 认证程序

5.1 认证机构受理认证申请应至少公开以下信息：

5.1.1 认证资质范围及有效期。

5.1.2 认证程序和认证要求。

5.1.3 认证依据。

5.1.4 认证收费标准。

5.1.5 认证机构和认证委托人的权利与义务。

5.1.6 认证机构处理申诉、投诉和争议的程序。

5.1.7 批准、注销、变更、暂停、恢复和撤销认证证书的规定与程序。

5.1.8 对获证组织正确使用中国有机产品认证标志、有机码、认证证书、销售证和认证机构标识（或名称）的要求。

5.1.9 对获证组织正确宣传有机生产、加工过程及认证产品的要求。

5.2 认证机构受理认证申请的条件：

5.2.1 认证委托人及其相关方应取得相关法律法规规定的行政许可（适用时），其生产、加工或经营的产品应符合相关法律法规、标准及规范的要求，并应拥有产品的所有权。

5.2.2 认证委托人建立并实施了有机产品生产、加工和经营管理体系，并有效运行三个月以上。

5.2.3 申请认证的产品应在认监委公布的《有机产品认证目录》内。枸杞产品还应符合附件6的要求。

5.2.4 认证委托人及其相关方在五年内未因以下情形被撤销有机产品认证证书：

（1）提供虚假信息；

（2）使用禁用物质；

（3）超范围使用有机认证标志；

（4）出现产品质量安全重大事故。

5.2.5 认证委托人及其相关方一年内未因除 5.2.4 所列情形之外其他情形被认证机构撤销有机产品认证证书。

5.2.6 认证委托人未列入国家信用信息严重失信主体相关名录。

5.2.7 认证委托人应至少提交以下文件和资料：

（1）认证委托人的合法经营资质文件的复印件。

（2）认证委托人及其有机生产、加工、经营的基本情况：

① 认证委托人名称、地址、联系方式；不是直接从事有机产品生产、加工的认证委托人，应同时提交与直接从事有机产品的生产、加工者签订的书面合同的复印件及具体从事有机产品生产、加工者的名称、地址、联系方式。

② 生产单元 / 加工 / 经营场所概况。

③ 申请认证的产品名称、品种、生产规模包括面积、产量、数量、加工量等；同一生产单元内非申请认证产品和非有机方式生产的产品的基本信息。

④ 过去三年间的生产历史情况说明材料，如植物生产的病虫草害防治、投入品使用及收获等农事活动描述；野生采集情况的描述；畜禽养殖、水产养殖的饲养方法、疾病防治、投入品使用、动物运输和屠宰等情况的描述。

⑤ 申请和获得其他认证的情况。

（3）产地（基地）区域范围描述，包括地理位置坐标、地块分布、缓冲带及产地周围临近地块的使用情况；加工场所周边环境描述、厂区平面图、工艺流程图等。

（4）管理手册和操作规程。

（5）本年度有机产品生产、加工、经营计划，上一年度有机产品销售量与销售额（适用时）等。

（6）承诺守法诚信，接受认证机构、认证监管等行政执法部门的监督和检查，保证提供材料真实、执行有机产品标准和有机产品认证实施规则相关要求的声明。

（7）有机转换计划（适用时）。

（8）其他。

5.3 申请材料的审查

对符合 5.2 要求的认证委托人，认证机构应根据有机产品认证依据、程序等要求，在 10 个工作日内对提交的申请文件和资料进行审查并作出是否受理的决定，保存审查记录。

5.3.1 审查要求如下：

（1）认证要求规定明确，形成文件并得到理解；

（2）认证机构和认证委托人之间在理解上的差异得到解决；

（3）对于申请的认证范围，认证委托人的工作场所和任何特殊要求，认证机构均有能力开展认证服务。

5.3.2 申请材料齐全、符合要求的，予以受理认证申请；对不予受理的，应书面通知认证委托人，并说明理由。

5.3.3 认证机构可采取必要措施帮助认证委托人及直接进行有机产品生产、加工、经营者进行技术标准培训，使其正确理解和执行标准要求。

5.4 现场检查准备

5.4.1 根据所申请产品对应的认证范围，认证机构应委派具有相应资质和能力的检查员组成检查组。每个检查组应至少有一名认证范围注册资质的专职检查员。

5.4.2 对同一认证委托人的同一生产单元，认证机构不能连续3年以上（含3年）委派同一检查员实施检查。

5.4.3 认证机构在现场检查前应向检查组下达检查任务书，应包含以下内容：

（1）检查依据，包括认证标准、认证实施规则和其他规范性文件。

（2）检查范围，包括检查的产品范围、场所范围和过程范围等。

（3）检查组组长和成员，计划实施检查的时间。

（4）检查要点，包括投入品的使用、产品包装标识、追溯体系、管理体系实施的有效性和上年度认证机构提出的不符合项（适用时）等。

5.4.4 认证机构可向认证委托人出具现场检查通知书，将检查内容告知认证委托人。

5.4.5 检查组应制定书面的检查计划，经认证机构审定后交认证委托人并获得确认。为确保认证产品生产、加工、经营全过程的完整性，检查计划应：

（1）覆盖所有认证产品的全部生产、加工、经营活动。

（2）覆盖认证产品相关的所有加工场所和工艺类型。

（3）覆盖所有认证产品的二次分装或分割的场所（适用时）、进口产品的境内仓储、加施有机码等场所（适用时）。

（4）对由多个具备土地使用权的农户参与有机生产的组织（如农业合作社组织，或"公司＋农户"型组织），应首先安排对组织内部管理体系进行评估，并根据组织的产品种类、生产模式、地理分布和生产季节等因素进行风险评估。根据风险评估结果确定对农户抽样检查的数量和样本，抽样数不应少于农户数量的平方根（如果有小数向上取整）且最少不小于10个；农户数量不超过10个时，应检查全部农户。若认证机构核定的人日数无法满足现场所抽样本的检查，检查组可在认证机构批准的基础上增加人日数。

（5）制定检查计划还应考虑以下因素：

① 当地有机产品与非有机产品之间的价格差异。

② 申请认证组织内的生产体系和种植、养殖品种、规模、生产模式的差异。

③ 以往检查中发现的不符合项（适用时）。

④ 组织内部管理体系的有效性。

⑤ 再次加工分装分割对认证产品完整性的影响（适用时）。

5.4.6 现场检查时间应安排在申请认证产品的生产、加工、经营过程或易引发质量安全风险的阶段。因生产季等，认证周期内首次现场检查不能覆盖所有申请认证产品的，应在认证证书有效期内实施现场补充检查。

5.4.7 认证机构应在现场检查前至少提前 5 日将认证委托人及生产单元、检查安排等基本信息报送到认监委网站"中国食品农产品认证信息系统"。

地方认证监管部门对认证机构提交的检查方案和计划等基本信息有异议的应至少在现场检查前 2 日提出；认证机构应及时与该部门进行沟通，协调一致后方可实施现场检查。

5.5 现场检查的实施

检查组应根据认证依据对认证委托人建立的管理体系进行评审，核实生产、加工、经营过程与认证委托人按照 5.2.7 条款所提交的文件的一致性，确认生产、加工、经营过程与认证依据的符合性。

5.5.1 检查过程至少应包括以下内容：

（1）对生产、加工过程、产品和场所的检查，如生产单元有非有机生产、加工或经营时，也应关注其对有机生产、加工或经营的可能影响及控制措施。

（2）对生产、加工、经营管理人员、内部检查员、操作者进行访谈。

（3）对 GB/T 19630 所规定的管理体系文件与记录进行审核。

（4）对认证产品的产量与销售量进行衡算。

（5）对产品追溯体系、认证标识和销售证的使用管理进行验证。

（6）对内部检查和持续改进进行评估。

（7）对产地和生产加工环境质量状况进行确认，评估对有机生产、加工的潜在污染风险。

（8）采集必要的样品。

（9）对上一年度提出的不符合项采取的纠正和纠正措施进行验证（适用时）。

检查组在结束检查前，应对检查情况进行总结，向受检查方和认证委托人确认检查发现的不符合项。

5.5.2 样品检测

（1）认证机构应编制抽样检测的技术文件，对抽样检测的项目、频次、方法、过程等做出要求。

（2）认证机构应对申请生产、加工认证的所有产品抽样检测，在风险评估基础上确定需检测的项目。对植物生产认证，必要时可对其生长期植物组织进行抽样检测。如果认证委托人生产的产品仅作为该委托人认证加工产品的唯一配料，且经认证机构风险评估后配料和终产品检测项目相同或相近时，则应至少对终产品进行抽样检测。

认证证书发放前无法采集样品并送检的，应在证书有效期内安排抽样检测并得到检测结果。

（3）认证机构应委托具备法定资质的检验检测机构进行样品检测。

（4）产品生产、加工场所在境外，产品因出入境检验检疫要求等无法委托境内检验检测机构进行检测，可委托境外第三方检验检测机构进行检测。该检验检测机构应符合 ISO/IEC 17025《检测和校准实验室能力的通用要求》的要求。对于再认证产品，可在换发证书有效期内的产品入境后由认证机构抽样，委托境内检验检测机构进行检测，检测结果不符合认证要求的，应立即暂停或撤销证书。

（5）有机生产或加工中允许使用物质的残留量应符合相关法律法规或强制性标准的规定。有机生产和加工中禁止使用的物质不得检出。

5.5.3 对产地环境质量状况的检查

认证委托人或其生产、加工操作的分包方应出具有资质的监测（检测）机构对产地环境质量进行的监测（检测）报告。产地环境空气质量可采信县级以上（含县级）生态环境部门公布的当地环境空气质量信息或出具其他证明性材料，以证明产地的环境质量状况符合 GB/T 19630 规定的要求。

进口产品的产地环境检测委托人应为认证委托人或其生产、加工操作的分包方。检查员可结合现场检查实际情况评估是否接受认证委托人已有的土壤、灌溉水、畜禽饮用水、生产加工用水等有效的检测报告。如否，应按照 GB/T 19630 的要求进行检测，检测机构可以是符合 ISO/IEC 17025《检测和校准实验室能力的通用要求》要求的境外检测机构。关于环境空气质量，认证机构应根据现场检查实际情况，结合当地官方网站、大气监控数据或报告等内容，确认是否符合 GB/T 19630 规定的要求。

5.5.4 对有机转换的检查

（1）多年生作物存在平行生产时，认证委托人应制定有机转换计划，并事先获得认证机构确认。在开始实施转换计划后，每年须经认证机构派出的检查组核实、确认。未按转换计划完成转换并经现场检查确认的地块不能获得认证。

（2）未能保持有机认证的生产单元，需重新经过有机转换才能再次获得有机认证，且不应缩短转换期。

（3）有机产品认证转换期起始日期不应早于认证机构受理申请日期。

（4）对于获得国外有机产品认证连续 4 年以上（含 4 年）的进口有机产品的国外种植基地，且认证机构现场检查确认其符合 GB/T 19630 要求，可在风险评估的基础上免除转换期。

5.5.5 对投入品的检查

（1）有机生产或加工过程中允许使用 GB/T 19630 附录列出的物质。

（2）对未列入 GB/T 19630 附录中的物质，认监委可在专家评估的基础上公布有机生产、加工投入品临时补充列表。

5.5.6 检查报告

（1）认证机构应规定本机构的检查报告的基本格式。

（2）检查报告应叙述 5.5.1 至 5.5.5 列明的各项要求的检查情况，就检查证据、检查发现和检查结论逐一进行描述。

对识别出的不符合项，应用写实的方法准确、具体、清晰描述，以易于认证委托人及其相关方理解。不得用概念化的、不确定的、含糊的语言表述不符合项。

（3）检查报告应随附必要的证据或记录，包括文字或照片或音视频等资料。

（4）检查组应通过检查报告提供充分信息对认证委托人执行标准的总体情况作评价，对是否通过认证提出意见建议。

（5）认证机构应将检查报告提交给认证委托人。

5.6 认证决定

5.6.1 认证机构应在现场检查、产地环境质量和产品检测结果综合评估的基础上作出认证决定，同时考虑产品生产、加工、经营特点，认证委托人及其相关方管理体系的有效性，当地农兽药使用、环境保护、区域性社会或认证委托人质量诚信状况等情况。

5.6.2 对符合以下要求的认证委托人，认证机构应颁发认证证书（基本格式见附件 1、2）。

（1）生产、加工或经营活动、管理体系及其他检查证据符合本规则和认证标准的要求。

（2）生产、加工或经营活动、管理体系及其他检查证据虽不完全符合本规则和认证依据标准的要求，但认证委托人已经在规定的期限内完成了不符合项纠正和 / 或纠正措施，并通过认证机构验证。

5.6.3 认证委托人的生产、加工或经营活动存在以下情况之一，认证机构不应批准认证。

（1）提供虚假信息，不诚信的。

（2）未建立管理体系或建立的管理体系未有效实施的。

（3）列入国家信用信息严重失信主体相关名录。

（4）生产、加工或经营过程使用了禁用物质或者受到禁用物质污染的。

（5）产品检测发现存在禁用物质的。

（6）申请认证的产品质量不符合国家相关法律法规和（或）技术标准强制要求的。

（7）存在认证现场检查场所外进行再次加工、分装、分割情况的。

（8）一年内出现重大产品质量安全问题，或因产品质量安全问题被撤销有机产品认证证书的。

（9）未在规定的期限完成不符合项纠正和 / 或纠正措施，或提交的纠正和 / 或纠正措施未满足认证要求的。

（10）经检测（监测）机构检测（监测）证明产地环境受到污染的。

（11）其他不符合本规则和（或）有机产品标准要求，且无法纠正的。

5.6.4 申诉

认证委托人如对认证决定结果有异议，可在 10 日内向认证机构申诉，认证机构自收到申诉之日起，应在 30 日内处理并将处理结果书面通知认证委托人。

认证委托人如认为认证机构的行为严重侵害了自身合法权益，可以直接向各级认证监管部门申诉。

6. 认证后管理

6.1 认证机构应每年对获证组织至少安排一次获证后的现场检查。认证机构应根据获证产品种类和风险、生产企业管理体系的有效性、当地质量安全诚信水平总体情况等，科学确定现场检查频次及项目。同一认证的品种在证书有效期内如有多个生产季的，则至少需要安排一次获证后的现场检查。

认证机构应在风险评估的基础上每年至少对 5% 的获证组织实施一次不通知检查，实施不通知检查时应在现场检查前 48 小时内通知获证组织。

6.2 认证机构应及时了解和掌握获证组织变更信息，对获证组织实施有效跟踪，以保证其持续符合认证的要求。

6.3 认证机构在与认证委托人签订的合同中，应明确约定获证组织需建立信息通报制度，及时向认证机构通报以下信息：

6.3.1 法律地位、经营状况、组织状态或所有权变更的信息。

6.3.2 获证组织管理层、联系地址变更的信息。

6.3.3 有机产品管理体系、生产、加工、经营状况、过程或生产加工场所变更的信息。

6.3.4 获证产品的生产、加工、经营场所周围发生重大动植物疫情、环境污染的信息。

6.3.5 生产、加工、经营及销售中发生的产品质量安全重要信息，如相关部门抽查发现存在严重质量安全问题或消费者重大投诉等。

6.3.6 获证组织因违反国家农产品、食品安全管理相关法律法规而受到处罚。

6.3.7 采购的配料或产品存在不符合认证依据要求的情况。

6.3.8 不合格品撤回及处理的信息。

6.3.9 销售证的使用情况。

6.3.10 其他重要信息。

6.4 销售证和有机码

6.4.1 销售证是获证产品所有人提供给买方的交易证明。认证机构应制定销售证的申请和办理程序，在获证组织销售获证产品过程中（前）向认证机构申请销售证（基本格式见附件 3），以保证有机产品销售过程数量可控、可追溯。对于使用了有机码的产品，认证机构可不颁发销售证。

6.4.2 认证机构应对获证组织与购买方签订的供货协议的认证产品范围和数量、发票、发货凭证（适用时）等进行审核。对符合要求的颁发有机产品销售证；对不符合要求的应监督其整改，否则不能颁发销售证。

6.4.3 销售证由获证组织交给购买方。获证组织应保存已颁发的销售证的复印件，以备认证机构审核。

6.4.4 认证机构可按照有机配料的可获得性，核定使用外购有机配料的加工认证证书有效期内的产量，但应按外购有机配料批次与实际加工的产品数量发放有机码或颁发销售证。

6.4.5 认证机构应按照编号规则（见附件 5），对有机码进行编号，并采取有效防伪、追溯技术，确保发放的每个有机码能够溯源到其对应的认证证书和获证产品及其生产、加工单位。

认证机构不得向仅获得有机产品经营认证的认证委托人发放有机码。

6.4.6 认证机构对其颁发的销售证和有机码的正确使用负有监督管理的责任。

7. 再认证

7.1 获证组织应至少在认证证书有效期结束前 3 个月向认证机构提出再认证申请。

获证组织的有机产品管理体系和生产、加工过程未发生变更时，认证机构可适当简化申请评审和文件评审程序。

7.2 认证机构应在认证证书有效期内进行再认证检查。

因生产季或重大自然灾害，不能在认证证书有效期内安排再认证检查的，获证组织应在证书有效期内向认证机构提出书面申请说明原因。经认证机构确认，再认证可在认证证书有效期后的 3 个月内实施，但不得超过 3 个月，在此期间内生产的产品不得作为有机产品进行销售。

7.3 对超过 3 个月仍不能再认证的生产单元，应按初次认证实施。

8. 认证证书、认证标志的管理

8.1 认证证书基本格式

有机产品认证证书有效期最长为 12 个月。再认证有机产品认证证书有效期，不超过最近一次有效认证证书截止日期再加 12 个月。认证证书基本格式应符合本规则附件 1、2 的要求。经授权使用他人商标的获证组织，应在其有机认证证书中标明相应产品获许授权使用的商标信息。

认证证书的编号应从认监委网站"中国食品农产品认证信息系统"中获取，编号规则见附件 4。认证机构不得仅依据本机构编制的证书编号发放认证证书。

8.2 认证证书的变更

按照《有机产品认证管理办法》第二十八条实施。

8.3 认证证书的注销

按照《有机产品认证管理办法》第二十九条实施。

8.4 认证证书的暂停

按照《有机产品认证管理办法》第三十条实施。

8.5 认证证书的撤销

按照《有机产品认证管理办法》第三十一条实施。

8.6 认证证书的恢复

8.6.1 认证证书被注销或撤销后，认证机构不能以任何理由恢复认证证书。

8.6.2 认证证书被暂停的，需在证书暂停期满且完成对不符合项的纠正或纠正措施并确认后，认证机构方可恢复认证证书。

8.7 认证证书与标志使用

8.7.1 获得有机转换认证证书的产品只能按常规产品销售，不得使用中国有机产品认证标志以及标注"有机""ORGANIC"等字样和图案。

8.7.2 认证证书暂停期间，认证机构应通知并监督获证组织停止使用有机产品认证证书和标志，获证组织同时应封存带有有机产品认证标志的相应批次产品。

8.8 认证证书被注销或撤销的，获证组织应将注销、撤销的有机产品认证证书和未使用的标志交回认证机构，或由获证组织在认证机构的监督下销毁剩余标志和带有有机产品认证标志的产品包装，必要时，获证组织应召回相应批次带有有机产品认证标志的产品。

8.9 认证机构有责任和义务采取有效措施避免各类无效的认证证书和标志被继续使用。

对于无法收回的证书和标志，认证机构应及时在相关媒体和网站上公布注销或撤销认证证书的决定，声明证书及标志作废。

9. 信息报告

9.1 认证机构应及时向认监委网站"中国食品农产品认证信息系统"填报认证活动的信息。

9.2 认证机构应在 10 日内将暂停、撤销认证证书相关组织的名单及暂停、撤销原因等，通过认监委网站"中国食品农产品认证信息系统"向认监委报告，并向社会公布。

9.3 认证机构在获知获证组织发生产品质量安全事故后，应及时将相关信息向认监委和获证组织所在地的认证监管部门通报。

9.4 认证机构应于每年3月底之前将上一年度有机认证工作报告报送认监委。报告内容至少包括：颁证数量、获证产品质量分析、暂停和撤销认证证书清单及原因分析等。

附件1

有机产品认证证书基本格式

证书编号：

有机产品认证证书

认证委托人（证书持有人）名称：**************************

地址：　　　　　　　**************************

生产（加工/经营）企业名称：**************************

地址：　　　　　　　**************************

有机产品认证的类别：生产/加工/经营（生产类注明植物生产、野生采集、食用菌栽培、畜禽养殖、水产养殖具体类别）

认证依据：GB/T 19630 有机产品生产、加工、标识与管理体系要求

认证范围：

序号	基地（加工厂/经营场所）名称	基地（加工厂/经营场所）地址	基地面积	产品名称	产品描述	生产规模	产量

（可设附件描述，附件与本证书同等效力）

注：1. 经营是指不改变产品包装的有机产品储存、运输和/或贸易活动。

2. 产品名称是指对应产品在《有机产品认证目录》中的名称；产品描述是指产品的商品名（含商标信息）。

3. 生产规模适用于养殖，指养殖动物的数量。

以上产品及其生产（加工/经营）过程符合有机产品认证实施规则的要求，特发此证。

初次发证日期：　　　年　月　日

本次发证日期：　　　年　月　日

证书有效期：　　　年　月　日至　　　年　月　日

负责人（签字）：　　　　　　　　　　（认证机构印章）

认证机构名称：

认证机构地址：

联系电话：

　　　（认证机构标志）　　　　　　　（认可标志）

附件 2：有机转换认证证书基本格式（略）

附件 3

有机产品销售证基本格式

有机产品销售证

编号（TC#）：

认证证书编号：

认证类别：

认证委托人（证书持有人）名称：

产品名称：

产品描述：

购买单位：

数（重）量：

产品批号：

发票号：

合同号：

交易日期：

售出单位：

此证书仅对购买单位和获得中国有机产品认证的产品交易有效。

发证日期：　　年　　月　　日

负责人（签字）：　　　　　　　　　　　（认证机构印章）

认证机构名称：

认证机构地址：

联系电话：

附件4

有机产品认证证书编号规则

有机产品认证采用统一的认证证书编号规则。认证机构在食品农产品系统中录入认证证书、检查组、检查报告、现场检查照片等方面相关信息后，经格式校验合格后，由系统自动赋予认证证书编号，认证机构不得自行编号。

示例：

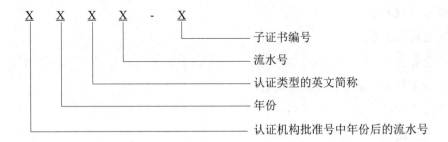

一、认证机构批准号中年份后的流水号

认证机构批准号的编号格式为"CNCA-R/RF-年份-流水号"，其中 R 表示内资认证机构，RF 表示外资认证机构，年份为 4 位阿拉伯数字，流水号是内资、外资分别流水编号。

内资认证机构认证证书编号为该机构批准号的 3 位阿拉伯数字批准流水号；外资认证机构认证证书编号为：F+ 该机构批准号的 2 位阿拉伯数字批准流水号。

二、认证类型的英文简称

有机产品认证英文简称为 OP。

三、年份

采用年份的最后 2 位数字，例如 2019 年为 19。

四、流水号

为某认证机构在某个年份该认证类型的流水号，5 位阿拉伯数字。

五、子证书编号

如果某张证书有子证书，那么在母证书号后加"-"和子证书顺序的阿拉伯数字。

六、其他

再认证时，证书号不变。

附件5

国家有机产品认证标志编码规则

为保证国家有机产品认证标志的基本防伪与追溯，防止假冒认证标志和获证产品的发生，各认证机构在向获证组织发放认证标志或允许获证组织在产品标签上印制认证标志时，应赋予每枚认证标志一个唯一的编码（有机码），其编码由认证机构代码、认证标志发放年份代码和认证标志发放随机码组成。

示例：

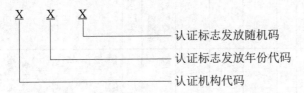

一、认证机构代码（3位）

认证机构代码由认证机构批准号后三位代码形成。内资认证机构为该认证机构批准号的3位阿拉伯数字批准流水号；外资认证机构为：9+该认证机构批准号的2位阿拉伯数字批准流水号。

二、认证标志发放年份代码（2位）

采用年份的最后2位数字，例如2019年为19。

三、认证标志发放随机码（12位）

该代码是认证机构发放认证标志数量的12位阿拉伯数字随机号码。数字产生的随机规则由各认证机构自行制定。

有机产品认证目录

（2022 年 12 月 23 日国家认证认可监督管理委员会第 16 号公告修订公布）

一、生产

植物类和食用菌类（含野生采集）

序号	产品类别	产品子类别	产品范围	备注
1	谷物	1. 小麦	小麦	
		2. 玉米	玉米	
		3. 稻谷	稻谷	
		4. 其他谷物	高粱；大麦；青稞；燕麦；粟（谷子）；栗（糜子）；薏苡；荞麦；苦荞麦；藜麦；红稗；穄子	
		5. 薯芋类	洋芋（马铃薯、土豆）；甘薯；番薯（山药）；葛芋；磨芋（魔芋）；菊芋；蕉芋（旱藕）	
		6. 豆类蔬菜	蚕豆；大豆（毛豆）；豌豆；菜豆；扁豆；刀豆；毛黧豆；黧豆；四棱豆	豇豆包括长豇豆、短豇豆
		7. 瓜类蔬菜	黄瓜；冬瓜；丝瓜；西葫芦；甜瓜；葫芦；苦瓜；南瓜；佛手瓜；蛇瓜	冬瓜包括节瓜；甜瓜包括菜瓜、越瓜、葫芦包括瓠瓜
		8. 白菜类蔬菜	白菜；菜苔	白菜包括水晶菜
2	蔬菜	9. 绿叶蔬菜	莴苣；苋；蕹菜；菠菜；芹菜（芹菜；苦菜）；败酱（苦菜；江南山梗菜）；乳苣（苦菜）；菊苣；莴苣（芦蒿）；蕹菜；紫背菜（首蓿）；茎（茶菜）；茼蒿；荇菜；叶菜；甜菜（叶菾菜）；苋菜（灰灰菜）；落葵（木耳菜）；冬菜（黄芥）；番杏；蒌（香菜）；茉苣脑；珍珠菜；紫苏；茅心菜；荇麦；莠菜（香菜）；野菊；芦荟（帝王菜）；盐角草（海蓬子）；碱蓬；冰叶日中花（冰菜）；土人参（人参菜）；马兰	莴苣包括生菜、莴笋

续表

序号	产品类别	产品子类别	产品范围	备注
2	蔬菜	10. 新鲜根茎类蔬菜	芜菁；萝卜；牛蒡；石刁柏（芦笋）；胡萝卜；蕺菜（鱼腥草）	
		11. 新鲜甘蓝类蔬菜	芥蓝；甘蓝	甘蓝包括花菜
		12. 新鲜芥菜类蔬菜	芥菜	
		13. 新鲜茄果类蔬菜	辣椒；番茄（西红柿）；茄（人参果）；树番茄；咖啡黄葵（秋葵）	
		14. 葱蒜类蔬菜	葱；韭；蒜；姜；洋葱；山韭（岩葱）；蒙古韭（沙葱）	
		15. 多年生蔬菜	笋；百合；黄花菜（金针菜）；菜蓟（朝鲜蓟）；香椿；辣木；蒌蒿；龙蒿（椒蒿）；蘘荷；圆叶大黄（食用大黄）；迷果芹（山丹黄参）；刺五加；无果枸杞	
		16. 水生类蔬菜	莲（莲藕）；菰（茭白）；菱；芡实；水芹；慈姑；荸荠；香蒲（蒲菜）；水芋；蕹菜；豆瓣菜	
		17. 芽苗类蔬菜	芽苗菜	
		18. 蕨类蔬菜	蕨	
3	食用菌和园艺作物	19. 食用菌	菇类；木耳；银耳；块菌类；北虫草；灵芝	
		20. 花卉	菊花；木槿花；木芙蓉花（芙蓉花）；海棠花；百合花；山茶花；茉莉花；玉兰花；白兰花；栀子花；木樨花（桂花）；丁香花；玫瑰花；月季花；米仔兰花（米兰花）；金粟兰花（珠兰花）；芦荟；牡丹；芍药花；麦冬；鸡冠花；凤仙花；高山积雪（贝母）；忍冬（金银花）；莲花；藿香蓟；水仙花；蜡梅（腊梅）；霸王花；紫藤花；黄蜀葵（金花葵）；两色金鸡菊（雪菊）；梨果仙人掌；睡莲；甘菊；秦艽；石斛；红豆杉；贝母；杜鹃；车前；龙胆；南欧丹参（香紫苏）；郁金香	

续表

序号	产品类别	产品子类别	产品范围	备注
4	水果	21. 仁果类和核果类水果	苹果；花红（沙果）；红厚壳（海棠果）；梨；枣；杏；梅；樱桃；李；山楂；枇杷；欧李（高领果）	
		22. 葡萄	葡萄	
		23. 柑橘类	桔；橘；柑类；橙；柚；柠檬	
		24. 香蕉等亚热带水果	香蕉；波萝；杧果（芒果）	
		25. 其他水果	杨梅；草莓；黑茶藨子（黑豆果，黑加仑）；猕猴桃；椰子；番石榴；荔枝；龙眼；阳桃（杨桃）；波罗蜜；量天尺（火龙果）；红毛丹；西番莲；洋蒲桃（莲雾）；面包果；榴莲；茅岩莓（山竹）；海枣；柿；石榴；桑葚；酸浆；沙棘；无花果；蓝莓；黑莓；山莓（树莓）；越橘；雪莲果；海滨木巴戟（诺尼果）；红泽石榴（黑果腺肋花楸）；黑老虎（布福娜）；蓝宝石；神秘果；番荔枝；西瓜；甜瓜；木瓜；树葡萄（嘉宝果）；芭蕉；泡泡果；酸角；鳄梨（牛油果）	
5	坚果；含油果；香料（调香）的植物和饮料作物	26. 坚果	核桃；板栗；榛子；瓜籽；杏仁；椰子；银杏果；芡实；腰果；槟榔；开心果；巴旦木；香榧；苦槠果；栝蒌；澳洲坚果；角豆；可可；美国山核桃；碧根果	
		27. 含油果	油茶；橄榄；油棕（油棕榈）；油桐；椰子	
		28. 调香的作物	薰衣草；迷迭香；柠檬草；橙香茅；柠檬马鞭草；藿香；鼠尾草；地榆（小地榆）；天竺葵；艾；佛手柑；啤酒花	
		29. 茶叶	茶	
		30. 其他饮料作物	苦丁茶；杜仲；柿；桑；银杏；野菊花；菊花；薄荷；大麦；蛇葡萄（藤茶）；木姜叶柯；白木香叶；巴拉圭冬青；金花茶；流苏树；亮叶杨桐	

续表

序号	产品类别	产品子类别	产品范围	备注
6	豆类、油料和薯类	31. 豆类	大豆；花豆；鹰嘴豆；豇豆（饭豆）；兵豆（扁豆，小扁豆，鸡碗豆，滨豆，小金扁豆）；羽扇豆；瓜儿豆；棉豆（利马豆）；菜豆（木豆，苕豆，赤豆，红小豆，褐红豆）；赤小豆（米豆，饭豆，褐红豆，绿豆）；绿豆	大豆包括黑豆，青豆；豇豆包括长豇豆、短豇豆
		32. 油料	油菜籽；芝麻；花生；茶籽；麦花果；油棕果；亚麻籽；南瓜籽；大麻籽；赤麻籽（线麻籽）；玫瑰果；琉璃苣籽；苜蓿籽；翅果油树；扁核木（青刺果）；南美油藤；油莎草；文冠果；橡籽	
7	香辛料作物	33. 薯类	洋芋（马铃薯、土豆）；木薯；番薯（红薯、地瓜）；甘薯；薯蓣（山药）；葛；磨芋；菊芋；蕉芋（旱藕）	
		34. 香辛料作物	花椒；青花椒；胡椒；月桂；肉桂；紫丁香；众香子；香荚兰豆；肉豆蔻；百里香；迷迭香；八角；孜然香；芝麻菜；孜然（小茴香）；裂叶荆芥（小茴香）；甘草；薄荷；姜黄；芝麻菜；木山萮菜（山葵）；辣根；神香草；荆芥（猫薄荷）；薄荷；木姜子（山苍子）	
8	棉、麻类和糖	35. 棉花	棉花	
		36. 麻类	麻	麻包括亚麻，大麻，苎麻等
9	草及割草	37. 糖料作物	甘蔗；甜菜；甜叶菊；龙舌兰；糖枫	
		38. 青饲料植物	紫苜蓿（苜蓿）；黑麦草；满江红；羊草；皇竹草；甜象草；老芒麦；构树；柠条；羊茅草	满江红包括绿萍和红萍
10	其他纺织用的植物	39. 其他纺织用的植物	桑；竹；木棉	
11	野生采集	40. 野生采集	缬草；毛建草；山波菜；苤（四叶菜）；冬虫夏草；山葡萄；山核桃；华西银腊梅；野草莓；荚果蕨（黄瓜香）；山片；山核；刺嫩芽；白柳；蒲公英；鸭儿芹；毛豹皮樟；石耳；塔花；小麦草；灰树花；山苦菜；山苦茶（鹊鸹茶）；余甘子；苦叶	有机产品认证机构可受理植物类和食用菌类目录中产品的野生采集认证。野生植物生产有机认证，如果需要申请生产植物类产品如果未在采集目录中，需申请增补

续表

序号	产品类别	产品子类别	产品范围	备注
12	中药材	41. 中草药	对叶百部；蔓生百部；直立百部；菝葜；百合（百合）；卷丹；细叶百合；暗紫贝母（川贝母）；川贝母；甘肃贝母（川贝母）；梭砂贝母（川贝母）；太白贝母（川贝母）；滇黄精；多花黄精；黄精；麦冬；湖北麦冬（山麦冬）；天冬（天门冬）；光叶菝葜（土茯苓）；薤；藠头（薤白）；小根蒜；新疆贝母（伊贝母）；伊犁贝母（伊贝母）；玉竹；浙贝母；知母；七叶一枝花；侧柏；金毛狗脊（狗脊）；华重楼；重楼；云南重楼（滇重楼，重楼）；车前；平车前（车前草）；过路黄（金钱草）；车前（续断）；川续断（续断）；独一味；半枝莲；广藿香（山藿香）；黄芩；荆芥（荆芥穗）；连钱草（活血丹）；毛叶地瓜儿苗（泽兰）；益母草；茺蔚子；丹参；灯心草；香青兰；巴豆；地锦；大戟；凉粉草（仙草）；续随子（千金子）；皂角刺，皂角（大皂角，皂荚）；野葛（葛根）；梅叶冬青（岗梅）；枸杞；夏枯草；甘遂；朴硝；皂荚；槐（槐花，槐角）；儿茶；尖叶番泻；狭叶番泻（红茂）；胡芦巴；降香檀（降香）；猪牙皂；合欢；甘草；云南红豆杉；东北红豆杉；广金钱草；蒙古黄芪；膜荚黄芪；密花豆（鸡血藤）；瓜蒌；瓜蒌皮；瓜蒌子；天花粉；双边栝楼（瓜蒌，瓜蒌皮，瓜蒌子，天花粉）；栝楼（瓜蒌皮，瓜蒌子，天花粉）；决明；小决明；决明子；绞股蓝；罗汉果；土贝母；大马勃；脱皮马勃；紫色马勃；瞿麦；截叶（大草寇）；温郁金；丽江豆藤（牛大力）；千斤拔；兴安杜鹃（满山红）；灵芝；紫芝（灵芝）；鸡蛋花；罗布麻；萝芙木；郁金；广西莪术（莪术，郁金，蓬莪（山豆根）；茯苓（茯苓皮）；赤芝（灵芝）；紫芝（灵芝）；术），片姜黄；金（莪术，郁金；蓬莪火木层孔菌；青牛胆；猪苓；粉防己；术）	所列产品均以基原植物名列出，基原植物名与药材名差异较大的用括号标注中药名，如碎米桠（冬凌草）

续表

序号	产品类别	产品子类别	产品范围	备注
12	中药材	41. 中草药	木（莪术，郁金）；高良姜；大高良姜（红豆蔻）；益智；草珊瑚（肿节风）；紫花地丁；荨麻；青荚叶（小通草）；喜马山旌节花（小通草）；中国旌节花（小通草）；半边莲；川党参；党参；素花党参；桔梗；轮叶沙参；沙参；艾；白术；苍耳；茅苍术；北苍术；除虫菊；川木香；灰毛川木香；菊；款冬；鹅不食草；柳叶（柳兰）；龙蒿（椒蒿）；苦蒿（金龙胆草）；木香；祁州漏芦；蒜叶婆婆纳；门参；千里光；水飞蓟；土木香；一枝黄花；毛梗豨莶；滨蒿（茵陈）；茵陈蒿；紫菀；刺儿菜（小蓟）；野菊；卷柏；穿心莲；苦木；鸡骨草；白及；蒿；紫菀；垫状卷柏；齿瓣石斛；金钗石斛；篇蓄；霍山石斛；天麻；铁皮石斛；地肤；川楝；楝；金荞麦；唐古特大黄；药用大黄；掌叶大黄；何首乌；虎杖；肉苁蓉；拳参；红蔓（水红花子）；头花蓼；龙胆；红花龙胆（龙胆）；条叶龙胆（龙胆）；粗茎秦艽；龙胆龙胆（龙胆）；坚龙胆（龙胆）；秦艽；麻花秦艽；绵马贯众；小秦艽；鹿蹄草（鹿衔草）；普通鹿蹄草（鹿衔草）；柳叶白前；芫花叶白前；牛皮消；徐长卿；白薇；蔓生白薇；草麻黄；中麻黄；黄荆；马兜铃；马兜铃（天仙藤）；单叶蔓荆；蔓荆；汉城细辛；北马兜铃（天仙藤）；北细辛；华细辛；密蒙花；海蒿子（草马）；小木通（川木通（蝉花）；大蝉草（川木通）；马头（川乌，附子）；黄连；金莲花；阿尔泰金莲花（九节菖蒲）；大三叶升麻；升麻；兴安升麻；东北铁线莲（威灵仙）；棉团铁线莲；威灵仙；威灵仙；白头翁；闷南五味子（滇鸡血藤）；凹叶厚朴；厚朴；华中五味子；五味子；望春玉兰（辛夷）；武当玉兰（辛夷）；玉兰（辛夷）；大血藤；木通（预知子）；白木通；三叶木通	

续表

序号	产品类别	产品子类别	产品范围	备注
12	中药材	41.中草药	（预知子）；连翘；女贞；白蜡树；尖叶白蜡树（秦皮）；苦枥白蜡树（秦皮）；宿柱白蜡树（秦皮）；木贼；木瓜；白蔹；三叶崖爬藤（三叶青）；乌蔹莓；红麸杨叶上的虫瘿（五倍子）；青麸杨叶上的虫瘿（五倍子）；盐肤木叶上的虫瘿（五倍子）；巴戟天；钩藤；鸡矢藤；茜草；白花蛇舌草；单瓣缫丝花（刺梨）；缫丝花（刺梨）；山刺玫；鹅绒委陵菜（蕨麻）；华东覆盆子；火棘；金樱子；石楠；山桃（桃仁）；龙芽草（仙鹤草）；欧李（郁李仁）；郁李（郁李仁）；长柄扁桃（郁李仁）；龙白英；枸杞（地骨皮）；宁夏枸杞（地骨皮，枸杞子）；白花曼陀罗（洋金花）；黑果枸杞；龙葵；天仙子；白花曼陀罗（洋金花）；灰苞毛忍接骨木；忍冬（金银花）；黄褐毛忍冬（山银花）；华南忍冬（山银花）；灰毡毛冬（山银花）；红腺忍冬（山银花）；华南忍冬（山银花）；柴花（山银花）；白木香（沉香）；白芷；当归；重齿毛当归（独活）；北沙参；防风；辽胡；银柴胡；川芎；积雪草；蛇床；垂序商陆；独活；前胡；宽叶羌薹本（薹本）；羌活；山茱萸；紫花前胡；商陆；菘蓝（板蓝根）；莎草；大青叶；辽活；荠；玛咖；播娘蒿（葶苈子）；独行菜（葶苈子）；石白苍；伸筋草；仙茅；孩儿参（太子参）；麦蓝菜（王不留行）；石松；绿毛河子；诃子；枳椇；瞿麦；使君子；酸枣；北豫模；骨碎补；石韦；黄山药（山慈菇）；福州薯蓣（绵草薢；槲蕨（骨碎补）；半夏；千年健；石菖蒲；土荆皮）；地耳草；独角莲（白附子）；胖大海；刺五加；人参；三七；星；天南星；异叶天南星；细柱五加（五加皮）；西洋参；川牛膝；牛通脱木（通草）；菖蒲；东方香蒲（蒲黄）；水烛香蒲（蒲黄）；阔叶十大膝；细叶十大功劳；淫羊藿；巫山淫羊藿；地黄；胡黄连；功劳；细叶十大功劳；苦玄参；玄参；菟丝子；丁公藤；光叶丁公藤；荜麻；银杏	

续表

序号	产品类别	产品子类别	产品范围	备注
12	中药材	41. 中草药	（白果）；博落回；延胡索（元胡）；鸢尾（川射干）；射干；番红花（藏红花）；瓜子金；远志；橘及其栽培变种（陈皮、橘核、橘红、青皮）；黄檗（关黄柏）；化州柚（化橘红）；黄皮树（黄柏）；九里香；千里香；两面针；三叉苦；酸橙；苦楝；臭椿及其栽培变种（枳壳、枳实）；白鲜；吴茱萸；石虎（吴茱萸）；疏毛吴茱萸；泽泻；山鸡椒（毕澄茄、紫山苍子）；樟（天然冰片）；乌药；内蒙紫草；新疆紫草；紫玫瑰茄；鹿衔草；木蝴蝶；冬虫夏草；虎眼万年青；独蒜兰（山慈菇）；缬草；荜茇；山慈；白豆蔻（豆蔻）；独竹节参；佩兰；地丁草（苦地丁）；甘松；青藤；青风藤；枸橼（香橼）；椿皮（樗皮）；柽柳（西河柳）；地苹（地参）；华鼠尾草；石见穿；溪黄草；叶下珠；苏木；彩绒草盖菌（云芝）；黄藤；毛青藤（青风藤）；山香圆（山香圆叶）；风箱（海风藤）；常山；络石（络石藤）；爪哇白豆蔻（豆蔻）；垂盆草；条叶旋覆花（金沸草）；鲻肠；墨旱莲；欧亚旋覆花（旋覆花）；旋覆花；金沸草；吊石苣苔（石吊兰）；杜鹃兰（山慈菇）；云南独蒜兰（山慈菇）；溜毛藏牙菜（当药）；青叶胆；通关藤；杠柳（香加皮）；大叶紫珠；广东紫珠；蛙牛儿苗（老鹳草）；野老鹳草（老鹳草）；多被银莲花（两头尖）；七叶树；小毛茛（猫爪草）；黄花铁线莲（铁线透骨草）；浙江七叶树；地枫皮；红大戟；岩叶扁核木（蕤仁）；蕤核（蕤仁）；委陵菜；三白草；野胡萝卜；贯叶金丝桃（贯叶连翘）；粉背薯蓣（粉萆薢）；细叶小檗（三颗针）；拟豪猪刺（三颗针）；匙叶小檗（三颗针）；阴行草（北刘寄奴）；小黄连刺（三颗针）；桃儿七（小叶莲）；蒺藜；短筒兔耳草（洪连）；湖北贝母；薄麻；蔗麻（天竺黄）；青皮	

续表

序号	产品类别	产品子类别	产品范围	备注
12	中药材	41.中草药	竹（天竺黄；大头典竹（竹茹）；青秆竹（竹茹）；木鳖（木鳖子）；木芙蓉（木芙蓉叶）；蓼蓝（蓼大青叶）；软枣猕猴桃（藤梨根）；南酸枣（广枣）；马尾松（松花粉、油松节）；全叶马兰（北败酱）；广州相思子（鸡骨草）；黄花蒿（青蒿）；马蓝（南板蓝根）；天葵（天葵子）；石竹（瞿麦）；凌霄（凌霄花）；野木瓜	
畜禽类				
13	牲畜	42.牛	肉牛；奶牛；乳肉兼用牛；牛乳	所有动物包含其毛、绒等副产品
		43.马	马；马驴乳	
		44.猪	猪	
		45.羊	绵羊；山羊；羊乳	
		46.骆驼	骆驼；骆驼乳	
		47.其他牲畜	驴；驴乳；鹿；羊驼	
14	家禽	48.鸡	鸡蛋	
		49.鸭	鸭蛋	
		50.鹅	鹅蛋	
		51.其他家禽	火鸡；鹌鹑；鹌鹑蛋；鸵鸟；鸵鸟蛋；鸸鹋	
15	其他畜牧业	52.兔	兔	
		53.其他未列明畜牧业	蚕；蚕茧；黄粉虫；蚯蚓	
水产类				
16	水产（含捕捞）	54.海水鱼	鲱；鳀；鲀；鲷；鳗鲡；海鳗；文昌鱼；鳕；鲳；军曹鱼；鲷；大黄鱼；小黄鱼；鲀；鲉；鲽；鲥	

续表

序号	产品类别	产品子类别	产品范围	备注
16	水产（含捕捞）	55. 淡水鱼	青鱼；草鱼；鲢鱼；鳙；鳊；鲤鱼；鲫鱼；鲌（梭罗非鱼；餐条鱼；狗鱼；雅罗鱼；泥鳅；池沼公鱼；团头鲂（武昌鱼）；黄颡鱼；河鳕；银鲳；梭鲈；河鲈；江鳕；东方欧鳊；白鱼	白鱼包括鳡浪白鱼
		56. 虾类	虾	
		57. 蟹类	蟹	
		58. 无脊椎动物	牡蛎；鲍；螺；蛤类；蚶；河蚬；蛏；西施舌；蛤蜊；河蚌；水母；海参；卤虫；单环刺螠；海胆；扇贝	
		59. 两栖和爬行类动物	鳖；乌龟；大鲵	
		60. 藻类	海带；紫菜；裙带菜；麒麟菜；江蓠；羊栖菜；螺旋藻；蛋白核小球藻	
二、加工				
17	粮食加工品	61. 小麦粉	通用小麦粉；专用小麦粉；麦麸	挂面包括普通挂面、花色挂面、手工面；谷物加工品包括高粱米、黍米、稷米、大麦米、小米、黑米、紫米、红线米、小麦米、大麦米（燕麦米）、荞麦米、薏仁米、蒸谷米、八宝米类、杂粮及混合杂粮类；谷物碾磨加工品包括玉米糁、玉米粉、燕麦片、小米粉、圆粉（糯米粉）、莜麦粉、玉米自发粉、大米粉、高粱粉、荞麦粉、青稞粉、杂粮粉、大米粉、绿豆粉、红豆粉、黑豆粉、芸豆粉、黄豆粉、稷米粉、黍米粉、稷米粉（大黄米粉）、糜子面、混合杂粮粉；谷物粉类制成品包括生湿面制品、生干面制品、米粉制品
		62. 大米	大米；糙米；碎米；米糠	
		63. 挂面	挂面	
		64. 其他粮食加工品	谷物加工品；谷物碾磨加工品；谷物粉类制成品	

续表

序号	产品类别	产品子类别	产品范围	备注
18	肉及肉制品	65. 鲜（冻）肉	热鲜肉；冷鲜（冷却）肉；冷冻；食用副产品	热鲜肉：屠宰后未经人工冷却过程的肉；冷鲜（冷却）肉：在低于0℃环境下，将肉中心温度降低到0～4℃，而不产生结晶的肉；冷冻肉：在低于-23℃环境中，将肉中心温度降至≤-15℃的肉；食用副产品：畜禽屠宰、加工后，所得内脏、脂、血液、骨、皮、头、蹄（或爪）、尾等可食用的产品
		66. 热加工熟肉制品	酱卤肉制品；熏烧烤制品；肉灌制品；油炸制品；热肉干制品；其他热加工熟肉制品	酱卤肉制品包括酱卤肉类、糟肉类、白煮肉类等；熏烧烤制品包括熏肉、烤肉、烤鸡腿、烤鸭、烤鸡、叉烧肉、西式火腿等；肉灌制品包括灌肠类、西式火腿；油炸肉制品包括炸猪皮、炸鸡翅、炸鸡丸等；肉干制品包括肉松类、肉干类、肉脯；其他热加工熟肉制品包括熟培根、熟腊肉、肉糕类、肉冻类（肉皮冻、水晶肉）、血豆腐
		67. 发酵肉制品	发酵肉制品	发酵肉制品包括发酵灌肠制品、发酵火腿制品
		68. 预制调理肉制品	冷藏预制调理肉制品；冷冻预制调理肉制品	
		69. 腌腊肉制品	腌腊肉制品	包括咸肉类、腊肉类、风干肠类、风干鹅、腌制猪肘、中国火腿、生培根、生香肠和生发酵香肠等
19	食用油、油脂及其制品	70. 食用植物油	食用植物油	包括菜籽油、大豆油、花生油、葵花籽油、棉籽油、亚麻籽油、玉米油、米糠油、芝麻油、油茶籽油、橄榄油、棕榈油、食用调和油等
		71. 食用动物油脂	食用动物油脂	包括猪油、牛油、羊油、鸡油、鸭油、鹅油、骨髓油和鱼油等
		72. 植物油加工副产品	植物油加工副产品	包括豆饼和花生饼等

续表

序号	产品类别	产品子类别	产品范围	备注
20	调味品	73. 酱油	酿造酱油	
		74. 食醋	酿造食醋	
		75. 酱类	酿造酱	包括稀甜面酱、甜面酱、大豆酱（黄酱）、蚕豆酱、豆瓣酱、大酱等
		76. 调味料	半固态（酱）调味料；固态调味料；液体调味料	半固态（酱）调味料包括花生酱、芝麻酱、辣椒酱等；固态调味料包括酱油粉、食醋粉、酱粉、咖喱粉、香辛料粉等；液体调味料包括料酒、素蚝油、鱼露、糟卤等
21	乳制品	77. 液体乳	巴氏杀菌乳；调制乳；灭菌乳；发酵乳；高温杀菌乳	
		78. 乳粉	全脂乳粉；脱脂乳粉；部分脱脂乳粉；调制乳粉；牛初乳粉；基粉	
		79. 其他乳制品	炼乳；奶油；稀奶油；无水奶油；乳糖；黄油（液）；酪蛋白；乳铁蛋白；干酪；再制干酪；干酪；乳清制品；乳清粉；乳清蛋白；乳清蛋白粉；浓缩牛奶蛋白；蛋白析出液；浓缩乳清蛋白	
22	饮料	80. 茶（类）饮料	茶（类）饮料	包括原茶汁（茶汤）、茶浓缩液、茶饮料、果汁茶饮料、奶茶饮料、复合茶饮料和混合茶饮料等
		81. 果蔬汁类及其饮料	果蔬汁（浆）；浓缩果蔬汁（浆）；果蔬汁（浆）类饮料	
		82. 蛋白饮料	含乳饮料；植物蛋白饮料；复合蛋白饮料	
		83. 固体饮料	风味固体饮料；蛋白固体饮料；果蔬固体饮料；茶固体饮料；咖啡固体饮料；可可粉固体饮料	
		84. 其他饮料	咖啡（类）饮料；植物饮料	植物饮料包括可可饮料、谷物类饮料（如五谷营养粥）、草本（本草）饮料（如凉茶）、食用菌饮料和藻类饮料等，不包括果蔬汁类及其茶饮料，茶（类）饮料和咖啡（类）饮料

续表

序号	产品类别	产品子类别	产品范围	备注
23	冷冻饮品	85. 冷冻饮品	冰淇淋	
24	方便食品	86. 方便面	方便面	
		87. 其他方便食品	主食类方便食品；冲调类方便食品	主食类方便食品包括方便米饭、方便粥、方便米粉、方便湿米线、方便湿米粉、方便湿面和凉粉粉等；冲调类方便食品包括豆花、黑芝麻糊、红枣羹、油茶和谷物粉等
		88. 调味面制品	调味面制品	
25	饼干	89. 饼干	饼干	
26	罐头	90. 畜禽水产罐头	畜禽水产罐头	包括火腿类罐头、肉类罐头、牛肉罐头、羊肉罐头、鱼类罐头、禽类罐头和肉酱类罐头等
		91. 果蔬罐头	水果罐头；蔬菜罐头	
		92. 其他罐头	其他罐头	包括果仁类罐头；八宝粥罐头
27	速冻食品	93. 速冻面米食品	速冻面米食品（生制品）；速冻面米食品（熟制品）	包括速冻生饺子、速冻包子、速冻汤圆、速冻粽子、速冻其他面点、速冻其他米制品
		94. 速冻调制食品	速冻调制食品（生制品）；速冻调制食品（熟制品）	
		95. 速冻其他食品	速冻肉制品；速冻水产品；速冻果蔬制品	
28	薯类和膨化食品	96. 膨化食品	膨化食品（焙烤型）；膨化食品（直接挤压型）；膨化食品（花色型）	
		97. 薯类食品	干制薯食品；冷冻薯食品；薯泥（酱）食品；薯粉食品	
29	糖果制品	98. 巧克力及巧克力制品	巧克力	

续表

序号	产品类别	产品子类别	产品范围	备注
30	茶叶及相关制品	99. 茶叶	绿茶；红茶；乌龙茶；白茶；黄茶；黑茶；花茶；袋泡茶；紧压茶	花茶包括茉莉花茶、珠兰花茶、桂花茶；袋泡茶包括绿茶袋泡茶、红茶袋泡茶、花茶袋泡茶；紧压茶包括普洱茶（生茶）、六堡茶紧压茶、白茶紧压茶、普洱茶（熟茶）紧压茶
		100. 茶制品	茶粉；固态速溶茶；茶浓缩液；茶膏；调味茶制品	茶粉包括绿茶粉、红茶粉等；固态速溶茶包括速溶红茶、速溶绿茶等；茶浓缩液包括绿茶浓缩液、红茶浓缩液、普洱茶浓缩液等；茶膏包括普洱茶膏、黑茶膏、调味茶膏等；调味茶制品包括调味茶粉、调味速溶茶、调味茶浓缩液和调味茶膏等
		101. 调味茶	调味茶	包括八宝茶、三泡台、枸杞绿茶、玄米绿茶、柠檬红茶、草莓绿茶、柠檬枸杞茶、玫瑰袋泡红茶和荷叶茯苓茶等
		102. 代用茶	代用茶	代用茶原料仅限使用列入本目录中1～41产品子类别的产品（29茶类别除外），包括荷叶、杭白菊、苦丁茶、金银花、大麦茶、桑叶、薄荷叶、决明子、罗汉果、柠檬片、甘草、牛蒡根、人参、荷叶玫瑰花茶、枸杞菊花茶、桑叶袋泡茶、紧压菊花茶等
31	酒类	103. 白酒	白酒	
		104. 葡萄酒及果酒	葡萄酒；冰葡萄酒；其他特种葡萄酒；发酵型果酒	
		105. 啤酒	熟啤酒；生啤酒；鲜啤酒；特种啤酒	
		106. 黄酒	黄酒	

续表

序号	产品类别	产品子类别	产品范围	备注
31	酒类	107. 其他酒	配制酒；其他蒸馏酒	配制酒（限于以白酒为配基，使用列入本目录中1～41的种植类产品或植株某部分）包括露酒、枸杞酒和枇杷酒等；其他蒸馏酒包括白兰地、威士忌、俄得克、朗姆酒、水果白兰地和水果蒸馏酒等；其他发酵酒包括清酒、米酒（醪糟）和奶酒等
		108. 食用酒精	食用酒精	
32	蔬菜制品	109. 酱腌菜及保藏蔬菜	酱腌菜；保藏蔬菜	酱腌菜包括调味榨菜、腌萝卜、腌豆豆、酱渍菜、虾油渍菜和盐水渍菜等
		110. 蔬菜干制品	自然干制蔬菜；热风干燥蔬菜；冷冻干燥蔬菜；蔬菜粉及制品；蔬菜脆片；蔬菜脆条	
		111. 食用菌制品	干制食用菌；腌渍食用菌	
		112. 其他蔬菜制品	黑蒜	
33	水果制品	113. 水果制品	水果干制品；果酱	
34	炒货食品及坚果制品	114. 炒货食品及坚果制品	烘炒类食品及坚果制品；油炸类食品及坚果制品；其他炒货食品及坚果制品	
35	蛋制品	115. 蛋制品	再制蛋类	包括皮蛋、咸蛋、糟蛋、卤蛋和咸蛋黄等
36	可可及焙烤咖啡产品	116. 可可制品	可可制品	包括可可粉、可可脂、可可饼块等
		117. 焙炒咖啡	焙炒咖啡	包括焙炒咖啡豆、咖啡粉等
37	食糖	118. 糖	白砂糖；绵白糖；赤砂糖；冰糖（单晶体冰糖；多晶体冰糖）；方糖；冰片糖；红糖；复配糖；椰子花糖；糖蜜	复配糖：如姜红糖等糖是制糖过程中将提纯的甘蔗汁或甜菜汁浓缩至带有晶体的糖膏，用离心机分离出结晶糖后剩余的母液

续表

序号	产品类别	产品子类别	产品范围	备注
38	水产制品	119. 非即食水产品（部分见速冻水产品）	干制水产品；盐渍水产品；鱼糜制品	干制水产品包括虾米、虾皮、干贝、鱼干、鱿鱼干、干贝、鱼干、干海参、紫菜、干海带、鲍鱼等；盐渍水产品包括盐渍海带、盐渍裙带菜、盐渍海蜇皮、盐渍海蜇头、盐渍鱼等；鱼糜制品包括鱼丸、虾丸、墨鱼丸、虾酱等
		120. 即食水产品	风味熟制水产品；生食水产品	
39	淀粉及淀粉制品	121. 淀粉及淀粉制品	淀粉；淀粉制品	淀粉包括谷类淀粉（大米、玉米、高粱、麦等）；薯类淀粉（木薯、马铃薯、甘薯、芋头等）；豆类淀粉（绿豆、蚕豆、豌豆等）；其他淀粉；淀粉制品包括粉丝（藕、荸荠、百合、蕨根等）、粉条、粉皮、虾片等
40	糕点	122. 热加工糕点	热加工糕点	包括烘烤类糕点、油炸类糕点、蒸煮类糕点、炒制类糕点和其他热加工糕点等
		123. 冷加工糕点	冷加工糕点	包括熟粉糕点、西式装饰蛋糕类、上糖浆类、夹心（注心）类、糕团类、其他冷加工糕点等
		124. 食品馅料	食品馅料	包括月饼馅料等
41	豆制品	125. 豆制品	发酵性豆制品；非发酵性豆制品；其他豆制品	发酵性豆制品包括腐乳、豆豉、纳豆、豆汁等；非发酵性豆制品包括豆浆、豆腐、豆腐干、豆腐泡、熏干、豆腐脑、腐竹、豆腐皮、其他豆制品等；大豆组织蛋白、膨化豆制品包括素肉、大豆组织蛋白、膨化豆制品等
42	婴幼儿配方食品	126. 婴幼儿配方乳制品	婴幼儿配方乳粉；婴幼儿配方液态乳	婴幼儿配方乳粉包括婴儿配方乳粉和较大婴儿配方乳粉、较大婴儿配方乳粉等

续表

序号	产品类别	产品子类别	产品范围	备注
43	特殊膳食食品	127. 婴幼儿谷类辅助食品	婴幼儿谷物辅助食品；婴幼儿高蛋白谷物辅助食品；婴幼儿生制类谷物辅助食品；婴幼儿饼干或其他婴幼儿谷物辅助食品	
		128. 婴幼儿罐装辅助食品	婴幼儿泥（糊）状罐装食品；婴幼儿颗粒状罐装食品；婴幼儿汁类罐装食品	婴幼儿泥（糊）状罐装食品包括婴幼儿果泥、婴幼儿肉泥、婴幼儿鱼泥等；婴幼儿颗粒状罐装食品包括婴幼儿颗粒果蔬泥、婴幼儿颗粒肉泥、婴幼儿颗粒鱼泥等；婴幼儿汁类罐装食品包括婴幼儿水果汁、婴幼儿蔬菜汁等
44	其他食品	129. 其他食品	二十二碳六烯酸；花生四烯酸；1,3-二油酸-2-棕榈酸甘油三酯（OPO）；枝芽酸；低聚果糖；多聚果糖；低聚半乳糖；溶豆；含乳固态成型制品；甜菊糖苷；葡萄糖浆；麦芽糖；麦芽糊精；蜜饯；椒糖精；枫糖浆；龙舌兰糖浆；麦芽	含乳固态成型制品包括奶酪干、奶豆、含乳片等
45	饲料	130. 饲料	全价配合饲料	
			浓缩饲料	用于饲喂反刍动物
			精料混合料	
			单一饲料	包括豆饼、玉米、麸皮、干草等
46	中药材加工制品	131. 植物类中药材加工制品	植物类中药材加工制品	以"生产"部分1～41产品子类别中可作为中药材的产品为原料，经切碎、干燥、碾等物理工艺加工的产品
47	天然纤维及其制品	132. 天然纤维	竹纤维；蚕丝；皮棉；麻；木棉	
		133. 纺织制品	纱、线、丝、布及其制品	

注：1. 获得有机产品认证的植物类产品可包括该产品的整个植株或者植株的某一部分。例如葡萄籽和葡萄叶获得有机产品认证，其葡萄产品无需另外申请认证。

2. 认证委托人在生产场所所进行检查，符合要求为针对"生产"范围后颁发，认证机构可受理举例之外产品的认证申请。

3. 备注栏内容仅为针对产品名称的举例，符合要求的举例、名称以外产品可受理认证申请。

4.2.11 条款

有机产品生产中投入品使用评价技术规范

（"RB/T 026—2019"节选）

1　范围
略。

2　规范性引用文件
略。

3　术语和定义
略。

4　有机生产投入品评价指标
应按照表1中要求的指标项目开展评价。

表1　有机生产投入品评价指标

一级指标	二级指标
名称	通用名称
	其他名称
合规性	法律法规符合性
	标准符合性
来源	原材料来源
	转基因
	可再生资源
	合成成分
组成	主要组成成分、含量
	污染物
生产	生产工艺
	质量控制
	生产信息
使用的必要性	使用历史
	替代产品 / 方法
对环境的影响	代谢 / 降解
	对土壤的影响
	对水质的影响
	对空气的影响
	生物多样性

一级指标	二级指标
对人体健康的影响	生产加工过程对人体的影响
	使用过程对人体的影响
	残留物及其风险
	其他风险及管控措施
动物健康和福利	对动物健康和福利的影响
社会、经济影响	消费者感受
	农业生产相关方的关注点
	其他利益相关方的关注点

5 有机生产允许使用投入品评价内容

5.1 名称

5.2 合规性

5.2.1 法律法规符合性

应提供主管部门登记信息，包括但不限于登记编号、授权编号、授权时间、授权期限等。

5.2.2 标准符合性

投入品应符合相关的标准，包括但不限于 GB/T 19630.1。

5.3 来源

5.3.1 原材料来源

5.3.1.1 投入品原材料应来源于植物、动物、微生物和天然矿物。

5.3.1.2 对于成分复杂的投入品，应清晰描述投入品原材料的来源和种类。

5.3.1.3 不应使用经化学溶剂提取的或添加了化学合成物质的原材料，允许使用水、乙醇、动植物油、醋、二氧化碳、氮或羧酸等溶剂进行提取。

5.3.2 转基因

禁止使用转基因原材料，除非国家强制使用的。

5.3.3 可再生资源

应优先选择使用可再生的原材料。如农业生产系统中的天然资源及加工废料，并应给出产品是否来源于可再生资源的说明。

5.3.4 合成成分

投入品不应使用化学合成成分。特殊情况下，允许使用化学性质等同于天然物质的化学合成物质，如昆虫信息素等。

5.4 组成

5.4.1 主要组成成分、含量

应提供产品的成分列表，包括有效成分及所有大于 1% 的成分，如助剂等。

5.4.2 污染物

5.4.2.1 不得含有隐形成分和化学添加。

5.4.2.2 产品自身的污染物（如重金属）需在合格标准范围内。

5.5 生产

5.5.1 生产工艺

5.5.1.1 投入品宜采取以下处理方式：

a）机械处理；

b）物理处理；

c）酶处理；

d）微生物处理。

5.5.1.2 应描述生产方法和处理过程，明确生产中使用的处理方式。

5.5.2 质量控制

应保证投入品的有效成分和功效不会随时间、生产批次、生产地点等客观条件改变，必要时提供检测方法。

5.5.3 生产信息

应提供投入品目前是否生产、销售，以及生产、包装、存储地点等信息。

5.6 使用的必要性

5.6.1 使用历史

应提供投入品是否在传统有机农业中使用、使用范围和使用目的等信息。

5.6.2 替代产品 / 方法

5.6.2.1 相对于替代产品 / 方法应具有明显的优势，包含但不限于更好的使用效果，较小的环境、人类和动物负面影响，更符合公共认知或有机生产原则，并阐述该产品与这些替代产品相比的优缺点。

5.6.2.2 应确定影响这些替代方法有效性的关键因素，如土壤、气候、操作规模、轮作、地理位置、运输。

5.7 对环境的影响

5.7.1 总则

投入品不得危害环境或对环境产生负面影响。

5.7.2 代谢 / 降解

应提供投入品有效成分及其他成分在生物体内的代谢情况及环境中的降解情况，包含但不限于降解时间、降解产物、代谢产物在环境中的积累和迁移情况。适用时，应提供半衰期和生物富集可能性的信息。

5.7.3 对土壤的影响

应提供投入品对土壤和土壤微生物影响的信息。适用时，应给出对土壤酸碱度（pH 值）、盐度、重金属等方面的影响，并提出预防措施。

5.7.4 对水质的影响

应提供投入品对水质（包括地表水和地下水）影响的信息。适用时，应给出对水质 pH 值、盐度、重金属等方面的影响，并提出预防措施。

5.7.5 对空气的影响

应提供投入品对空气影响的信息。适用时，提出预防措施。

5.7.6 生物多样性

应提供投入品生产、使用、处理过程中对植物、动物、微生物的生物多样性影响的信息。适用时，提出预防措施。

5.8 对人体健康的影响

5.8.1 总则

投入品应对人体健康无害。

5.8.2 生产过程对人体的影响

应提供投入品生产过程中对工人和其他接触者健康影响的信息，包括但不限于投入品中组成成分的毒性影响，以及其他生产操作的不良影响，如粉尘危害等。

5.8.3 使用过程对人体的影响

应提供投入品使用过程中对使用者和其他接触者健康影响的信息，包括但不限于投入品中组成成分的毒性影响，以及其他使用操作的不良影响，如喷雾危害等。

5.8.4 残留物及其风险

应提供所有可获得的残留物数据。

5.8.5 其他风险及管控措施

应对投入品生产、使用、处理过程中的其他风险进行描述，如含酒精提取试剂的闪点等。适用时，应提出避免风险的管控措施。

5.9 动物健康和福利

投入品不应对农场饲养的动物的自然行为或机体功能产生负面影响。

5.10 社会、经济影响

5.10.1 投入品不应造成有机产品的消费者对有机产品的抵触或反感。

5.10.2 应给出农业生产相关方可能关注的问题。

5.10.3 应给出其他利益相关方可能关注的问题，如伦理问题、动物福利、公平利益以及对环境的影响等。

有机产品生产中投入品核查、监控技术规范

（"RB/T 027—2019"节选）

1　范围

略。

2　规范性引用文件

略。

3　术语和定义

略。

4　核查、监控的主要内容及要求

4.1 总则

有机种植、动物养殖、加工过程中，使用的肥料、土壤改良剂、饲料、投入品、兽药、消毒剂等投入品的核查或监管至少应包括采购、贮存、使用、回收等环节，必要时可对贮存或正在使用的投入品进行抽样检测或追溯，以确认所使用的投入品是否符合 GB/T 19630.1 的规定。

4.2 采购程序核查

4.2.1 应选用只含有 GB/T 19630.1 中附录 A 和附录 B 所列物质的产品，或经有机认证管理机构评估通过的品种。

4.2.2 所选用的投入品应符合国家法律法规，并获得国家相关部门登记许可。

4.2.3 购买投入品应到具有相应资质的经营点，购买后应索取购买凭证或发票。

4.3 贮存场所核查

4.3.1 应安排专门的场所存放所购买的投入品及使用后剩余产品，并与其他投入品及非有机生产所使用投入品分开存放。

4.3.2 投入品贮存场所应有专人负责，并建立完整的出入库台账。

4.4 标签信息核查

投入品产品标签应符合国家相关政策要求，标注有效成分名称和含量、生产企业名称、用途及使用方法登记证号、生产许可证号、标准证号等信息，必要时可通过上述信息在政府管理部门相关网站核实产品的真伪性。

4.5 使用情况核查

4.5.1 应按照投入品标签上标注的用途、使用方法、使用剂量、注意事项或安全使用间隔期等使用。不得超范围、超剂量使用。

4.5.2 应综合考虑用途、使用场所、产品剂型及使用方法等情况选择合适的使用器械，且使用器械应选择正规厂家生产、经国家质检部门检测合格的产品，并有使用记录。

4.5.3 应做好投入品使用档案记录，每次使用应记录天气状况、作物或动物品种、

用途、使用剂量、操作人员以及投入品名称、生产厂家、证号、生产批次等相关信息。

4.5.4 每次使用后的剩余产品及包装废弃物应集中回收处理。

4.6 产品抽样、检测

4.6.1 必要时可针对有机生产所使用的投入品随机或有目的地进行抽样检测。

4.6.2 应按 GB/T 1605 和 GB/T 14699.1 进行相应投入品的抽样及样品的包装、运输和贮存，对特殊的投入品，应严格遵照相关要求，确保样品在运输和贮存过程中不会发生分解、失活。

4.6.3 完成抽样后，应立即对样品密封，并贴上标签、填写抽样单。

4.6.4 样品送检时，应由接样人签名、清点数量、存放于适宜条件下待检，并填写相关单据。

4.6.5 检测内容可包括有机成分、隐性添加成分等。检测方法可参照现有的国家标准、行业标准或企业标准，对非标方法，检测单位应提供完整的方法研究报告。

4.7 产品追溯

4.7.1 必要时可针对有机生产所使用的投入品进行追溯，以确保产品的安全可靠性或查找问题产品的原因。

4.7.2 可通过产品购买凭证和经营店及其供货渠道明确产品是否来自正规的生产厂家。

4.7.3 可通过投入品生产厂家的以下文件、证书、档案或记录，并结合生产车间、原材料及成品存放仓库的现场勘验等进行分析和判断；

a）有机生产投入品评估证明；

b）产品企业标准；

c）生产工艺流程；

d）原材料购买记录；

e）生产记录及检测报告；

f）成品出入库台账。

5 报告

完成对有机生产投入品的核查后，实施核查或监控的人员应对核查情况进行总结报告并形成结论性意见。根据核查或监控目的的需要，核查报告可包括以下部分或全部内容：

a）投入品购买情况；

b）投入品贮存情况；

c）投入品标签情况；

d）投入品使用情况；

e）投入品抽检情况；

f）投入品追溯情况；

g）生产所使用投入品是否符合 GB/ T 19630.1 关于有机生产相关要求的结论性意见。

有机产品产地环境适宜性评价技术规范 第1部分：植物类产品

（"RB/T 165.1—2018"节选）

1 范围

略。

2 规范性引用文件

略。

3 术语和定义

略。

4 产地环境调查

4.1 调查目的

产地环境调查的目的是了解产地环境现状，为产地环境监测合理选取监测指标与科学布点提供依据，为评估报告的编写提供基础资料。根据产地环境条件的要求，从产地自然环境、社会经济及工农业生产对产地环境质量的影响入手，重点调查产地及周边环境质量现状、发展趋势与区域污染控制措施。

4.2 调查方法

采用资料收集、现场调查以及召开座谈会等相结合的方法。

4.3 调查内容

4.3.1 自然地理

产地地理位置（经度、纬度）、地形地貌、产地面积、产地边界同最近污染源的距离等特征。

4.3.2 气候与气象

产地主要气候特征如主导风向、年平均气温、年均降水量、日照时数等，以及自然灾害如旱、涝、风灾、雪灾、冰雹、低温等。

4.3.3 土壤状况

产地土壤基本理化性质，如土壤 pH 值，有机质、氮、磷、钾含量，以及土壤类型、土壤质地、土壤环境质量现状。

4.3.4 水文与水质状况

产地江河湖泊、水库、池塘等地表水和地下水源特征及利用情况，以及灌溉水质量现状。

4.3.5 生物多样性

产地生物多样性的概况、植被覆盖率、主要树种、病虫害发生情况，尤其关注入侵物种、濒危物种和转基因作物种植状况。

4.3.6 工农业污染

调查产地周围 5km 以内主要工矿企业污染源分布情况（包括企业名称、生产类型与规模、方位、距离、大气环境保护距离）、生活垃圾填埋场、工业固体废弃物和危险废弃物堆放和填埋场、电厂灰场、尾矿库等情况；农业生产农药、肥料、农膜等农用物资单位面积使用的种类、数量和次数等。

4.3.7 社会经济概况

产地所在区域的人口和经济状况、主要道路和农田水利、农、林、牧、副、渔业发展情况，以及近年发生过的重大环境污染和农产品污染事件等。

5 环境质量监测

5.1 环境质量监测指标

5.1.1 监测指标选取总体原则

根据污染因子的毒理学特征和生物吸收、富集能力及污染因子存在的普遍性，依据 HJ/T 332、GB 15618、GB 5084 和 GB 3095，将植物类有机产品产地土壤、水体和环境空气质量监测指标分为必测指标和选测指标两类。根据调查结果，监测指标除必测指标外，结合区域实际情况，选取选测指标。

5.1.2 土壤环境质量要求

有机产品种植产地土壤环境质量指标限值应符合 GB 15618 的规定，具体指标和限值见表 1 和表 2。产地已进行土壤环境背景值调查或近 3 年来已进行土壤环境质量监测，且监测结果（提供监测结果单位资质）符合有机产品土壤环境质量要求的产地可以免除土壤环境的监测。

表 1　土壤环境质量必测指标含量限值

指标		不同土壤 pH 条件下的限值 / (mg/kg)			
		pH ≤ 5.5	5.5 < pH ≤ 6.5	6.5 < pH ≤ 7.5	pH > 7.5
总镉		≤ 0.30	≤ 0.40	≤ 0.50	≤ 0.60
总汞		≤ 0.30	≤ 0.30	≤ 0.50	≤ 1.0
总砷	水田	≤ 30	≤ 30	≤ 25	≤ 20
	其他	≤ 40	≤ 40	≤ 30	≤ 25
总铅		≤ 80	≤ 120	≤ 160	≤ 200
总铬	水田	≤ 250	≤ 250	≤ 300	≤ 350
	其他	≤ 150	≤ 150	≤ 200	≤ 250
总铜	果园	≤ 150	≤ 150	≤ 200	≤ 200
	其他	≤ 50	≤ 50	≤ 100	≤ 100
总镍		≤ 40	≤ 40	≤ 50	≤ 60
总锌		≤ 200	≤ 200	≤ 250	≤ 300

表 2　土壤环境质量选测指标含量限值

指标	含量限值 /（mg/kg）
总锰	≤ 1200
总钴	≤ 24
总硒	≤ 3.0
总钒	≤ 150
总锑	≤ 3.0
总铊	≤ 1.0
氟化物（水溶性氟）	≤ 5.0
苯并 [a] 芘	≤ 0.10
石油烃总量 [a]	≤ 500
邻苯二甲酸酯类总量 [b]	≤ 10
六氯环己烷总量 [c]	≤ 0.10
双对氯苯基三氯乙烷总量 [d]	≤ 0.10

[a] 石油烃总量为 $C_6 \sim C_{36}$ 总和；
[b] 邻苯二甲酸酯类总量为邻苯二甲酸丁基苄基酯六种物质总和；
[c] 六氯环己烷总量为四种异构体总和；
[d] 双对氯苯基三氯乙烷总量为四种衍生物总和

5.1.3 农田灌溉水质要求

有机产品产地农田灌溉水质指标限值见表 3。对于以天然降雨为水源的地区，产地可以免除灌溉水的检测。

表 3　灌溉水质指标含量限值

指标	含量限值			单位
	水作	旱作	蔬菜	
必测指标				
化学需氧量	≤ 150	≤ 200	≤ 100[a]，≤ 60[b]	mg/L
pH 值	5.5 ~ 8.5			
总汞	≤ 1			
总镉	≤ 10			
总砷	≤ 50	≤ 100	≤ 50	μg/L
总铅	≤ 200			
六价铬	≤ 100			
选测指标				
粪大肠菌群	≤ 4000	≤ 4000	≤ 2000[a]，≤ 1000[b]	个 /100mL
蛔虫卵数	≤ 2		≤ 2[a]，≤ 1[b]	个 /L

指标	含量限值			单位
	水作	旱作	蔬菜	
全盐量	≤1000（非盐碱土地区），≤2000（盐碱土地区）			
氟化物	≤2（一般地区），≤3（高氟区）			
氯化物	≤350			
氰化物	≤0.5			mg/L
石油类	≤5	≤10	≤1	
总硼	≤1			
总铜	≤0.5	≤1		
总锌	≤2			

a 加工、烹饪及去皮蔬菜；
b 生食类蔬菜、瓜类和草本水果

5.1.4 环境空气质量要求

有机产品产地环境空气质量指标浓度限值应符合 GB 3095 的规定，具体指标和限值见表 4。

表 4　环境空气质量评价浓度指标限值

指标	浓度限值			单位
	年均	24h 平均	1h 平均	
必测指标				
二氧化硫	≤60	≤150	≤500	
二氧化氮	≤40	≤80	≤200	
臭氧	1h 平均：200；日最大 8h 平均：160			μg/m³
颗粒物 PM₁₀	≤70	≤150	—	
颗粒物 PM₂.₅	≤35	≤75	—	
一氧化碳	—	≤4	≤10	mg/m³
选测指标				
总悬浮颗粒物	≤200	≤300		
氮氧化物	≤50	≤100	≤250	
总铅	年平均：0.5；季平均：1			μg/m³
苯并 [a] 芘	≤0.001	≤0.0025		
氟化物	月平均：3；植物生长季平均：2			μg/（dm²·d）
总镉	≤0.005	—		
总汞	≤0.05	—		
总砷	≤0.006	—		μg/m³
六价铬	≤0.000025			

选测指标根据作物对相应污染物的敏感度和产地所在区域主要污染源种类情况进行选择。对于茶叶种植基地，选测指标中至少包括铅和汞。

产地周围 5km，主导风向的上风 20km 内没有工矿企业、垃圾填埋场等污染源的区域可免予环境空气质量调查与监测；当地环保职能部门能够提供本区域当年的环境空气质量监测数据，且能满足本规范环境空气质量的要求，则也可免予调查与监测。

5.2 监测与分析方法

5.2.1 监测原则

监测样点选取遵循代表性、准确性、合理性和科学性的原则，能够用最少点数代表整个产地环境质量。

5.2.2 土壤监测

5.2.2.1 布点方法

种植基地监测点位的布设以能够对产地有代表性为原则，布点方法可采用梅花布点法、随机布点法和蛇形布点等方法，包括：

a）在环境因素分布比较均匀的产地采取网格法或梅花法布点；

b）在环境因素分布比较复杂的产地采取随机布点法布点；

c）在可能受污染的产地，可采用放射法布点。

5.2.2.2 布点数量

土壤监测布点数量包括：

a）种植面积在 60hm^2 以下、地势平坦、土壤结构相同的地块，设 2～3 个采样点；

b）种植面积在 60hm^2～150hm^2、地势平坦、土壤结构有一定差异的地块，设 3～4 个采样点；

c）种植面积在 150hm^2 以上，地形变化大的地块，设 4～5 个采样点。对于土壤本底元素含量较高、土壤差异较大、特殊地质的区域，应酌情增加布点；

d）野生产品采集地，面积在 1000hm^2 以内的产区，一般均匀布设 3 个采样点，大于 1000hm^2 的产地，根据增加的面积，适当增加采样点数。

5.2.2.3 采样和分析方法

土壤监测采样和分析方法包括：

a）土壤样品原则上安排在申请认证作物生长期内采集，第一年度采集一次，后续根据需要进行采样，但至少每 3 年要采集检测一次；

b）多年生植物（如果树、茶叶），土壤采样深度为 0cm～40cm；一年生植物，食用菌栽培，采样深度为 0cm～20cm。一般每个样点采集 500g 的混合土壤样；

c）其他采样要求和分析方法应符合 NY/T 395 的要求。

5.2.3 水质监测

5.2.3.1 布点数量

水质监测布点数量包括：

a）灌溉水监测布点：灌溉水进入产地的最近入口处采样，多个来源的，则每个来源的灌溉水都需采样；

b）引用地下水进行灌溉的，在地下水取井处设置采样点。

5.2.3.2 采样和分析方法

灌溉水质采样和分析方法应符合 NY/T 396 的要求。

5.2.4 空气监测

5.2.4.1 布点数量

依据产地环境现状调查分析结论，确定是否进行环境空气质量监测。进行产地环境空气质量监测的地区，可根据当地作物生长期内的主导风向，重点监测可能对产地环境造成污染的污染源的下风向。包括：

a）种植基地面积在 60hm² 以下且布局相对集中的情况，可在种植基地内设 1～2 个监测点；

b）种植基地面积在 60hm²～150hm² 且布局相对集中的情况，可在种植基地区域内设 2～3 个监测点；

c）野生采集区域面积在 1000hm² 以下且布局相对集中的情况下，可在采集区域内设 1～2 个监测点，超过 1000hm²，可在采集区域内设 2～3 个监测点；

d）种植的野生采集基地相对分散的情况，可根据需要适当增加监测点。

5.2.4.2 采样和分析方法

空气监测采样和分析方法包括：

a）采样时间应选择在申报有机认证植物的生长期内进行，一个认证年度采集一次；

b）其他采样要求和分析方法应符合 NY/T 397。

6 环境适宜性评价

6.1 各类参数计算

6.1.1 单项污染指数法

单项污染指数 P_i 评价按式（1）计算。

$$P_i = C_i / S_i \tag{1}$$

式中　P_i——污染物 i 的污染指数；

　　　C_i——污染物 i 的实测值；

　　　S_i——污染物 i 的环境标准。

6.1.2 综合污染指数 P 按式（2）计算。

$$P = \sqrt{\frac{(C_i / S_i)^2_{\max} + (C_i / S_i)^2_{\text{ave}}}{2}} \tag{2}$$

式中　P——综合污染指数；

$(C_i/S_i)_{max}$——污染物重污染指数的最大值；

$(C_i/S_i)_{ave}$——污染物重污染指数的平均值。

6.2 环境质量等级划分

6.2.1 依据环境质量检测结果，按表5进行适宜性评价。评价时首先采用单项污染指数法，如果单项污染指数均小于或等于1，则采用综合污染指数法进行评价。

6.2.2 若有机种植产地环境的土壤、水质、空气质量评价均达到"适宜"等级，则将产地环境适宜性判定为适宜；若产地环境的土壤、水质、空气质量中有一项没有达到"适宜"等级，但均没有达到"不适宜"等级，则判定为尚适宜；若产地环境的土壤、水质、空气质量评价中有一项判定为"不适宜"，则判定为不适宜。对于多个采样监测点，产地环境质量等级以最低的监测点等级判定。

6.2.3 产地处于污染源的大气环境保护距离之内、在国家法律法规禁止农业生产的区域内，被判定为产地环境质量不适宜。

表5　植物类有机产品产地环境质量分级划定

环境质量等级	土壤各单项或 综合污染指数	水质各单项或 综合污染指数	空气各单项或 综合污染指数	等级名称
1	≤ 0.7	≤ 0.5	≤ 0.6	适宜
2	0.7 ~ 1.0	0.5 ~ 1.0	0.6 ~ 1.0	尚适宜
3	> 1.0	> 1.0	> 1.0	不适宜

7　产地环境适宜性评价报告

7.1 调查概述

应包括任务的来源、调查对象、调查单位和调查人员、调查时间和调查方法。

7.2 申报有机认证产品产地基本情况

应包括自然状况与自然灾害、农业生产概况与近3年农药、肥料、农膜使用情况及社会经济发展、水土气环境质量现状、生物多样性概况、污染源分布和污染防治与生态保护措施等。评价报告还应附产地地理位置图和地块分布图。

7.3 环境质量监测

应包括布点原则与数量、分析项目、分析方法和测定结果。免测的项目应注明免测理由。评价报告还应附采样点分布图。

7.4 产地环境评价

应包括评价方法、评价标准、评价结果与分析。

7.5 结论

应包括国家相关法律法规的符合性、环境质量的适宜性和潜在的污染风险与防范措施建议等。

有机产品产地环境适宜性评价技术规范　第2部分：畜禽养殖

（"RB/T 165.2—2018"节选）

1 范围

略。

2 规范性引用文件

略。

3 术语和定义

略。

4 产地环境调查

4.1 调查目的

畜禽养殖产地环境调查的目的是了解产地环境现状，为产地环境监测合理选取监测指标与科学布点提供依据，为评估报告的编写提供基础资料。重点调查产地及周边环境质量现状、发展趋势与区域污染控制措施。

4.2 调查方法

采用资料收集、现场调查以及召开座谈会等相结合的方法。

4.3 调查内容

4.3.1 自然地理

产地地理位置（经度、纬度）、所在区域地形地貌、产地面积、产地边界同最近污染源的距离等特征；畜禽养殖场的分布是否符合动物防疫的要求。

4.3.2 气候与气象

产地主要气候特征如主导风向、年平均气温、年均降水量、日照时数，以及自然灾害如旱、涝、风灾、雪灾、冰雹、低温等。

4.3.3 土壤状况

产地用地历史及土壤环境质量现状。

4.3.4 水文与水质状况

产地江河湖泊、水库、池塘等地表水和地下水源特征及利用情况。畜禽养殖场和牧场饮用水来源、水质及污染情况，牧场灌溉用水质量现状。

4.3.5 生物多样性

产地生物多样性概况，应重点关注入侵物种、濒危物种和转基因作物种植状况。

4.3.6 污染源

产地周围1km缓冲区以内主要工矿企业污染源分布与"三废"排放情况（包括企业名称、生产类型与规模、方位、距离、大气环境保护距离），生活垃圾填埋场、危险废弃物堆放和填埋场、电厂灰场、尾矿库等分布情况，近年发生过的重大环境污染事件等。

4.3.7 农牧业概况

产地所在区域的人口和经济状况、农业与畜牧业尤其是有机种植与养殖发展情况；调查产地所在区域畜禽养殖过程中兽药、消毒剂等使用的种类、数量和次数；养殖用饲料生产与供给情况；放牧场的生产与管理情况，以及农畜产品污染事件、畜禽疫病发生情况等。

5　环境质量监测

5.1 环境质量监测指标

5.1.1 监测指标选取

根据污染因子的毒理学特征和生物吸收、富集能力及污染因子存在的普遍性，将畜禽养殖产地土壤用水和环境空气质量监测指标分为必测指标和选测指标两类。根据调查结果，监测指标除必测指标外，结合区域实际情况，选取选测指标。

5.1.2 土壤环境质量要求

有机畜禽养殖场（畜禽运动场）、有机牧场土壤环境质量评价指标含量限值应符合表1的规定。场地近三年来已进行土壤环境质量监测、且监测结果（提供监测结果单位资质）符合本规范土壤环境质量要求的产地可以免除土壤环境的监测。

表1　放牧区和养殖场、养殖小区土壤环境质量评价指标含量限值

指标	放牧区不同 pH 土壤限值 /（mg/kg）			养殖场、养殖小区土壤限值 /（mg/kg）
	＜ 6.5	6.5 ～ 7.5	＞ 7.5	
必测指标				
镉	≤ 0.30	≤ 0.30	≤ 0.60	≤ 1.0
汞	≤ 0.30	≤ 0.50	≤ 1.0	≤ 1.5
砷	≤ 40	≤ 30	≤ 25	≤ 40
铅	≤ 250	≤ 300	≤ 350	≤ 500
铬	≤ 150	≤ 200	≤ 250	≤ 300
选测指标				
铜	≤ 150	≤ 200	≤ 200	≤ 400
锌	≤ 200	≤ 250	≤ 300	≤ 500
镍	≤ 40	≤ 50	≤ 60	≤ 200
六氯环己烷		≤ 0.5		≤ 1.0
双对氯苯基三氯乙烷		≤ 0.5		≤ 1.0
寄生虫卵数 /（个 /kg土）		≤ 10		≤ 1.0

注：1. 重金属和砷均按元素量计，适用于阳离子交换量＞ 5cmol/kg 的土壤，若 ≤ 5cmol/kg，其标准值为表内数值的半数。

2. 六氯环己烷为四种异构体总量，双对氯苯基三氯乙烷为四种衍生物总量。

5.1.3 水环境质量要求

有机畜禽养殖场畜禽饮水水质评价限值应符合表 2 的规定，有机牧场畜禽饮用水水质评价指标含量限值应符合表 3 的规定。为保证牧场草场的安全质量，有机放牧区的灌溉用水评价限值应符合 RB/T 165.1 中的农田灌溉水质要求。

表 2　有机畜禽养殖场饮用水评价指标含量限值

指标	含量限值	单位
必测指标		
铅	≤ 0.01	
镉	≤ 0.005	
汞	≤ 0.001	
砷	≤ 0.01	mg/L
六价铬	≤ 0.05	
氰化物	≤ 0.05	
硝酸盐	≤ 10	
选测指标		
pH 值	6.5 ～ 8.5	
氟化物	≤ 1.0	mg/L
菌落总数	≤ 100	CFU/mL
总大肠菌群	不得检出	MPN/100mL 或 CFU/100mL
臭和味	无异味、无臭味	
肉眼可见物	无	

表 3　有机牧场畜禽饮用水评价指标含量限值

指标	含量限值	单位
必测指标		
铅	≤ 0.05	
镉	≤ 0.005	
汞	≤ 0.001	
砷	≤ 0.05	mg/L
六价铬	≤ 0.05	
氰化物	≤ 0.2	
硝酸盐	≤ 10	
选测指标		
pH 值	6.5 ～ 9.0	
氟化物	≤ 1	mg/L
粪大肠杆菌数	≤ 10000	个 /L

5.1.4 环境空气质量评价指标限值

有机畜禽养殖场、有机牧场环境空气质量评价指标限值应符合表 4 的规定。

产地周围 5km，主导风向的上风向 20km 内没有工矿企业、垃圾填埋场等污染源的区域可免予环境空气质量调查与监测；当地环保职能部门能够提供本区域当年的环境空气质量监测数据，且能满足本规范环境空气质量的要求，则也可免予调查与监测。

表 4 环境空气质量评价指标浓度限值

指标	浓度限值			单位
	年均	24h 平均	1h 平均	
必测指标				
二氧化硫	≤ 60	≤ 150	≤ 500	μg/m³
二氧化氮	≤ 40	≤ 80	≤ 200	
臭氧	1h 平均：200；日最大 8h 平均：160			
颗粒物 PM₁₀	≤ 70	≤ 150		
颗粒物 PM₂.₅	≤ 35	≤ 75		
一氧化碳	—	≤ 4	≤ 10	mg/m³
选测指标				
总悬浮颗粒物	≤ 200	≤ 300		μg/m³
氮氧化物	≤ 50	≤ 100	≤ 250	
总铅	年平均：0.5；季平均：1			
苯并 [a] 芘	≤ 0.001	≤ 0.0025		
氟化物	月平均：3；植物生长季平均：2			μg/(dm²·d)
总镉	≤ 0.005	—	—	μg/m³
总汞	≤ 0.05	—	—	
总砷	≤ 0.006	—	—	
六价铬	≤ 0.000025	—	—	

5.2 监测与分析方法

5.2.1 监测原则

监测样点选取遵循代表性、准确性、合理性和科学性的原则，能够用最少点数代表整个产地环境质量。

5.2.2 土壤监测

土壤监测方法包括：

a）土壤监测项目的采样应符合 HJ/T 166 中的规定；

b）分析方法按照 HJ/T 166 规定执行。

5.2.3 水体监测

水体监测方法包括：

a）畜禽饮用水来源为自来水时，采样与分析方法按照 GB/T 5750 规定进行；

b）其他采样要求应符合 HJ/T 91 和 HJ/T 164 规定，分析方法按照 HJ/T 164 规定进行。

5.2.4 环境空气监测

环境空气监测方法包括：

a）环境空气监测项目的采样点、采样环境、采样高度及采样频率应按照 HJ 193、HJ 194 中的规定进行；

b）分析方法按照 HJ 193 和 HJ 194 的规定进行。

6 环境适宜性评价

略。

可参照"有机产品产地环境适宜性评价技术规范 第 1 部分：植物类产品"中的相应章节。

7 产地环境适宜性评价报告

7.1 调查概述

应包括任务的来源、调查对象、调查单位和调查人员、调查时间和调查方法。

7.2 申报有机认证产品产地基本情况

应包括自然状况与自然灾害、畜禽养殖概况与近 3 年兽药、抗生素使用、疫病发生情况、社会经济发展、水土气环境质量现状、生物多样性概况、污染源分布和污染防治与生态保护措施等。评价报告还应附产地地理位置图和牧场分布图。

7.3 环境质量监测

应包括布点原则与数量、分析项目、分析方法和测定结果。免测的项目应注明免测理由。评价报告应附采样点分布图。

7.4 产地环境评价

应包括评价方法、评价标准、评价结果与分析。

7.5 结论

应包括国家相关法律法规的符合性、环境质量的适宜性和潜在的污染风险与防范措施建议等。

有机产品产地环境适宜性评价技术规范　第3部分：淡水水产养殖

（"RB/T 165.3—2018"节选）

1　范围

略。

2　规范性引用文件

略。

3　术语和定义

略。

4　产地环境调查

4.1 调查目的

通过了解淡水水产产地环境现状，为产地环境监测合理选取监测指标与科学布点提供依据，为评估报告的编写提供基础资料。根据有机产品产地环境条件的要求，从产地自然环境、社会经济及工农业生产对产地环境质量的影响入手，重点调查产地及周边环境质量现状、发展趋势及区域污染控制措施。

4.2 调查方法

采用资料收集、现场调查以及召开座谈会等相结合的方法。

4.3 调查内容

4.3.1 自然地理

产地地理位置（经度、纬度）、地形地貌、产地面积与同最近污染源的距离等特征。养殖区周边1km内应无水产品加工，场区不得位于水生动物疫区，过去两年内应未发生国际动物卫生组织（OIE）规定应通报及农业部规定应上报的动物疾病。

4.3.2 气候与气象

产地所在地主要气候特征，如主导风向、平均气温、年均降水量等，以及自然灾害如旱、涝、低温等。

4.3.3 水文与水质状况

产地江河湖泊、水库、池塘等地表水和地下水源特征及利用情况，水环境质量现状。

4.3.4 生物多样性

产地生物多样性概况，应重点关注水生生物入侵物种、濒危物种和转基因水生生物。

4.3.5 工农业污染

产地周围5km以内主要工矿污染源分布情况（包括企业名称、生产类型与规模、方位、距离，大气环境保护距离），生活垃圾填埋场、工业固体危险废弃物堆放和填埋场、电厂灰场、尾矿库等情况。近两年是否发生过重大环境污染和水产品污染事件等；水产养殖过程中的水质改良剂、渔药、微生物制剂、饲料等生产投入品使用种类、数量和次数等。

4.3.6 社会经济概况

产地所在区域的人口、经济和渔业发展概况。

5 环境质量监测指标

5.1 环境质量监测指标

5.1.1 监测指标选取

根据污染因子的毒理学特征和生物吸收、富集能力及污染因子存在的普遍性，将淡水水产养殖产地底质、水质和环境空气质量监测指标分为必测指标和选测指标两类。根据调查结果，监测指标除必测指标外，结合区域实际情况，选取选测指标。

5.1.2 底质环境质量要求

底质环境质量评价指标限值执行 GB 15618，具体见表1。

表 1　底质污染物指标含量限值

指标	不同 pH 值土壤限值 / (mg/kg)		
	pH ≤ 6.5	6.5 < pH ≤ 7.5	pH > 7.5
必测指标			
总镉	≤ 0.40	≤ 0.50	≤ 0.60
总汞	≤ 0.30	≤ 0.50	≤ 1.0
总砷	≤ 30	≤ 25	≤ 20
总铅	≤ 120	≤ 160	≤ 200
总铬	≤ 250	≤ 300	≤ 350
总铜	≤ 50	≤ 100	≤ 100
总镍	≤ 40	≤ 50	≤ 60
总锌	≤ 200	≤ 250	≤ 300
选测指标			
氟化物（水溶性氟）	≤ 5.0		
苯并 [a] 芘	≤ 0.10		
石油烃总量 [a]	≤ 500		
邻苯二甲酸酯类总量 [b]	≤ 10		
六氯环己烷总量 [c]	≤ 0.10		
双对氯苯基三氯乙烷总量 [d]	≤ 0.10		

[a] 石油烃总量为 $C_6 \sim C_{36}$ 总和；

[b] 邻苯二甲酸酯类总量为邻苯二甲酸二甲酯、邻苯二甲酸二乙酯、邻苯二甲酸二正丁酯、邻苯二甲酸二正辛酯、邻苯二甲酸双 2- 乙基己酯、邻苯二甲酸丁基苄基酯六种物质总和；

[c] 六氯环己烷总量为四种异构体总和；

[d] 双对氯苯基三氯乙烷总量为四种衍生物总和

5.1.3 水环境质量要求

水环境质量评价指标含量限值执行 GB 11607，具体见表 2。

表 2　渔业水质评价指标含量限值

指标	含量限值	单位
必测指标		
色、臭、味	无异色、异臭、异味	
漂浮物质	水面不得出现明显油膜或浮沫	
pH 值	＞ 6.5	
溶解氧	＞ 5	
五日生化需氧量	≤ 5	
挥发性酚	≤ 0.005	
石油类	≤ 0.05	
汞	≤ 0.0005	
镉	≤ 0.005	mg/L
铅	≤ 0.05	
铜	≤ 0.01	
砷	≤ 0.05	
铬	≤ 0.1	
总大肠菌群	≤ 5000（贝类 500）	个 /L
选测指标		
非离子氨	≤ 0.02	
硫化物	≤ 0.2	
氰化物	≤ 0.005	
凯式氮	≤ 0.01	
黄磷	≤ 1	
锌	≤ 0.05	
镍	≤ 0.001	
丙烯腈	≤ 0.1	mg/L
六氯环己烷（丙体）	≤ 0.002	
双对氯苯基三氯乙烷	≤ 0.001	
马拉硫磷	≤ 0.005	
乐果	≤ 0.1	
甲胺磷	≤ 1	
甲基对硫磷	≤ 0.0005	
呋喃丹	≤ 0.01	

5.1.4 空气环境质量要求

空气环境质量评价指标浓度限值执行 GB 3095—1996 中二级标准浓度限值的规定，具体见表3。产地周围 5km、主导风向的上风向 20km 内没有工矿企业等污染源的区域或当地环保职能部门提供、发布的环境空气质量监测数据符合表3要求，可免予调查与监测。

表3 环境空气质量评价指标浓度限值

指标	浓度限值			单位
	年均	24h 平均	1h 平均	
必测指标				
二氧化硫	≤ 60	≤ 150	≤ 500	μg/m³
二氧化氮	≤ 40	≤ 80	≤ 200	
臭氧	1h 平均：200；日最大 8h 平均：160			
颗粒物 PM$_{10}$	≤ 70	≤ 150	—	
颗粒物 PM$_{2.5}$	≤ 35	≤ 75	—	
一氧化碳	—	≤ 4	≤ 10	mg/m³
选测指标				
总悬浮颗粒物	≤ 200	≤ 300		μg/m³
氮氧化物	≤ 50	≤ 100	≤ 250	
总铅	年平均：0.5；季平均：1			
苯并 [a] 芘	≤ 0.001	≤ 0.0025		
氟化物	月平均：3；植物生长季平均：2			μg/（dm²·d）
总镉	≤ 0.005	—	—	
总汞	≤ 0.05	—	—	μg/m³
总砷	≤ 0.006	—	—	
六价铬	≤ 0.000025	—	—	

5.2 监测与分析方法

5.2.1 监测原则

监测样点选取遵循代表性、准确性、合理性和科学性的原则，能够用最少点数代表整个产地环境质量。

5.2.2 底质监测

底质监测方法包括：

a）采样时间与频率：底质应在首次申报有机水产品认证的养殖期内采样 1 次，采样点不少于 3 个；

b）其他采样要求应符合 HJ/T 166 中水田采样方法的规定；

c）分析方法按 HJ/T166 的规定执行。

5.2.3 水质监测

水质监测方法包括：

a）采样时间与频率：渔业用水在水产品养殖期采样，一个认证年度采集 1 次；

b）水质相对稳定的同一水源（系），采样点布设 2 个～3 个，若不同水源（系）则依次叠加；

c）其他采样要求应符合 HJ/T 91 的规定；

d）分析方法按 HJ/T 91 的规定执行。

5.2.4 空气监测

空气监测方法包括：

a）环境空气监测中的采样点、采样环境、采样高度及采样频率等应按照 HJ 193 自动监测或 HJ 194 手工监测中的规定进行；

b）分析方法按照 HJ 193 自动监测或 HJ 194 手工监测的规定进行。

6　环境适宜性评价

略。

可参照"有机产品产地环境适宜性评价技术规范第 1 部分：植物类产品"中的相应章节。

7　产地环境适宜性评价报告

7.1 调查概述

应包括任务的来源、调查对象、调查单位和调查人员、调查时间和调查方法。

7.2 申报有机认证产品产地基本情况

应包括自然状况与自然灾害、渔业生产概况与近 3 年生产投入品使用情况、社会经济发展、产地环境质量现状、生物多样性概况、污染源分布和污染防治与生态保护措施等。评价报告还应附产地地理位置图和水域分布图。

7.3 环境质量监测

应包括布点原则与数量、分析项目、分析方法和测定结果，并附采样点分布图。

7.4 产地环境评价

应包括评价方法、评价标准及评价结果与分析。

7.5 结论

应包括国家相关法律法规的符合性、环境质量的适宜性和潜在的污染风险与防范措施建议。

参考文献

[1] GB 15618—2018　土壤环境质量　农用地土壤污染风险管控标准（试行）.

[2] GB 3095—2012　环境空气质量标准.

[3] GB 5084—2021　农田灌溉水质标准.

[4] GB 11607—1989　渔业水质标准.

[5] GB/T 19630—2019　有机产品　生产、加工、标识与管理体系要求.

[6] CNCA-N-009：2019　有机产品认证实施规则.

[7] NY/T 2410—2013　有机水稻生产质量控制技术规范.

[8] NY/T 2411—2013　有机苹果生产质量控制技术规范.

[9] RB/T026—2019　有机产品生产中投入品使用评价技术规范.

[10] RB/T027—2019　有机产品生产中投入品核查、监控技术规范.

[11] RB/T165.1—2018　有机产品产地环境适宜性评价技术规范　第1部分：植物类产品.

[12] RB/T165.2—2018　有机产品产地环境适宜性评价技术规范　第2部分：畜禽养殖.

[13] RB/T165.3—2018　有机产品产地环境适宜性评价技术规范　第3部分：淡水水产养殖.

[14] DB 13/T 1405—2011　有机苹果生产技术规程.

[15] DB 21/T 2531—2015　有机花生生产技术规程.

[16] DB 32/T 2835—2015　有机猕猴桃生产技术规程.

[17] DB 36/T 866—2015　有机茶生产技术规程.

[18] DB 45/T 1793—2018　有机猕猴桃生产技术规程.

[19] DB 45/T 2245—2020　绿肥 - 鸭 - 有机稻生产技术规程.

[20] DB 53/T 614—2014　有机茶生产技术规范.

[21] DB 65/T 3582—2014　温室有机番茄生产技术规程.

[22] T/HNTI 017—2019　长沙绿茶　有机茶生产技术规程.

[23] T/YOFU 12—2018　有机苹果生产质量控制技术规范.

[24] T/YOFU 14—2019　有机猕猴桃生产质量控制技术规范.

[25] CAC/GL 32—2013. Guidelines for the Production, Processing, Labelling and Marketing of Organically Produced Foods.

[26] Crowder D W, Northfield T D, Strand M R, et al. Organic Agriculture Promotes Evenness and Natural Pest Control. Nature, 2010, 466: 109-112.

[27] FiBL & IFOAM - Organics international. The World of Organic Agriculture Statistics & Emerging Trends 2020. Rheinbreitbach, Germany: Medienhaus Plump, 2020.

[28] FiBL & IFOAM - Organics international. The World of Organic Agriculture Statistics & Emerging Trends 2023. Rheinbreitbach, Germany: Medienhaus Plump, 2023.

[29] IFOAM. The IFOAM Basic Standards for Organic Production and Processing (version 2014). Germany: IFOAM-Organics International, 2019.

[30] OEPP/EPPO. List of Biological Control Agents Widely Used in the EPPO Region. Bulletin OEPP/EPPO Bulletin,2002, 32: 447-461.

[31] UNCTAD/FAO/IFOAM. Guide for Assessing Equivalence of Organic Standards and Technical Regulations (EquiTool) (2012). Geneva: UNCTAD, 2012.

[32] UNCTAD/FAO/IFOAM. International Requirements for Organic Certification Bodies (2012). Geneva: UNCTAD, 2012.

[33] 北京市科学技术协会组.有机农业种植技术.北京：中国农业出版社，2006.

[34] 曹志平，乔玉辉.有机农业.北京：化学工业出版社，2010.

[35] 柴冬梅，张李玲.有机番茄生产技术规程.河北农业科学，2007，11（3）：41-42，54.

[36] 陈光兴，陈建文，兰丰战，等.有机苹果生产技术.河北果树，2005（6）：13，16.

[37] 陈汉杰，张金勇，郭小辉.国内外有机苹果生产的病虫害防治.果农之友，2007（4）：5-6.

[38] 陈先茂，彭春瑞，关贤交，等.红壤旱地不同轮作模式的效益及其对土壤质量的影响.江西农业学报，2009，21（6）：75-77.

[39] 陈雪，蔡强国，王学强.典型黑土区坡耕地水土保持措施适宜性分析.中国水土保持科学，2008，6（5）：44-49.

[40] 邓玉，刘海华，李艳，等.我国有机食品认证状况的调查分析与对策研究.农产品质量与安全，2020（3）：3-6.

[41] 董艳，鲁耀，董坤，等.轮作模式对设施土壤微生物区系和酶活性的影响.土壤通报，2010，41（1）：53-55.

[42] 范晓黎.农业生物多样性的保护和利用概述.污染防治技术，2008，21（5）：60-62.

[43] 付立东，王宇，孙久红，等.有机食品——水稻生产操作规程.北方水稻，2007（2）：45-49.

[44] 高峻岭，王瑞英，李祥云.有机蔬菜栽培的品种筛选和轮作方式研究.安徽农学通报，2007，13（12）：79-80.

[45] 高杨，尹世久，徐迎军.日本有机农业"再发展阶段"的支持政策及其对中国的适用性研究.世界农业，2014（12）：74-78.

[46] 有机产品认证目录：国家认证认可监督管理委员会第16号公告.（2022-12-23）.

[47] 有机产品认证管理办法：国家市场监督管理总局令第61号令.（2022-9-29）.

[48] 国家市场监督管理总局，中国农业大学.中国有机产品认证与有机产业发展（2022）.北京：中国农业科技出版社，2022.

[49] 国家市场监督管理总局.全国认证认可信息公共服务平台.[2023-01-04].

[50] 焦翔，修文彦.国际有机农业发展经验及对中国的启示.世界农业，2021（11）：74-80,100.

[51] 李帮东，衡永志，徐志明."霍山黄芽"有机茶的生产技术规程.茶业通报，2005，27（1）：31-32.

[52] 李华锋.浅论我国农业生物多样性保护.农业环境与发展，2010（2）：11-13.

[53] 李晶.酶技术在有机食品贮藏和加工中的应用初探.食品安全导刊，2021（1）：145-146.

[54] 李现华，张树礼，尚学燕，等.发展有机农业与生物多样性保护.内蒙古环境保护，2005，17（2）：11-15.

[55] 梁广文，张茂新.华南稻区优质有机稻米生产核心技术系统研究与示范.环境昆虫学报，2008，30(2)：172-175.

[56] 刘云慧，李良涛，宇振荣.农业生物多样性保护的景观规划途径.应用生态学报，2008，19（11）：2538-2543.

[57] 卢成仁.中国有机农业与有机食物30年研究述评（1990—2020）.鄱阳湖学刊，2020（4）：112-123，128.

[58] 卢成仁.中国有机农业与有机食物30年研究述评（1990—2020）（续）.鄱阳湖学刊，2020（5）：104-

124，128.

[59] 卢海强，柳江海，卢永奋．豇豆－玉米－南瓜－芥菜轮作模式高效栽培技术．广东农业科学，2008（12）：67-69.

[60] 罗芳，徐丹．资源消耗农业的可持续经营——日本有机农业发展对中国的借鉴．安徽农业科学，2010，38（5）：2613-2615.

[61] 马世铭，Sauerborn J．世界有机农业发展的历史回顾与发展动态．中国农业科学，2004，37（10）：1510-1516.

[62] 美国农业部经济研究局．美国有机食品市场概况．徐晖，译．世界农业，2015（10）：174-176.

[63] 穆建华，徐继东．美国有机农业发展及对我国的启示．中国食物与营养，2021，27（3）：18-22.

[64] 全国畜牧总站畜禽养殖废弃物资源化利用办公室．种养结合模式综述．中国畜牧业，2017（15）：44-47.

[65] 王大鹏，吴文良，顾松东．中国有机农业发展中的问题探讨．农业工程学报，2008,24（增1）：250-255.

[66] 王坚纲，许德美，周燕，等．稻鸭共作有机稻生产中几个关键问题的技术探讨．中国稻米，2016，22（1）：65-67.

[67] 王强盛，王晓莹，杭玉浩，等．稻田综合种养结合模式及生态效应．中国农学通报，2019，35（8）：46-51.

[68] 王术，高光杰，贾宝艳，等．美国的有机农业及有机稻生产．东北农业科学，2016，41（4）：22-26.

[69] 王卫平，朱凤香，陈晓旸，等．有机蔬菜栽培土壤的培肥技术与废弃物处置．浙江农业科学，2010（3）：620-623.

[70] 文兆明，余志强，韦静峰，等．有机茶标准化生产的加工包装储藏技术规程．广西农学报，2010，25（1）：41-44.

[71] 席运官，陈瑞冰．论有机农业的环境保护功能．环境保护，2006（9A）：48-52

[72] 向雁，陈印军，侯艳林．全球有机农地变化与有机农业发展对中国的启示．中国农业科技导报，2019，21（6）：1-7.

[73] 谢耀明，何显强，周隆，等．有机稻高产高效栽培技术．中国农技推广，2014（1）：21-22.

[74] 徐贵轩，宋哲，何明莉．有机果品－苹果产业化生产关键技术．北方果树，2008（6）：43-45.

[75] 晏小燕，罗笑娟，刘容．微生物酶技术在食品加工与检测中的应用．食品安全导刊，2022（6）：184-186.

[76] 叶可辉，王瑛．中国有机农业发展现状与有机产品认证．陕西农业科学，2021，67（10）：107-111.

[77] 尹世久，吴林海．全球有机农业发展对生产者收入的影响研究．南京农业大学学报（社会科学版），2008，8（3）：8-14.

[78] 张文锦，翁伯琦，李慧玲．有机茶生产技术规程．江西农业学报，2009，21（2）：62-64.

[79] 张新生，陈湖，王召元，等．世界有机苹果生产与科研进展．河北果树，2009（3）：4-5，7.

[80] 邹翠卿，姜大奇，曲在亮，等．有机食品花生基地创建及配套技术推广．作物杂志，2009（3）：97-99.